生物可降解包装膜的制备、改性及应用

董同力嘎　云雪艳 ○ 著

中国轻工业出版社

图书在版编目（CIP）数据

生物可降解包装膜的制备、改性及应用/董同力嘎，云雪艳著.—北京：中国轻工业出版社，2023.5
ISBN 978-7-5184-4202-7

Ⅰ.①生… Ⅱ.①董… ②云… Ⅲ.①可降解材料—食品包装—研究 Ⅳ.①TB39

中国版本图书馆 CIP 数据核字（2022）第 224945 号

责任编辑：贺　娜
策划编辑：江　娟　　责任终审：唐是雯　　封面设计：锋尚设计
版式设计：砚祥志远　责任校对：吴大朋　　责任监印：张　可

出版发行：中国轻工业出版社（北京东长安街6号，邮编：100740）
印　　刷：北京君升印刷有限公司
经　　销：各地新华书店
版　　次：2023年5月第1版第1次印刷
开　　本：720×1000　1/16　印张：17.75
字　　数：300千字
书　　号：ISBN 978-7-5184-4202-7　定价：98.00元
邮购电话：010-65241695
发行电话：010-85119835　传真：85113293
网　　址：http://www.chlip.com.cn
Email：club@chlip.com.cn
如发现图书残缺请与我社邮购联系调换
200636K1X101ZBW

序

食品包装常用材料为纸、塑料、金属、玻璃等，其中作为其中最年轻的材料——塑料，至今已有 150 多年的历史。塑料具有质轻、易成型加工、耐腐蚀等优点，导致塑料工业迅速发展，塑料的发现和利用作为 20 世纪影响人类的重要发明而载入史册。目前形形色色的塑料制品已经与人们的生活密不可分。

包装在世界塑料材料与制品中的用量最大，塑料用于食品包装量占塑料总产量 1/4。塑料是从石油或煤炭中提取的化学石油产品，一旦生产出来大部分很难自然降解，大量的塑料废弃物成为环境的主要污染源，为此很多国家采取焚烧或再加工制造的办法处理废弃塑料，使废弃塑料得到再生利用，达到了节约资源的目的。然而，废弃塑料在焚烧或再加工时会产生对人体有害的气体而形成新的环境污染，废弃塑料的处理至今仍是环保领域的一大难题。在过去的 50 年中，全球塑料的生产和消费量增长了 20 倍以上。据统计，2020 年全世界塑料产量达到 3.67 亿 t。根据中国物资再生协会发布的报告，2020 年中国产生废塑料约 6000 万 t，其中回收量约为 1600 万 t，废塑料总体回收率为 26.7%。

随着塑料污染危机的加剧，世界各国都在采取措施来应对和处理这场因为塑料而带来的生态危机。作为世界上塑料生产和应用大国，我国在 2008 年即开始实施"限塑令"相关政策，在全国范围内禁止生产销售使用厚度小于 0.025mm 塑料袋，并实行塑料袋有偿使用制度。

2020 年 1 月国家发展和改革委员会、生态环境部联合出台《关于进一步加强塑料污染治理的意见》(发改环资〔2020〕80 号)，这一升级版的禁塑令目标中写到"到 2022 年，一次性塑料制品消费量明显减少，替代产品得到推广……到 2025 年，塑料制品生产、流通、消费和回收处置等环节的管理制度基本建立……塑料污染得到有效控制。"在这一大背景下，生物可降解食品包装材料进一步受到相关行业、物流电商企业等的热切关注，有望部分替代聚乙烯、聚丙烯等包装膜材料。

借此契机，董同力嘎教授总结整理了近 10 年来围绕可降解材料的包装性能提升及其在生鲜食品中应用的相关研究工作，撰写这本《生物可降解包装膜的制备、改性及应用》的专著。董教授 2009 年回国后入选内蒙古自治区"草原英才"引进人才计划，到内蒙古农业大学食品科学与工程学院包装工程系任教后组建了"食品包装与储运实验室"，并在食品科学与工程学科设立了食品保鲜与安全方向，多年来一直活跃在包装材料开发与应用领域。我与他从阅读"论文"开始熟识、学术会议上交流包装领域诸多感兴趣的话题，最终成为挚友。他在进入包装工程领域前，主要从事可降解材料物理化学性能的研究，在高分子材料方面具有扎实的研究基础。学科交叉总能碰撞出不一样的火花，董同力嘎教授带领团队围绕食品保鲜需求以提升可降解材料的包装性能，目标是针对每一类食品研制相对应性能优异的保鲜包装材料。虽然研究工作中遇到了诸多的异议、困难等，但董同力嘎教授坚定自己选择的研究方向，十年磨一剑，研究成果成效开始显现，研发的产品也受到了相关企业的高度关注与青睐。为此，董同力嘎教授想着应该及时总结，也许能为不远的将来大面积推广使用这类绿色包装材料提供更多的渠道。

  本书主要以生鲜肉品和果蔬为主要研究对象，根据其品质特征和腐败变质机理，就多种生物可降解包装材料在其保鲜中的应用进行了论述比较，展望其潜在的价值并为食品保鲜包装研究与应用提供参考。

2023 年 3 月于江南大学

前　言

食品包装材料作为食品包装的载体,对于食品的保鲜保质、流通销售具有重要意义。在众多的包装材料中,塑料以其无可比拟的优异性能被广泛用于包装工业。现代塑料生产的 1/4 以上都用于制作包装材料,塑料包装材料总产量约占包装材料总产量的 1/3,而用于食品包装的量占塑料总产量的 1/4。大量的废弃包装材料已经成了不可忽略的污染问题,严重威胁着人和地球上其他生命的生存环境。随着全球禁塑令号角的吹响,生物可降解食品包装材料也成为了食品行业关注的热点。但生物可降解材料自身性能缺陷限制了其在包装领域的推广应用,且对于不同食品,包装用材料的性能要求也不尽相同。小到一个吸管,大到一个包装袋,想取代现有的不可降解材料都成为现今食品包装的技术瓶颈。因此,生物可降解材料包装性能的提升已经成为食品工业中亟待解决的一个关键技术问题。

本书作者团队十余年来针对生鲜肉类、果蔬类包装需求,围绕生物可降解材料的性能提升及应用效果评价做了大量的研究工作。本书作者团队一直在这个交叉学科的研究工作中不断进行探索,先后承担了多项相关的国家和省部级基金项目,把研究方向锁定在生物可降解生鲜食品包装材料的研发上。作为食品科学和高分子科学的一个小小的交叉领域,本书作者团队默默无闻,坚持耕耘,通过大量的富有成效的研究工作,从理论上取得了一定的成果,并在应用实验中取得了初步成效。在可降解材料被各国提到战略推进目标的背景下,本书作者团队总结过往的科研积累,为关注可降解食品包装材料的企业和专家学者提供一定的参考。

本书主要从生鲜食品保鲜保质对生物可降解材料的理化及加工性能需求,尤其是对生鲜食品保鲜保质至关重要的气体渗透性入手,以物理共混、气相沉积、层合等物理方法,结合共聚、交联等化学方法调控材料的组成、结晶状态、微相结构,最终实现通过控制制备方法来控制材料气体渗透及选择渗透性能。在结合生鲜食品呼吸气体交换的基础上,制备保鲜包装材料。进一步,将这些材料用于应用实验,评估材料的包装保鲜效果。

由于食品保鲜包装技术为多学科交叉的综合应用技术，影响生鲜食品的品质的因素繁多复杂，所涉及的知识内容非常广泛，而作者的学识有限，若有疏漏与不妥之处，欢迎各位读者不吝指正。

2023.3.30 于呼和浩特市

目　录

第一章　绪论 …………………………………………………………………… 1
第一节　生鲜食品包装现状 ……………………………………………… 1
第二节　生物可降解材料概述 …………………………………………… 3

第二章　高阻隔性生物可降解材料的制备及其包装特性 …………………… 5
第一节　高阻隔性聚乳酸薄膜 …………………………………………… 6
第二节　高阻隔性聚碳酸亚丙酯薄膜 …………………………………… 23
第三节　小结 ……………………………………………………………… 54

第三章　高 CO_2/O_2 选择透过性薄膜的制备及其包装特性 ………………… 55
第一节　聚乳酸共混改性薄膜 …………………………………………… 55
第二节　聚乳酸共聚改性薄膜 …………………………………………… 60
第三节　小结 ……………………………………………………………… 143

第四章　冷鲜肉包装 …………………………………………………………… 145
第一节　冷鲜肉包装概述 ………………………………………………… 145
第二节　生物可降解薄膜在冷鲜肉包装中的应用 ……………………… 146
第三节　小结 ……………………………………………………………… 173

第五章　生鲜果蔬包装 ………………………………………………………… 175
第一节　生鲜果蔬包装概述 ……………………………………………… 175
第二节　基于可降解聚乳酸薄膜的果蔬自发性气调包装膜的设计 …… 177

第三节 聚乳酸薄膜在果蔬保鲜包装中的应用 …………………………… 183

第四节 聚己二酸/对苯二甲酸丁二酯系列薄膜在生鲜果蔬包装中的
应用 ……………………………………………………………… 231

第五节 聚己内酯系列薄膜在生鲜果蔬包装中的应用 …………………… 253

后　　记 …………………………………………………………………… 268

致　　谢 …………………………………………………………………… 269

参考文献 …………………………………………………………………… 270

第一章
绪　　论

第一节　生鲜食品包装现状

生鲜食品指可供人类食用的生鲜农产品，具有代表性的是"生鲜三品"，即：果蔬、水产品和肉类。生鲜食品因新鲜美味且最具营养价值已成为人们生活中的必需品，占据食品消费总量的极大份额。由于生鲜食品在消费的过程中受内外因素的影响，使其在运输、贮藏和消费的过程中质量下降极快，腐烂损失严重，因此，需要进行保鲜和加工。

一、生鲜肉品和果蔬的保鲜包装机制

生鲜食品保鲜是根据生鲜食品自身的品质及其腐败变质的机理，在运输、贮藏和销售的过程中采用物理、化学或生物方法处理，抑制或延缓食品的变质，使其保持较好的新鲜度和营养品质。目前人们在运用物理、化学和生物方法的基础上进行延伸拓展，形成了很多新的保鲜技术，且依据的原理大多类似，都致力于调控影响生鲜食品品质的关键因素。控制生鲜食品生理生化变化进程，延缓品质劣变；次之控制微生物，主要抑制腐败菌。

导致果蔬腐败变质的原因包括微生物、植物生理和化学方面的败坏，而呼吸

作用是采后果蔬主要进行的生理活动,延缓控制呼吸作用及抑制霉菌的生长成为生鲜果蔬保鲜贮藏的关键点。同时果蔬本身所含的各种化学成分与水和氧气等物质接触时,会产生一系列的化学反应,如氧化还原、合成或分解、溶解等,使得果蔬的营养物质减少及感官品质下降。这就要求包装膜不宜太厚、有适量的气体透过性且阻湿性低,保证呼吸的同时能够降低呼吸强度以及包装内不结露,通过对膜材料进行定向拉伸、沉积氧化硅(SiO_x)、发泡技术等方式获得理想的包装材料。而对于肉品来说,导致腐败变质的原因有很多,如微生物生长繁殖、温度、光照、氧化反应、水分的散失或增加及肉品自身酶的作用,其中微生物的生长成为腐败的主要原因;其次氧气也是导致肉品变质的关键因素,直接影响肉的色泽、肉中脂肪的氧化及微生物的生长情况。这就要求使用的包装膜有较好的气体阻隔性和较好的阻湿性保证肉品水分的不散失,且选择的包装膜能够耐低温、阻光、拉伸强度良好。通常将材料进行共混改性、溶液浇铸法、层压法或多模头共同流延挤压制备并结合沉积 SiO_x 或涂覆、喷淋、化学键位连接抑菌物质,制备符合保鲜需求的包装材料。

二、生鲜肉品和果蔬的保鲜包装现状

目前,生鲜食品的包装大多使用非可降解材料,主要有尼龙(PA)、乙烯/乙烯醇共聚物(EVOH)、丙烯酸乙基己酯(EHA)、聚丙烯(PP)及聚乙烯(PE)薄膜等。这些材料虽价格较低,也有一定的优点实现保鲜作用,但性能上各有缺点。例如,PA6 具有很高的阻气、阻湿性,对鲜肉具有保鲜作用,而在果蔬保鲜中应用很少;PE 的阻湿性强,但气体透过量大;EVOH 的阻隔性随温度的变化而变化巨大。为了延长生鲜果蔬的货架期,使用传统保鲜膜进行包裹,以及硅窗调气薄膜、微孔果蔬保鲜膜、防雾薄膜、抗菌包装和可食性膜等也被广泛应用。如使用 PA/PE 等复合膜、不同微孔数和微孔直径的 PE 薄膜、打孔后的 PP 和 LDPE、硅橡胶膜以及防雾保鲜膜对莴笋、香蕉等生鲜果蔬进行真空或气调包装保鲜,均取得了不同程度的保鲜效果。将包装材料与抑菌剂结合制备活性包装,例如,在膜表面涂覆抑菌剂、天然提取物、抗真菌剂、纳米抗菌母粒或二氧化氯(ClO_2)等气体抑菌剂,在对果蔬进行贮藏保鲜的过程中,均起到了保鲜抑菌的效果,有的还能够实现抑制果蔬后熟、延缓组织衰老和提高硬度的多重作用。生鲜果蔬在运输的过程中,由于挤压和振动会造成损失，在包装运输途中使用泡沫、纸板或网套等来起到缓冲的作用。对于冷鲜肉则根据其腐败机理通常采用保鲜膜简单包裹、托盘包装、真空或气调包装、活性包装等保鲜措施，使用的材料大多是塑料、纸、复合材料类、玻璃瓶、金属罐等。EHA/PE、PE/EVOH/PE 和 PE/PA/EVOH/PA 复合膜真空包装冷鲜肉货架期可延长至 22d 以上。抑菌剂涂覆 LDPE 等包装膜上，用于冷鲜牛肉的保鲜贮藏中，延长贮藏期的同时也起到显著抑菌作用。LDPE/PA/LDPE 气调保鲜鲈鱼，内部气体组分为 60% 二氧化碳（CO_2）/30% 氮气（N_2）/10% 氧气（O_2）时，在（4±0.5）℃的条件下，货架期可延长至 17d。采用紫外线-超声波-气调保鲜处理（体积分数：50%CO_2+25%O_2+25%N_2）冷鲜肉保质期达到 22d。研究表明对新鲜的水产品进行超高压处理抑制肉中蛋白质的水解及脂肪的氧化，同时能够延长货架期。

现有的食品包装材料和技术虽然在一定程度上能满足包装需求及延长食品的货架期，但大多材料合成的原材料来源不广泛，且成膜或形成包装材料时依靠化学合成等技术不可避免添加成膜剂、增塑剂等添加物，在与食品直接接触时迁移至食物表面，造成安全隐患。同时从材料的性能来说，目前使用的非可降解材料存在一定的缺点，不能满足包装需求，如阻隔性能、力学性能、耐低或高温性能等，与可降解材料相比存在一定的劣势。而从环保及后期处理角度审视，随着全球人口的增长，食物的需求量迅速增加，大批包装材料被使用，由于其不可降解，目前的焚烧、掩埋等措施都会造成严重的环境污染，掩埋大量的包装材料还会破坏生态环境平衡。使用生物可降解的材料来取代非生物降解材料已成为现今发展的趋势和亟待解决的问题。

第二节　生物可降解材料概述

生物可降解材料是在一定自然环境条件下，能被微生物完全分解成低分子化合物［如 CO_2 和水（H_2O）］的材料，被认为是理想的食品包装材料。目前使用较多的有聚（L-乳酸）（PLLA）、聚己内酯（PCL）、聚乙烯醇（PVA）、聚碳酸亚丙酯（PPC）等，是难得的环保包装材料。如图 1-1 所示。

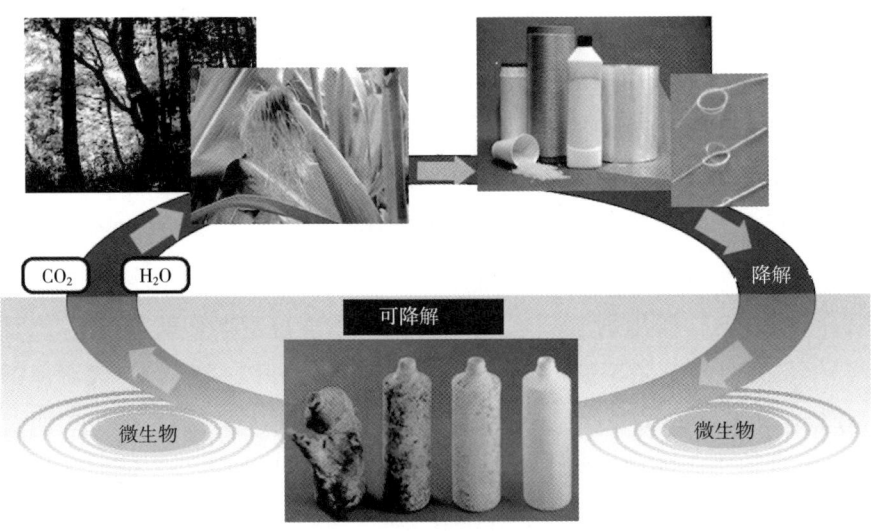

图 1-1　生物基生物可降解材料的生态循环

PLLA 是一种脂肪族可降解性高分子材料，可以从食品加工过程中的残留物中获得，其强度高、生物相容性好、熔点高、抗皱性能突出，随老化时间延长，阻隔性能提高，耐油溶性好，适合取代商品聚合物。目前 PLLA 是应用最为广泛的生物可降解材料，已被用于生物医学领域，也作为短保质期食品的包装袋、包装盒、冰淇淋杯和泡罩等。PPC 因原料来源广泛、价格低廉，且阻隔性良好，无毒无害，被认为是最有潜力应用在食品包装中的可降解材料之一。PVA 是一种多功能聚合物，耐化学腐蚀，物理性能和气体阻隔性能优异并且是水溶性聚合物中产量最大的聚合物，已被用于食品包装。PCL 具有良好的延展性，熔点为 60℃左右，因为生鲜食品的生产、加工、运输和销售多为冷链，所以 PCL 更适用于生鲜食品的保鲜包装。选择合适的生物可降解材料，发挥其优越性能用于生鲜食品的包装保鲜，既能满足消费者安全营养健康的消费需求，同时又能迎合现代绿色环保的理念。

本书结合本课题组的近期研究成果，以生鲜肉品和果蔬为主要研究对象，根据其品质特征和腐败变质机理，就多种生物可降解包装材料在其保鲜中的应用进行了论述比较，展望其潜在的价值并为保鲜技术的研究与应用提供参考。

第二章
高阻隔性生物可降解材料的制备及其包装特性

  食品包装起源于人类持续的生存发展以及对食物供给的需求，当人类社会发展到有商品交换和贸易活动时，食品包装逐渐成为商品的组成部分。食品包装最突出的作用就是保护商品在储运、销售、消费等流通过程中不被各种不利条件及环境破坏和影响，提升商品的使用价值。生鲜肉和熟肉肉制品的包装在贮藏与运输过程中会受到光照、水分、氧气和微生物的污染，导致货架期缩短，甚至引发食品安全问题。因此，如何更好地维持肉制品良好的品质状态，预防肉制品的腐败变质，营造更为便捷的消费模式，是当前肉品生产企业面临的一大问题。高阻隔塑料包装材料是一类具有较好阻氧性、阻水性与高阻渗性，能起到良好的保质、保鲜、延长保质期作用的包装材料。高阻隔类塑料材料已经得到广泛的应用，其优点在于能为肉制品提供一个稳定的内部环境，进而能延长贮藏期，避免微生物的生长繁殖，避免或者减少致病菌的产生，降低脂肪的氧化与品质的劣变，避免肉制品在贮藏期间异味的产生、肉色改变等。然而，对于聚乳酸等可降解材料来说，其氧气、水蒸气以及光的阻隔性较低，不适合肉品等油脂类食品，这也是这些材料未能广泛应用于食品包装领域的重要原因。

第一节 高阻隔性聚乳酸薄膜

一、聚乳酸薄膜的制备及其包装特性

聚乳酸（PLA）的单体可来源于植物资源，如从玉米、马铃薯提取的淀粉原料。合成单体乳酸存在左旋和右旋两种旋光异构体，而高聚物存在三种基本立体构型：PLLA 和其对映异构体聚右旋乳酸（PDLA）及消旋聚乳酸（PDLLA）。由于 PLLA 是最常见的聚乳酸材料，通常简称 PLLA 为聚乳酸。淀粉经由发酵可制成 L-乳酸单体，再通过化学合成即 PLLA。PLLA 是一种脂肪族聚酯高分子材料，具有与聚酯相似的机械强度。同时还具有与聚丙烯（PS）相似的光泽度和清晰度等优良的物性。相对于其他生物材料，PLLA 加工性能优良，能由普通挤出设备进行挤出、模塑、熔融纺、溶液纺、吹塑、浇注成型等，具有良好的印刷性能和二次加工性能。因此，PLLA 可以被加工成各种包装材料，以及化工、纺织业用的无纺布、纤维等，广泛用于生物医学领域，也可作为短保质期食品的包装袋、包装盒、冰淇淋杯和泡罩等包装材料。PLLA 的生产耗能只相当于传统石油化工产品的 20%~50%，产生的二氧化碳气体则只有其 50%，是一种不可多得的绿色环保材料。

PLLA 的工业化进展中仍然存在诸多难题，如结晶速度慢，工业产品多为非晶态，耐热性较差。PLLA 的气体阻隔性中等，不能用于包装乳肉等食品。对一些生鲜果蔬包装表现出不适宜气体阻隔性，加上硬而脆的性质使其难以在包装、农业、纺织等领域被大量推广应用。这严重限制了其在工程和通用塑料方面的应用。PLLA 薄膜材料可以通过熔融挤出流延和吹膜方法制备，也可以对其进行单轴或双轴拉伸成膜。本节中制备出 PLLA 薄膜，在研究其热学、力学性能的基础上，讨论分析物理老化、取向程度以及共混等因素对气体与水蒸气阻隔性的影响。

（一）物理老化过程对 PLLA 薄膜的阻隔性能的影响

在玻璃化转变温度（T_g）以下，对于 PLLA 来说，其松弛过程很缓慢，导致物理老化过程对聚合物的物理性能（如热学性能、机械性能等）产生很大的影响。熔融成型时骤冷到 T_g 以下温度范围，松弛将随着 PLLA 的物理老化进行发展，而且此过程需要很长时间。随着时间的推移，PLLA 分子链逐渐从高能态趋于低能态，

PLLA 分子链的运动性降低，自由体积也将趋于减小，这样的变化必将对 PLLA 的气体阻隔性产生影响。选用旋光度不同的两种 A1001 PLLA 和 4032D PLLA（D-LA8%）材料，通过热压制膜法制备了 PLLA 薄膜，对其热学性能和阻隔性能与物理老化时间的关联性研究发现，松弛过程大概在 48h 后趋于缓和状态。

淬火处理使得 PLLA 分子链中具有较多的高能态的 gg 构象异构体转变为低能态的 gt 构象异构体，但是由于降温速率过快，PLLA 的分子链结构无法获得充分的时间向低能构象转变。因此，此时的 PLLA 试样处于一个热力学的非平衡态。当 PLLA 处于此状态时，它会通过体积松弛和结构松弛将多余的能量释放出来，进而达到热力学平衡态。老化时间的不同就使得 PLLA 试样向平衡态转变的程度不同。老化时间越长，分子链的松弛程度、重排行为进一步加深，分子链排列的更加紧凑、有序，损失掉更多的热焓，试样越接近平衡态构象。此时，PLLA 试样的分子链活性最低。

在 DSC 升温过程中 A1001 型 PLLA 试样的结晶速率比 4032D PLLA 试样的要快得多。A1001 PLLA 试样的 T_g、熔融焓（ΔH_r）比 4032D 型 PLLA 试样的 T_g、ΔH_r 都要高。这归结于 A1001 型 PLLA 试样的 D-乳酸含量相对 4032D 型 PLLA 试样较少，因而 A1001 型 PLLA 晶片中 L-乳酸链段的长度就会相应增长，从而其结晶的规整性就会增强。当处于相同的老化时间时，A1001 型 PLLA 试样转化为低能态构象的分子链活性比 4032D 型 PLLA 试样的分子链活性要低，因此 T_g、ΔH_r 会相应地增大。

两种 PLLA 试样表现出相似的变化趋势，氧气透过系数（OP）的减小说明物理老化过程可以有效地提高 PLLA 试样的阻隔性能。随着老化时间由 0h 增大到 720h，A1001 型 PLLA 试样的 OP 值由 $2.02\times10^{-12}\mathrm{cm}^3\cdot\mathrm{m}/(\mathrm{m}^2\cdot\mathrm{s}\cdot\mathrm{Pa})$ 减小到 $1.67\times10^{-12}\mathrm{cm}^3\cdot\mathrm{m}/(\mathrm{m}^2\cdot\mathrm{s}\cdot\mathrm{Pa})$。在 4032D 型 PLLA 试样中，$T_a=0\mathrm{h}$（淬火时间）的 OP 值为 $2.03\times10^{-12}\mathrm{cm}^3\cdot\mathrm{m}/(\mathrm{m}^2\cdot\mathrm{s}\cdot\mathrm{Pa})$。当老化时间（$T_a$）达到 720h 时，OP 值减小到 $1.71\times10^{-12}\mathrm{cm}^3\cdot\mathrm{m}/(\mathrm{m}^2\cdot\mathrm{s}\cdot\mathrm{Pa})$。根据热学性能测试结论，在物理老化过程中，PLLA 薄膜的结晶度没有发生变化。这也就意味着 OP 值的减小并不是由 PLLA 薄膜的结晶度引起的，而是由在物理老化过程中发生分子链重排和自由体积减小所引起的。众所周知，自由体积是气体分子通过薄膜的通道。因此，气体通道越小，越有益于提高薄膜的阻隔性。

对于水蒸气透过系数（WVP）来说，由于分子重排和自由体积的减小，经过物理老化过程的 PLLA 试样的 WVP 值明显减小。随着 T_a 由 0h 增大到 720h，A1001 型 PLLA 试样的 WVP 值由 2.81×10^{-10}g·m/（m^2·s·Pa）减小到 2.33×10^{-10}g·m/（m^2·s·Pa）。4032D 型 PLLA 试样在 T_a=0h 的 WVP 值为 3.35×10^{-10}g·m/（m^2·s·Pa）。当 T_a=720h 时，4032D 型 PLLA 试样的 WVP 值减小到 2.53×10^{-10}g·m/（m^2·s·Pa）。

经过物理老化过程，PLLA 试样的氧气和水蒸气阻隔性能都得到了明显的提高。从 DSC 曲线中采集到的 T_g 和 ΔH_r 随着物理老化时间的变化趋势（图 2-1）与图 2-2 的变化趋势一致，都在 T_a=48h 时出现了拐点。在 T_a<48h 时，气体透过系数曲线呈急剧下滑；T_a>48h 时，曲线的斜率逐渐平缓。这进一步证明了物理老化过程引起的链段松弛的速率不是均量。

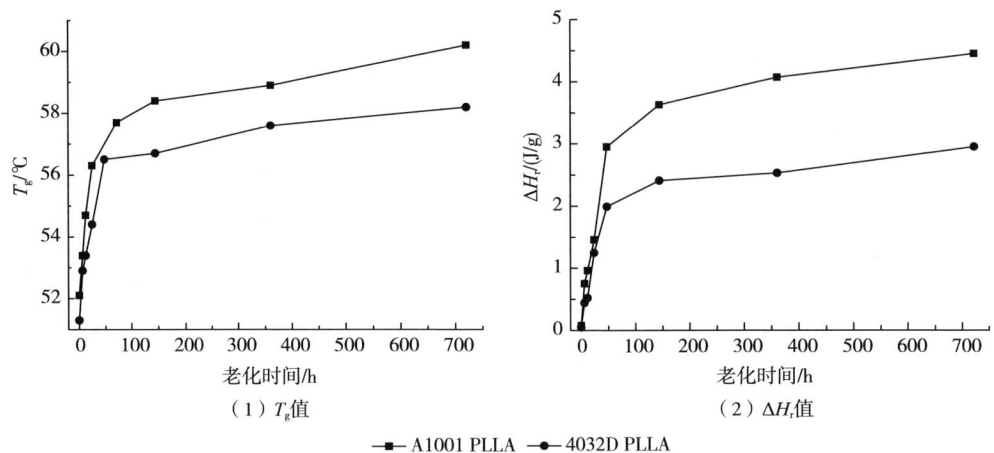

图 2-1　A1001 和 4032D PLLA 试样的 T_g 值和 ΔH_r 值

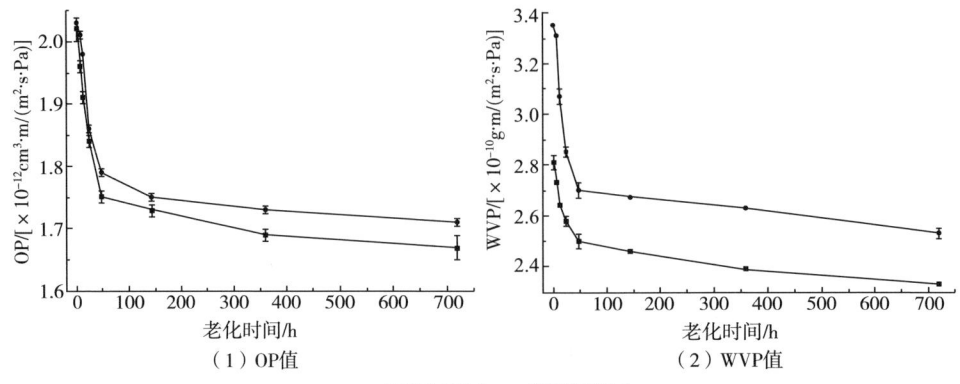

图 2-2　A1001 和 4032D PLLA 膜的 OP 值和 WVP 值随着物理老化时间的变化

A1001 型 PLLA 试样的氧气和水蒸气阻隔性能比 4032D 型 PLLA 试样的要好。从 DSC 结论可知，A1001 型 PLLA 试样的 T_g 和 X_c 值均高于 4032D 型 PLLA 试样的 T_g 和 X_c 值，使得 PLLA 薄膜的阻隔能力得到一定提高。另外，由于 A1001 型 PLLA 试样的 D-乳酸含量相对较低，A1001 型 PLLA 试样比 4032D 型 PLLA 试样的分子链排列更为密集，增大了气体通过薄膜的难度，从而进一步提高了 PLLA 薄膜的阻隔能力。

总的来说，物理老化过程对非晶态的 PLLA 的阻隔性能影响较大。延长老化时间可以有效地提高 PLLA 薄膜的阻隔能力。D-乳酸含量低的 PLLA 薄膜的阻隔性能相对较好，说明 PLLA 薄膜的分子立构规整性对其阻隔能力具有一定的影响。

（二）取向度对聚乳酸的包装特性的影响

高分子链的取向是提高阻隔性的一种办法。高分子材料的取向一般通过机械拉伸定型处理得到。通过双螺杆挤出机将 PLLA 母粒熔融挤出，经熔融挤出后形成铸片，通过调节固定辊和移动辊的速度，在 80℃ 下进行纵向拉伸，制备得热收缩膜。通过调节移动辊和固定辊的转速，制得不同拉伸比的热收缩膜。在绷紧状态下，将 PLLA 薄膜在 90℃ 进行退火定型 2h，即可得到定向拉伸膜。本文中对不同取向度的试样进行标记为：$R=2$、$R=3.5$、$R=5$ 和 $R=6.5$。其中，R 后面的数字表示 2 倍、3.5 倍、5 倍和 6.5 倍的拉伸倍数。未拉伸的 PLLA 膜用热压机在 215℃ 热压制膜法制得，拉伸比标记为 $R=1$。

1. PLLA 单轴拉伸膜的结构与形貌分析

PLLA 是一种具有 α-晶型、β-晶型和 γ-晶型并与制备条件相依的多晶型聚合物。$R=1$ PLLA 热收缩膜没有结晶相衍射峰出现，完全是一种非结晶相的状态。当 $R=2$ 和 $R=3.5$ 时，也未出现结晶相衍射特征峰；而随着进一步的拉伸，在 $\theta=16.5°$ 处有一个明显的衍射峰出现，通过文献可知此为代表 α'-晶型的衍射峰，这说明拉伸过程会诱导生成 α'-晶型。

$R=1$ PLLA 定向拉伸薄膜在 $\theta=15.1°$、$16.9°$ 和 $19.3°$ 处有三个较明显的衍射峰，分别对应的为（010）、（110）/（200）和（203），与聚乳酸的 10_3 螺旋构象的 α-晶型相对应。随着拉伸比例的增大，（110）/（200）处所对应的强衍射峰的角度逐渐移向低角度，说明拉伸样品在经过 90℃ 退火 2h 后更容易形成 α'-晶型。

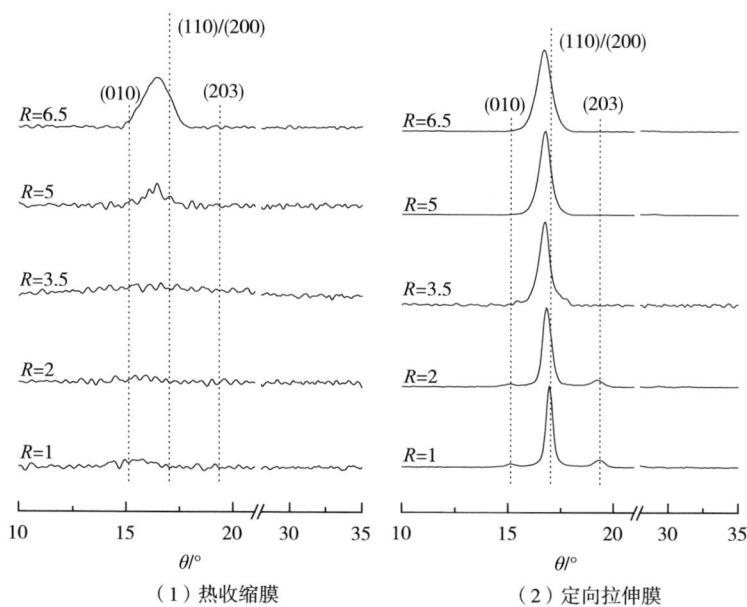

图2-3 不同拉伸比的热收缩膜和定向拉伸膜的广角X射线衍射（WAXD）图

另外，$R=3.5\sim6.5$的定向拉伸膜中，$\theta=15.1°$、$19.3°$的衍射峰越加模糊。这可能是由于随着拉伸比例的增大，链取向显著增加的缘故。目前许多研究表明，对于聚乳酸的结晶行为来说，110℃是一个非常关键的温度。α'-晶型和α-晶型分别在$T_c<110℃$和$T_c>110℃$温度下生成。然而在本实验中，在经过90℃退火处理时，产生的主要是α-晶型，这种差别可能来自研究组使用的聚乳酸材料的不同引起的。

从扫描电子显微镜（SEM）中观察到，当$R=1$时，膜的表面只是有些粗糙，但并没有裂纹产生，这主要是由于在热压过程中使用特氟龙作为保护膜引起的。当拉伸比例增加到2和3.5时，薄膜的表面非常的平滑。但是，随着进一步的拉伸时，膜表面开始出现了裂纹。特别是$R=6.5$时，膜表面的裂纹变得非常明显。

定向拉伸膜表现出了与热收缩膜相似的变化趋势。随着拉伸比例的增大，膜表面逐渐出现裂纹。薄膜表面出现裂纹的原因可能是由于在拉伸过程中，薄膜中平行排列片晶结构被拉开，形成微孔结构，同时非晶区的分子链发生取向而在微孔之间形成大量微纤结构。随着薄膜拉伸比率的增加，片晶被拉开的程度增大，更多更大的微孔便会形成。

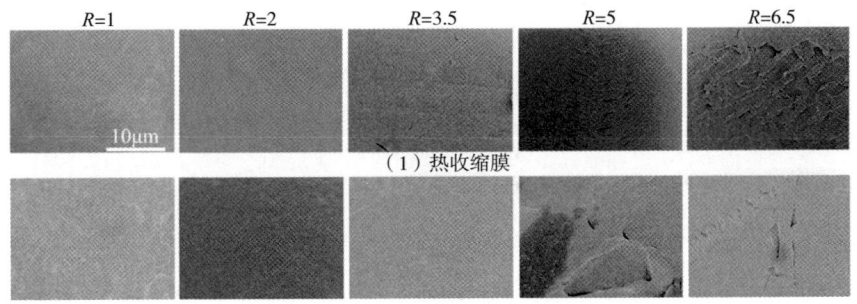

图 2-4 不同拉伸比的热收缩膜和定向拉伸膜的扫描电子显微镜图

2. PLLA 单轴拉伸膜的阻隔性能

从表 2-1 和表 2-2 中可以看出，随着取向度的增加 PLLA 膜的水蒸气透过系数（WVP）和氧气透过系数（OP）都表现出先减小后增大的趋势。

表 2-1 PLLA 薄膜的厚度、水蒸气透过率和水蒸气透过系数

拉伸比	热收缩膜			定向拉伸膜		
	$D \times 10^{-6}$/m	WVTR/[g/(m²·d)]	WVP/[$\times 10^{-10}$ g·m/(m²·s·Pa)]	D/$\times 10^{-6}$ m	WVTR/[g/(m²·d)]	WVP/[$\times 10^{-10}$ g·m/(m²·s·Pa)]
$R=1$	272±4.24	154.63±4.12	3.08±0.07	365±1.13	113.25±10.3	3.05±0.06
$R=2$	169±0.71	172.23±3.87	2.12±0.06	173±2.08	125.77±6.89	1.59±0.11
$R=3.5$	75±2.83	523.36±9.03	2.87±0.01	75±0.51	395.05±6.65	2.15±0.06
$R=5$	65±0.71	619.83±9.79	2.92±0.01	65±0.65	518.32±3.27	2.48±0.04
$R=6.5$	59±2.12	734.15±9.91	3.19±0.07	60±0.71	632.72±2.24	2.75±0.05

注：D——厚度 WVTR——水蒸气透过率 WVP——水蒸气透过系数

表 2-2 PLLA 薄膜的厚度、氧气透过率和氧气透过系数

拉伸比	热收缩膜			定向拉伸膜		
	D/$\times 10^{-6}$ m	OTR/[cm³/(m²·d)]	OP/[$\times 10^{-12}$ cm³·m/(m²·s·Pa)]	D/$\times 10^{-6}$ m	OTR/[cm³/(m²·d)]	OP/[$\times 10^{-12}$ cm³·m/(m²·s·Pa)]
$R=1$	268±1.41	57±2.7	1.75±0.08	260±6.67	58.1±0.01	1.73±0.04
$R=2$	176±1.55	79.6±1.39	1.61±0.05	163±2.05	65±2.96	1.20±0.07
$R=3.5$	76±1.39	176.1±3.23	1.53±0.06	76±1.06	168±2.54	1.46±0.04

续表

拉伸比	热收缩膜			定向拉伸膜		
	$D/\times 10^{-6}$ m	OTR/[cm^3/($m^2 \cdot d$)]	OP/[$\times 10^{-12} cm^3 \cdot m$/($m^2 \cdot s \cdot Pa$)]	$D/\times 10^{-6}$ m	OTR/[cm^3/($m^2 \cdot d$)]	OP/[$\times 10^{-12}$ $cm^3 \cdot m$/($m^2 \cdot s \cdot Pa$)]
$R=5$	66±1.75	255.1±1.19	1.93±0.04	66±1.83	250.1±6.12	1.90±0.01
$R=6.5$	60±3.5	341.7±11.78	2.36±0.06	60±1.91	289.1±12.33	2.01±0.06

注：D——厚度　OTR——氧气透过率　OP——氧气透过系数

PLLA 热收缩膜中，2 倍拉伸 PLLA 膜（$R=2$）的 WVP 为 2.12×10^{-10} g·m/($m^2 \cdot s \cdot Pa$)，明显低于未拉伸 PLLA 膜（$R=1$）。3.5 倍拉伸 PLLA 膜（$R=3.5$）的 OP 值为 $1.53\times 10^{-12} cm^3 \cdot m$/($m^2 \cdot s \cdot Pa$)，低于其他薄膜材料的 OP 值。在 PLLA 定向拉伸膜的试样中，2 倍拉伸 PLLA 膜（$R=2$）的 WVP 和 OP 都较低，这说明 2 倍拉伸 PLLA 膜（$R=2$）的透湿和透氧性能较低。人们发现定向拉伸膜的阻湿和阻氧性能均优于热收缩膜，这主要是因为定向拉伸膜比热收缩膜的结晶度高，阻碍了气体分子的通过。试验结果表明，在未添加任何添加剂和本试验加工成型工艺条件下，单轴拉伸和退火处理过程可以提高 PLLA 的阻湿和阻氧性能。阻隔性的提高归结于分子链段的取向和结晶，取向和结晶度越高阻隔性将变高。然而，在拉伸过程中出现的结晶区域缺陷等原因又导致了阻隔性的降低。在这两种原因的推动下可以看出中等拉伸比（2~3.5 倍）对水蒸气和氧气有着很好的阻隔性表现。

OP 和 WVP 是与厚度无关的量，主要表征 PLLA 薄膜材料的本性。热收缩膜和定向拉伸膜表现出了气体透过系数先减小后增大的趋势。OP 值的减小表明单轴拉伸和退火处理对改善 PLLA 的阻隔性能起到了一个积极的作用。OP 值的减小主要是由于拉伸过程发生分子链段的取向和结晶的缘故。尽管一些研究已经表明含有 α-晶型的 PLLA 薄膜相对于含有 α′-晶型 PLLA 薄膜具有较好的氧气阻隔性能。但对于氧气阻隔能力，分子链段取向的程度占主要作用。高拉伸倍率（$R=5$ 和 $R=6.5$）时，OP 值表现出了增大的趋势。基于 SEM 的研究，人们认为主要是由于膜表面裂纹的出现引起的薄膜厚度的减小，从而导致了氧气透过量增大。

从表 2-3 中可以看出，随着温度从 25℃ 升高到 45℃，OP 值呈线性增加。在

第二章 高阻隔性生物可降解材料的制备及其包装特性

相对湿度 $RH=0\%$、$T=25℃$ 时，$R=1$ 热收缩膜的 OP 值为 $2.03×10^{-12}\text{cm}^3·\text{m}/(\text{m}^2·\text{s}·\text{Pa})$，在 $RH=0\%$、$T=45℃$ 时，其 OP 值达到 $4.09×10^{-12}\text{cm}^3·\text{m}/(\text{m}^2·\text{s}·\text{Pa})$。当 $T=45℃$ 时，$R=3.5$ 热收缩膜的 OP 值达到 $3.16×10^{-12}\text{cm}^3·\text{m}/(\text{m}^2·\text{s}·\text{Pa})$。通常情况下，分子链的热运动是导致 OP 值随温度增大而增大的主要原因：随着温度的升高，分子链构象快速变化，气体通道变大。同时，随着温度的升高，气体分子活化能增加。因此，此时容易达到分子链扩散所需的能量。水蒸气的存在也能很大程度影响气体的透过性。通常情况下，水分会起到一个增塑剂的作用，水蒸气的存在会增大聚合物的自由体积，在聚合物链中通常被称作"空"体积。因此，气体透过性会随着水蒸气吸附增大。但是实际上，因为聚合物对水分的亲和力不同而会在湿度存在的情况下有不同的变化趋势。亲水性高的聚合物的气体透过性随着湿度的增大而增大。但是仍然有小部分材料，水分对其透过性的影响很小。甚至一些材料的透过性表现出降低趋势。

表 2-3 热收缩膜和定向拉伸膜在不同温度下的氧气透过系数

单位：$×10^{-12}\text{cm}^3·\text{m}/(\text{m}^2·\text{s}·\text{Pa})$

拉伸比	热收缩膜			定向拉伸膜		
	25℃	35℃	45℃	25℃	35℃	45℃
$R=1$	2.03±0.03	2.93±0.22	4.09±0.09	1.83±0.07	2.49±0.08	2.94±0.54
$R=2$	1.59±0.06	2.16±0.08	3.34±0.12	1.34±0.12	1.83±0.15	2.34±0.24
$R=3.5$	1.53±0.01	2.04±0.04	3.16±0.01	1.31±0.05	1.67±0.12	2.17±0.08
$R=5$	1.87±0.02	2.51±0.03	3.62±0.03	1.60±0.12	2.12±0.17	2.73±0.03
$R=6.5$	2.03±0.08	2.81±0.04	4.32±0.11	1.67±0.03	2.45±0.07	3.31±0.09

如表 2-4 所示，$RH=0\%$ 时，$R=1$ 热收缩薄膜 OP 值为 $2.03×10^{-12}\text{cm}^3·\text{m}/(\text{m}^2·\text{s}·\text{Pa})$；$RH=50\%$ 时，$R=1$ 热收缩薄膜 OP 值减小到 $1.55×10^{-12}\text{cm}^3·\text{m}/(\text{m}^2·\text{s}·\text{Pa})$。在同一温度（$T=25℃$）不同湿度下的定向拉伸 PLLA 薄膜的 OP 值。$RH=0\%$ 时，$R=1$ 定向拉伸膜 OP 值为 $1.83×10^{-12}\text{cm}^3·\text{m}/(\text{m}^2·\text{s}·\text{Pa})$；$RH=50\%$ 时，$R=1$ 定向拉伸膜 OP 值减小到 $1.45×10^{-12}\text{cm}^3·\text{m}/(\text{m}^2·\text{s}·\text{Pa})$。在不同湿度的情况下，中等拉伸比例的 PLLA 薄膜（$R=3.5$）表现出了较好的氧气阻隔性能。如表 2-5 所示，与 $RH=0\%$ 相比，PLLA 薄膜在 $RH=50\%\sim80\%$ 时具有较低的 OP 值，但是在 $RH=50\%\sim80\%$ 并没有太大变化。这可能是由于 PLLA 的疏水性缘故。在水分的存在下，PLLA 薄膜表面吸附很少量的水。因此，随着

PLLA 表面水分的增加，PLLA 的氧气透过性会减小。

表2-4　不同湿度下的热收缩膜的氧气透过系数

单位：$\times 10^{-12} cm^3 \cdot m/(m^2 \cdot s \cdot Pa)$

拉伸比	热收缩膜 OP 值			
	0%RH	50%RH	65%RH	80%RH
$R=1$	2.03±0.03	1.55±0.02	1.52±0.03	1.52±0.01
$R=2$	1.59±0.06	1.51±0.01	1.49±0.01	1.46±0.01
$R=3.5$	1.53±0.01	1.49±0.01	1.47±0.01	1.45±0.02
$R=5$	1.87±0.02	1.74±0.02	1.83±0.01	1.72±0.04
$R=6.5$	2.03±0.08	1.85±0.01	1.74±0.04	1.74±0.04

表2-5　不同湿度下定向拉伸膜的氧气透过系数

单位：$\times 10^{-12}/cm^3 \cdot m/(m^2 \cdot s \cdot Pa)$

拉伸比	定向拉伸膜 OP 值			
	0%RH	50%RH	65%RH	80%RH
$R=1$	1.83±0.07	1.45±0.01	1.38±0.04	1.32±0.23
$R=2$	1.34±0.12	1.00±0.05	0.98±0.01	0.96±0.01
$R=3.5$	1.31±0.05	1.28±0.02	1.24±0.01	1.20±0.03
$R=5$	1.60±0.12	1.59±0.05	1.34±0.08	1.31±0.06
$R=6.5$	1.67±0.03	1.47±0.08	1.43±0.01	1.34±0.01

如表2-6所示，由于分子链取向和结晶的缘故，拉伸之后的热收缩膜和定向拉伸膜都表现出了一个相对低的 WVP 值。$R=3.5$ 的 PLLA 薄膜表现出最好的水蒸气阻隔能力。与 OP 值的变化趋势相似，到达高拉伸倍数时的 WVP 值也呈现增大的趋势。从表2-6可以看到，WVP 值随着温度的增大有轻微减小的趋势。当温度由25℃升高到45℃时，$R=3.5$ 热收缩薄膜的 WVP 值由 $2.11\times 10^{-10} g \cdot m/(m^2 \cdot s \cdot Pa)$ 减小到 $1.92\times 10^{-10} g \cdot m/(m^2 \cdot s \cdot Pa)$；$R=3.5$ 定向拉伸膜的 WVP 值由 $1.62\times 10^{-10} g \cdot m/(m^2 \cdot s \cdot Pa)$ 减小到 $1.47\times 10^{-10} g \cdot m/(m^2 \cdot s \cdot Pa)$。这种现象的主要原因可能是：PLLA 的疏水性会随着温度的增大而增大，从而导致与水分子的亲水性会降低。通常情况下，PLLA 会有一个相对低的亲水性，因此，会导致水分子通过 PLLA 分子更加困难。因此，PLLA 的水蒸气透过系数会随着温度的升高而略有降

第二章 高阻隔性生物可降解材料的制备及其包装特性

低。表 2-7 中，当 $RH=50\%\sim80\%$ 时，PLLA 薄膜的 WVP 值没有发生太大变化。当 $RH=50\%$ 时，$R=3.5$ 的热收缩薄膜的 WVP 值为 $2.11\times10^{-10}\,\mathrm{g\cdot m/(m^2\cdot s\cdot Pa)}$，当 $RH=80\%$ 时，$R=3.5$ 的热收缩薄膜的 WVP 值是 $2.09\times10^{-10}\,\mathrm{g\cdot m/(m^2\cdot s\cdot Pa)}$。$R=3.5$ 定向拉伸膜的 WVP 值在 $RH=50\%$ 时的 WVP 值是 $1.62\times10^{-10}\,\mathrm{g\cdot m/(m^2\cdot s\cdot Pa)}$，在 $RH=80\%$ 时的 WVP 值是 $1.22\times10^{-10}\,\mathrm{g\cdot m/(m^2\cdot s\cdot Pa)}$。水蒸气透过性的变化趋势与先前学者们的研究结果一致：尽管 PLLA 是一个极性分子，在湿度变化的情况下水蒸气透过性几乎没有什么变化。需要注意的是，在不同的环境湿度和温度条件下，相对于热收缩膜而言，定向拉伸膜具有一个相对较好的气体阻隔性能力，这主要是由于定向拉伸膜较热收缩膜具有一个较高的结晶度。

表 2-6 热收缩膜和定向拉伸膜的水蒸气透过系数

单位：$\times10^{-10}\,\mathrm{g\cdot m/(m^2\cdot s\cdot Pa)}$

拉伸比	热收缩膜			定向拉伸膜		
	25℃	35℃	45℃	25℃	35℃	45℃
$R=1$	3.06±0.01	2.64±0.31	2.61±0.13	2.79±0.17	2.62±0.08	2.26±0.06
$R=2$	2.24±0.03	2.14±0.18	2.14±0.05	1.78±0.26	1.56±0.17	1.52±0.03
$R=3.5$	2.11±0.14	1.95±0.06	1.92±0.07	1.62±0.06	1.51±0.08	1.47±0.06
$R=5$	2.93±0.01	2.34±0.05	1.93±0.05	2.36±0.05	2.25±0.08	2.08±0.07
$R=6.5$	3.04±0.04	2.57±0.04	2.49±0.03	2.68±0.04	2.31±0.11	2.24±0.01

表 2-7 热收缩膜和定向拉伸膜在不同温度下的水蒸气透过系数

单位：$\times10^{-10}\,\mathrm{g\cdot m/(m^2\cdot s\cdot Pa)}$

拉伸比	热收缩膜			定向拉伸膜		
	50% RH	65% RH	80% RH	50% RH	65% RH	80% RH
$R=1$	3.06±0.01	3.01±0.02	3.01±0.02	2.79±0.17	2.41±0.03	2.53±0.01
$R=2$	2.24±0.03	1.96±0.45	2.19±0.08	1.78±0.26	1.39±0.02	1.41±0.06
$R=3.5$	2.11±0.14	1.98±0.16	2.09±0.61	1.62±0.06	1.19±0.01	1.22±0.06
$R=5$	2.93±0.01	2.79±0.12	2.69±0.11	2.36±0.05	2.31±0.01	2.23±0.04
$R=6.5$	3.04±0.04	2.97±0.05	2.90±0.09	2.68±0.04	2.34±0.02	2.23±0.03

PLLA 在高弹体状态下可制备热收缩膜和定向拉伸膜。单轴拉伸可以有效

地提高 PLLA 薄膜的结晶速率和结晶度。其中，中等拉伸比的 PLLA 薄膜的阻湿阻氧能力较强。经过退火处理，PLLA 薄膜对氧气和水蒸气阻隔性提高了许多。

(三) 共混与取向条件对聚乳酸的阻隔性能的影响

纯 PLLA 的拉伸强度大于 60MPa，拉伸模量大于 3GPa，断裂伸长率为 3%~6%。具有良好的刚性和易脆性断裂等性质。其应用范围受到限制。通过熔融挤出流延线进行共混挤出成膜，探讨了少量添加聚丁二酸丁二醇酯 (PBS) 和单轴拉伸成型对 PLLA 薄膜的力学性能、热学性能及阻氧性能的影响。

1. PLLA/PBS 共混薄膜的单轴拉伸性能

纯 PLLA 薄膜在拉伸过程中呈现出比较光滑且质地均匀的拉伸薄膜。而 PBS 的拉伸是个比较特殊的情况，拉伸倍数为 2 倍和 3 倍时纯 PBS 薄膜表面出现条状波纹状，被拉伸与未被拉伸区域交替出现，直到拉伸倍数增大到 4 倍时薄膜表面的条状波纹基本消失并形成均匀拉伸的薄膜。加入 10%（质量分数）的 PBS 之后，在拉伸 PLLA 薄膜中未出现像 PBS 波纹状拉伸条纹，可得到光滑均匀拉伸的共混薄膜（图2-5）。在以下的讨论中，忽略了 $R=2$ 和 $R=3$ 的 PBS 薄膜的性能测试。

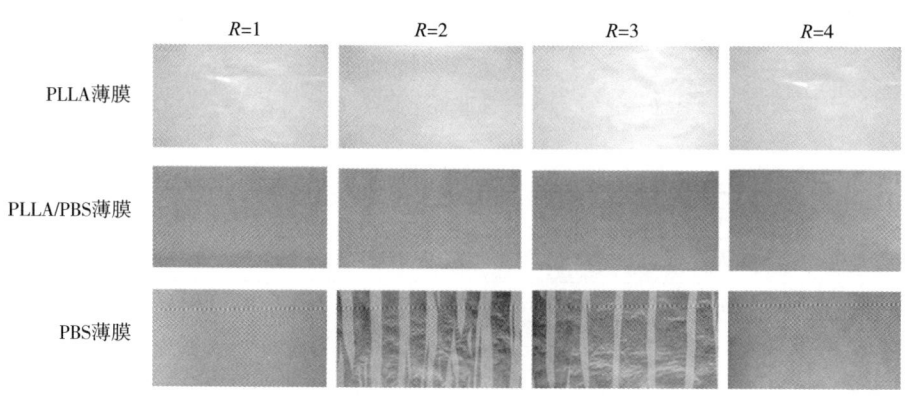

图 2-5　PLLA/PBS 共混薄膜的单轴拉伸照片

未取向的 PLLA 薄膜（$R=1$）显示出较低的屈服强度和断裂伸长率，在室温下显示脆性。取向的 PLLA 显示出较高的屈服强度，其屈服强度从 58.3MPa

($R=1$) 分别提高到 106.4MPa ($R=2$)、113.3MPa ($R=3$) 和 124.5MPa ($R=4$)。取向的 PLLA 薄膜的韧性也得到了改善，在未取向时 PLLA 的断裂伸长率仅为 6.6%，随着取向其拉伸率都达到了 11% 以上，大幅度提高了其韧性，其中，拉伸比为 $R=3$ 的 PLLA 的断裂伸长率达到了 21.3%。PLLA 的弹性模量随着拉伸比的增加而大幅度增加，$R=4$ 时弹性模量提高了近 2 倍。

在室温环境中进行拉伸时，未取向 PBS 薄膜（$R=1$）的断裂伸长率达到 293.6%，可显示其韧性。其应变曲线显示出了规律性波动状，通过观察其拉伸过程，其拉伸实际状况同图 2-5 所示的 PBS 薄膜的 $R=2$ 和 $R=3$ 的情景一样，被拉伸的部分和未被拉伸的部分间隔存在。经过取向后，PBS 薄膜拉伸比达到 $R=4$ 时，应变减小到 55.9%，也显示出较好的韧性，而且其屈服强度从 28.9MPa（$R=1$）提高到 94.0MPa（$R=2$），弹性模量从 382.5MPa 增加到 643.2MPa。

PLLA/PBS 共混薄膜的屈服强度和弹性模量随着拉伸倍数的增大而增大，其断裂伸长率也得到了改善。添加少量 PBS 时，PLLA 的屈服强度和弹性模量相比纯 PLLA 都减弱了许多，而断裂伸长率大幅度增加，当 $R=2$ 时其应变达到了 70.7%，相比 PLLA、PLLA/PBS 的屈服强度和杨氏模量降低了许多，显示出较好的柔韧性。这主要是因为在高拉伸倍数下材料会发生较大的塑性形变，从而促使材料内部的分子链或链段发生拉伸方向排列，使得薄膜沿拉伸方向的强度和韧性显著有所提高。PLLA/PBS 拉伸后断裂伸长率呈先上升又下降趋势。这是因为分子链、链段的伸直程度会随着拉伸比例的增大而提高，因此，拉伸比例小的试样的分子链、链段再次伸直形变的程度大。由于拉伸比例大的试样的分子链或链段伸直程度小，因此，拉伸过程中再次伸直形变的程度减小。

2. PLLA/PBS 共混薄膜的氧气透过性

PLLA/PBS 薄膜的氧气透过系数随着拉伸比的增加数都表现出先减小后增大的趋势。未拉伸 PLLA 薄膜（$R=1$）的 OP 值为 $2.13\times10^{-12}\text{cm}^3\cdot\text{m}/(\text{m}^2\cdot\text{s}\cdot\text{Pa})$，2 倍拉伸 PLLA 薄膜（$R=2$）的 OP 值为 $1.92\times10^{-12}\text{cm}^3\cdot\text{m}/(\text{m}^2\cdot\text{s}\cdot\text{Pa})$，由此可以看出，2 倍拉伸薄膜的氧气透过性明显优于未拉伸 PLLA 薄膜（$R=1$）。对于 PLLA/PBS 共混薄膜，2 倍拉伸 PLLA/PBS 共混薄膜（$R=2$）的 OP 值为 $1.77\times10^{-12}\text{cm}^3\cdot\text{m}/(\text{m}^2\cdot\text{s}\cdot\text{Pa})$，明显低于未拉伸 PLLA/PBS 共混薄膜（$R=1$），说明 2 倍拉伸 PLLA/PBS 共混薄膜的阻氧性比较高，如表 2-8 所示。

表 2-8　PLLA/PBS 共混薄膜的氧气透过系数

单位：$\times 10^{-12} cm^3 \cdot m/(m^2 \cdot s \cdot Pa)$

拉伸比	氧气透过系数		
	PLLA	PLLA/PBS	PBS
$R=1$	2.13±0.06	2.05±0.04	0.14±0.03
$R=2$	1.92±0.06	1.77±0.01	—
$R=3$	2.04±0.06	1.81±0.03	—
$R=4$	2.69±0.03	2.16±0.01	2.55±0.02

PLLA/PBS 共混薄膜的阻氧性能比 PLLA 薄膜好。未拉伸 PBS 薄膜（$R=1$）的 OP 值为 $0.14\times 10^{-12} cm^3 \cdot m/(m^2 \cdot s \cdot Pa)$，可以得知，PBS 薄膜的阻氧性比 PLLA 薄膜好。试验结果表明 PLLA 中加入少量的 PBS 进行单轴拉伸可以有效地提高 PLLA/PBS 共混薄膜的阻氧性能，这是因为在拉伸过程中，分子链段的取向和结晶可以提高材料的阻氧性能。然而，在拉伸过程中出现了结晶区域缺陷等原因导致了阻氧性的降低。

二、高阻隔性聚乳酸薄膜

塑料的阻隔性是指塑料包装材料或容器防止小分子气体，如 O_2、CO_2、H_2O、N_2 以及其他有机溶剂蒸气等透过的能力。表征材料阻隔能力大小的指标为透过率。阻隔性越高的塑料，其透过率越小。

氧气阻隔性是塑料薄膜的重要特性之一。对于理想的生物可降解材料或者绿色的食品包装材料，其对氧气、水蒸气和香气等的阻隔性尤为重要，关系到包装内外含氧量的变化及包装内食品的生理变化和品质的维持。不同类型食品对包装材料阻氧性的要求存在差异，例如，果蔬类食品要求包装材料具有良好的通透性，但更多情况下则要求包装具备较好的阻隔性。对于肉制品来说，其品质主要由微生物生长、脂肪氧化酸败和肌红蛋白变性这三个因素决定。这些因素都与氧气的渗入量相关，阻氧性越好就对包装内肉品的保质保鲜越有利。因此，肉制品包装材料对氧气的阻隔性尤为重要。

（一）PLLA/PVA/PLLA 三层复合膜

薄膜以 PLLA 为基材，通过将 PVA 层作为中间层夹在聚乳酸层中，从而制备

第二章 高阻隔性生物可降解材料的制备及其包装特性

具有更高阻隔性和更好机械性能的 PLLA/PVA/PLLA 三层复合膜，制备的三层复合膜各相紧密复合，随着中间层厚度的增加，阻隔性和力学性质提高程度增大。其中，当 PVA 含量为复合膜质量分数的 20% 时，PLLA/PVA/PLLA 复合膜表现出阻隔性提升明显且中间层用量少。

1. PLLA/PVA/PLLA 薄膜的阻隔性

分别配备 PLLA 氯仿溶液和 PVA 水溶液，将溶好的 PLLA 溶液均匀地倒在平整的玻璃板上，待氯仿挥发后，将其放入烘箱内的水平隔板上，再将溶好的 PVA 溶液均匀地倒在玻璃板上的 PLLA 膜上。待蒸馏水挥发后，再将玻璃板放入通风橱内，并在其上面倒入 PLLA 溶液，待氯仿挥发后，进行干燥得到 PLLA/PVA/PLLA 复合膜。实验结果表明，通过溶剂浇铸法成功制备了可生物降解的 PLLA/PVA/PLLA 三层复合膜。将高阻隔 PVA 作为中间层可显著地提高 PLLA 的阻隔性。中间层 PVA 含量越多，阻隔性提升越明显。当 PVA 含量为复合膜的 20%（质量分数）时，复合膜表现为阻隔性提升明显且中间层用量较少，如表 2-9 所示。

表 2-9 样品的详细信息

样品名称	PLLA T_g/℃	PVA T_g/℃	PVA/% （质量分数）	PLLA T_m/℃	PLLA 的初始结晶度/%
PLLA	54.2	—	—	146.0	36.4
PVA	—	60.2	100	—	—
PLLA/PVA/PLLA (1)	49.3	64.2	10	148.8	33.2
PLLA/PVA/PLLA (2)	46.6	60.4	20	144.2	26.6
PLLA/PVA/PLLA (3)	52.5	65.3	30	147.4	18.4
PLLA/PVA/PLLA (4)	53.4	63.1	40	145.0	14.1

PLLA 单膜的氧气透过率（OTR）为 112cm³/（m²·d），为低阻隔性薄膜。随着中间层的添加，复合膜的 OTR 值发生了极大的变化。当 PVA 层占复合膜的比例为 10% 时，PLLA/PVA/PLLA（1）的 OTR 值为 1.01cm³/（m²·d），阻氧性提高了近 110 倍。随着中间层厚度的增加，复合膜的 OTR 值随之减小，阻氧性越来越突出。PLLA/PVA/PLLA（2）较 PLLA/PVA/PLLA（1）的变化十分明显，为 0.41cm³/（m²·d），阻氧性较 PLLA 单膜提高了 272 倍，但与 PLLA/PVA/PLLA（3）和 PLLA/PVA/PLLA（4）的差异相对较小，这与材料的初始结

晶度也有着一定的关系。从第一次升温的 DSC 曲线可以看出，PLLA/PVA/PLLA（1）和 PLLA/PVA/PLLA（2）的初始结晶度明显要高于 PLLA/PVA/PLLA（3）和 PLLA/PVA/PLLA（4），PLLA/PVA/PLLA（1）和 PLLA/PVA/PLLA（2）基本上已全部结晶，那么，PLLA 层的结晶度也影响了其阻隔性。结晶度越高，阻隔性越好，所以 PLLA/PVA/PLLA（2）中间层用量很少却表现出阻隔性明显提高。PLLA/PVA/PLLA（2）的 OTR 为 $0.41cm^3/m^2 \cdot d$，仅为 PVA 单膜的透氧率 $[0.2cm^3/（m^2 \cdot d）]$ 的两倍，为高阻隔性薄膜（图 2-6）。

OTR 是通过测定单位时间内透过单位面积试样的 O_2 含量得到的，但是由于实验过程中，试样的厚度存在差异，故将 OTR 换算为氧气透过系数（OP）来表征氧气阻隔性，以去除由厚度引起的差异。

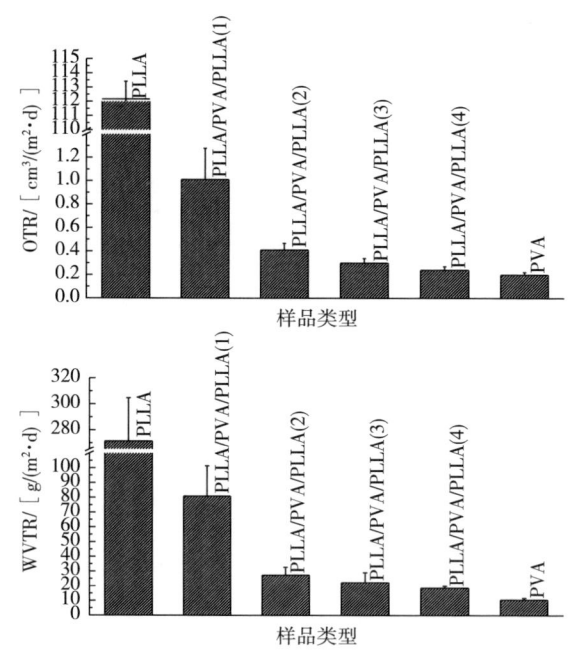

图 2-6　PLLA/PVA/PLLA 复合膜的氧气透过率和水蒸气透过率

水蒸气阻隔性是包装材料的重要特性，关系到包装外环境湿度对包装内产品质量的影响。单纯的 PLLA 为低阻隔材料，水蒸气透过率为 $271.45g/（m^2 \cdot d）$，通过在中间层添加一层高阻隔材料后，复合膜的水蒸气透过率明显下降。PLLA/PVA/PLLA（1）的中间层 PVA 占复合膜的质量分数为 10%，水蒸气透过率为 $81g/（m^2 \cdot d）$，较其他比例的复合膜仍高出几倍，这是由于中间层太薄导致的，中间

第二章 高阻隔性生物可降解材料的制备及其包装特性

层只有 10μm 左右，制备时引起的不均一情况会严重影响它的阻隔性。然而，随着中间层厚度的增加，复合膜的水蒸气透过率随之降低，PLLA/PVA/PLLA（2）较 PLLA/PVA/PLLA（3）和 PLLA/PVA/PLLA（4）差异性较小，PLLA/PVA/PLLA（2）的水蒸气透过率为 27.42g/（m²·d），几乎为 PLLA 单膜的 1/10，PLLA/PVA/PLLA（3）和 PLLA/PVA/PLLA（4）的水蒸气透过率分别为 22.33g/（m²·d）和 18.67g/（m²·d），约为 PLLA 单膜的 1/12 和 1/15，说明少量的 PVA 就能很好地改善 PLLA 的水蒸气阻隔性。

2. PLLA/PVA/PLLA 薄膜的力学性能

PLLA/PVA/PLLA 复合膜的机械性能如表 2-10 所示。

表 2-10　PLLA/PVA/PLLA 复合膜的机械性能

样品名称	拉伸强度/MPa	断裂伸长率/%	杨氏模量/MPa
PLLA	54.19±2.08	14.15±4.03	1345.0±58.63
PLLA/PVA/PLLA（1）	54.64±1.51	20.82±2.67	1419.0±92.34
PLLA/PVA/PLLA（2）	59.01±2.42	21.27±2.75	1474.7±121.71
PLLA/PVA/PLLA（3）	60.98±2.43	24.05±1.86	1518.6±245.60
PLLA/PVA/PLLA（4）	70.49±2.35	26.65±4.29	1702.5±172.70
PVA	98.41±3.61	45.65±3.42	2471.3±79.47

通常采用试验的方法研究热塑性塑料的力学行为，即通过应力-应变试验进行分析。通过试验得出的应力-应变曲线，可以得到的性能参数有屈服强度、拉伸强度、杨氏模量和断裂伸长率等。这些参数能有效地帮助判断材料的软硬、强弱和韧脆等。材料的性能是指材料在各种外部刺激的作用下的响应特性。在各种性能中，最基本也是最重要的性能就是力学性能，即材料在外力的作用下抗形变和破坏的特性。了解聚合物的力学性能的一般规律非常重要。

通过拉伸试验可以得出 PLLA 单膜的拉伸强度为 54.19MPa，属于高强度材料。PVA 薄膜较 PLLA 具备更高的拉伸强度，通过把 PVA 与 PLLA 多层复合，复合膜拉伸强度较 PLLA 单膜的拉伸强度有一定的提高，且 PVA 添加量越大，拉伸强度提高越为显著。

断裂伸长率，也就是应变，是指一定长度的试样在断裂时候的位移与原长度的比值。断裂伸长率是关于材料韧性的一个表征参数，从这项参数可初步判断该种材料是脆性还是韧性。试验测得的 PLLA 单膜的断裂伸长率为 14.15%，属于偏脆性材料，PLLA 屡被报道为脆性材料，力学性能测试的结果范围较宽，这与多种因素有关，如 PLLA 薄膜的制备方法、添加助剂和测量方式等。PLLA 通过与 PVA 进行多层复合之后，复合膜的断裂伸长率有明显的增加，随着 PVA 占复合膜质量分数的增加，复合膜的断裂伸长率较 PLLA 单膜的断裂伸长率分别分提高了 47%、50%、70% 和 88%。

（二）PLLA/PVA/PCL 复合薄膜的包装性能

与 PLLA/PVA/PLLA 薄膜制备方法一样运用溶液制备出 PLLA/PVA/PCL 复合膜。如图 2-7 所示，我们可以从各层的厚度清楚地分辨出各层在复合膜中的比例大小。

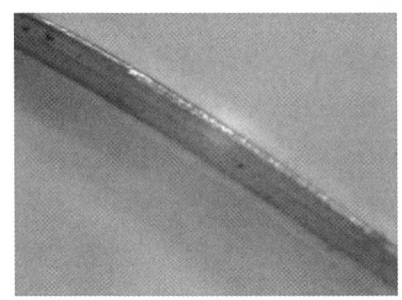

图 2-7　复合膜横切面的偏光显微镜图像

材料的阻隔性能通常用透过量和透过系数来表示，其中透过系数是与薄膜厚度无关的量，最能表征材料的本性。薄膜的氧气透过率分别为 306cm^3/（$m^2 \cdot d$）、10.0cm^3/（$m^2 \cdot d$）、1229.3cm^3/（$m^2 \cdot d$）、1.0cm^3/（$m^2 \cdot d$）。PVA 单层的 OP 值为 7.8×$10^{-14}cm^3 \cdot m$/（$m^2 \cdot s \cdot Pa$），其阻氧性能明显优于 PLLA 和 PCL 单层，所以将 PVA 作为中间层极大程度地提高了 PLLA 和 PCL 的阻氧性能。试验结果表明，将三种材料进行复合后形成的薄膜具有极优的阻氧性能。

表 2-11 中还列出了薄膜在 25℃、65%RH 的条件下水蒸气透过率和水蒸气透过系数。从表中可以看出 PLLA 单膜，PCL 单膜及复合膜的 WVP 呈现出相近的趋势。而 PVA 单层的 WVP 值为 164.4×$10^{-12}g \cdot m$/（$m^2 \cdot s \cdot Pa$），其水蒸气透过性比较高，阻湿性能比较差，主要原因是 PVA 中大量的极性羟基产生内聚，使 PVA 具有独特的亲水性，使它在潮湿的环境下非常容易塑化。将三种材料进行复合后，

有效地改善了 PVA 的阻湿性能，水蒸气透过系数在复合后是其单层的 2 倍左右。复合膜成为一种具有极好阻湿性能的包装薄膜。

表 2-11　薄膜的氧气透过系数和水蒸气透过系数

样品名称	PLLA	PVA	PCL	PLLA/PVA/PCL
厚度/μm	61	69	64	72
OTR/ [cm^3/ ($m^2 \cdot d$)]	306	10.0	1229.3	1.0
OP/ [$\times 10^{-14} cm^3 \cdot m$/ ($m^2 \cdot s \cdot Pa$)]	227.9±6.8	7.8±2.9	894±4.1	0.8±0.03
WVTR/ [g/ ($m^2 \cdot d$)]	195.6	283.3	403.4	237.6
WVP/ [$\times 10^{-12} g \cdot m$/ ($m^2 \cdot s \cdot Pa$)]	75.9±3.9	164.4±38.3	85.8±6.0	86.9±9.9

第二节　高阻隔性聚碳酸亚丙酯薄膜

二氧化碳脂肪族碳酸酯（APC）是由 CO_2 和环氧化合物共聚而成的类新型高分子材料，因 APC 的合成过程可消耗 CO_2 并 APC 具有可降解性而成为近年来各国科学家竞相研究的焦点。利用 CO_2 和环氧丙烷（PO）在二乙基锌催化作用下首次合成了聚碳酸亚丙酯（PPC）以来，PPC 因具有原料来源广泛、价格低廉，并且具有良好的气体和水蒸气阻隔性、无毒无害等优点，广泛应用于各领域，具有巨大的潜在的社会效益，赢得了全球塑料包装行业的瞩目和青睐。被认为是最有潜力、可以应用在食品包装中的可降解材料之一。然而，PPC 的力学强度和玻璃化转变温度较低，在环境温度变化时其力学强度变化较大，而且其热降解温度低，至今无法将其单独作为包装材料使用。本节着重研究 PPC 的分子结构、相对分子质量和相分离结构与包装特性之间的关联，并在此基础上，找到提高其热稳定性的方法。

一、PPC 组成分布及其对组分热、机械和阻氧性能的影响

PPC 合成反应过程如图 2-8 所示。

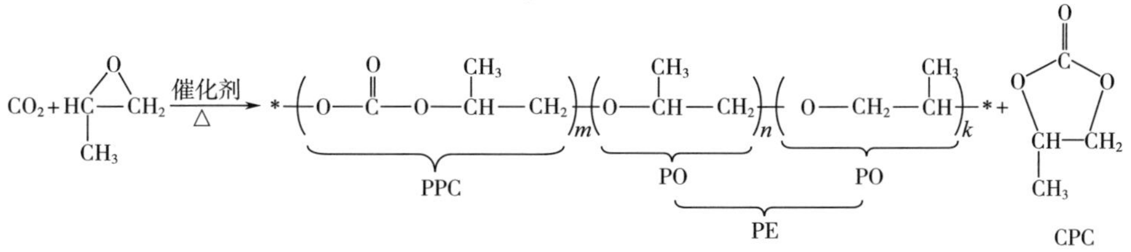

图 2-8　PPC 合成反应过程

生物可降解包装膜的制备、改性及应用

PPC 相对分子质量对其力学及玻璃化转变温度有很大影响。在 PPC 聚合过程中易产生环状碳酸酯（CPC）和聚醚（PE）等小分子物质，重复插入的 PO 单体导致 PPC-PO 链段的产生，阻碍分子链的增长。通过氯仿/正庚烷（相容/非相容体系）溶液体系对工业生产的 PPC 进行分级处理，得到 A1~A9 不同相对分子质量的 PPC 分级产物，如表 2-12 所示。

表 2-12 PPC 及其分级组分性能

样品名	正庚烷/(正庚烷+氯仿)/(mL/100mL)	PPC-PO 共聚物 质量分数/%	PPC 含量/摩尔%	PE 含量/摩尔%	相对分子质量 $M_n/\times 10^5$	M_w/M_n	$T_g/℃$	氧气透过系数/[×10^{-13}cm$^3\cdot$m/(m$^2\cdot$s$\cdot$Pa)]
原料	—	100	94.6	5.4	1.2	4.2	26.8	12.90
A1	42.16	18.46	99.6	0.4	5.6	1.9	31.6	8.38
A2	42.35	7.71	98.6	1.4	4.8	1.6	28.4	8.96
A3	42.5	8.23	98.4	1.6	4.0	1.6	27.9	8.78
A4	42.63	14.25	98.3	1.7	3.1	1.5	27.5	9.69
A5	42.75	7.89	97.9	2.1	2.8	1.6	26.5	10.60
A6	42.97	13.57	96.4	3.6	1.7	1.6	25.0	11.80
A7	43.07	9.83	96.3	3.7	1.3	1.9	26.0	12.50
A8	43.47	6.67	96.4	3.6	0.9	3.0	21.3	13.10
A9	—	13.39	85.0	15.0	0.3	4.2	11.2	21.50

通过凝胶色谱法测得各组分的分子质量及其分子质量分布，表 2-12 数据表明，随着溶液体系中正庚烷组分的增加得到了不同 PE 单元含量不同分子质量的 PPC-PO 链段。通过核磁分析，随着分级的进行，A1~A8 中无明显 CPC 质子信号出现。然而，在最后残留组分 A9 中可观察到很强的 CPC 质子信号，这表明 CPC 大部分残留在 A9 组分中，其质量分数约为 4.6%。

未分级 PPC 分子量分布高达 4.21，分级样品 A1~A8 均有较窄的分子质量分布，这表明分级得到了分子质量不同且分子质量较为均匀的各个分级样品。随着分级的进行 A1~A9 的相对分子质量从 5.56×10^5 降低到 0.34×10^5，然而，PE 链段的含量从 0.4% 升高到 3.6%，A9 中高达 15%。PE 含量越高分子质量越低，正如文献所述，结果表明 PE 链段的产生阻碍了 PPC 链段的增长从而影响聚合物的分子质量。

第二章 高阻隔性生物可降解材料的制备及其包装特性

通过透氧测试，室温条件下各样品氧气透过系数如表 2-12 所示。未分级样品的 OP 值为 $1.29×10^{-12}$ $cm^3·m/(m^2·s·Pa)$，A1～A8 的 OP 值随着分子质量的降低从 $8.38×10^{-13}$ 升高到 $13.1×10^{-13}$ $cm^3·m/(m^2·s·Pa)$。A1 的 OP 值为 $8.38×10^{-13}$ $cm^3·m/(m^2·s·Pa)$，仅为未分级样品的一半。A9 的 OP 值最大。也就是说，随着分子质量的降低材料的阻氧性能在下降，高分子质量的 PPC 具有相对较好的氧气阻隔性能。

二、相分离结构对 PPC 薄膜的阻隔性的影响

通过双螺杆挤出机将 PPC 和 PCL 用双螺杆挤出机按不同质量比混合挤出造粒。双螺杆的温度设置为：进料口温度 60℃，螺杆温度 100℃，出料口温度 105℃，转速 27.5r/min。挤出造粒后在热压机上热压成膜，热压温度设置为 105℃，压力为 30MPa。制备 PCL/PPC 共混薄膜，并研究其相容性、热学性能及阻隔性能。

（一）PPC/PCL 相容性

通过偏光显微镜观察材料的微观结构。当 PPC 含量为 10% 时，与纯 PCL 和 PPC 一样，呈现出均一的图像，在测量范围内看不出明显的分相情况，这说明此时 PCL 与 PPC 相容性较好；当 PPC 含量继续增大时，从图 2-9 中可以看出明显的相分离现象，尤其在 PPC 含量为 30%～60% 相分离状态下较为严重。当 PPC 含量继续增加到 70%～90% 时，PCL 含量减少，图像开始趋于均一，相分离现象有所缓解。

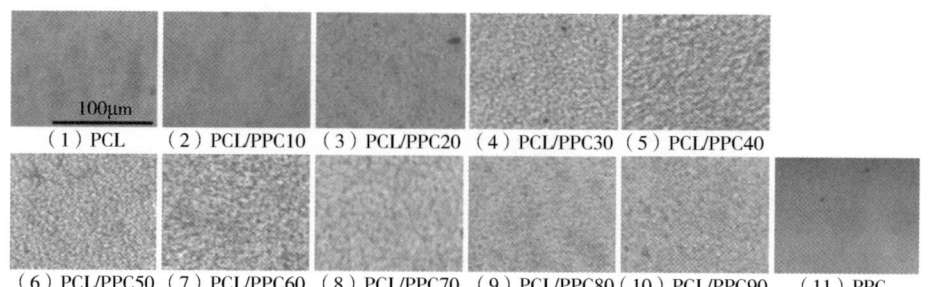

图 2-9　PCL/PPC 共混膜的偏光显微镜图

从差示扫描量热仪结果来看，当 PPC 在共混物中的含量为 90% 时，PPC 的 T_g 从 27.4℃ 降低到 24.6℃，说明 PCL 和 PPC 具有一定的相容性。随着 PCL 含量的增大，PPC 的 T_g 反而增大，当其含量大于 40% 时，其 T_g 已经高出纯 PPC 的

T_g，说明其相分离变得明显，成为非相容体系。

（二）PPC/PCL 共混膜的透湿、透氧性能分析

PPC 对氧气的阻隔性较好，OTR 值仅为 10.5cm³/（m²·d），而 PCL 的 OTR 远远大于 PPC。在 PCL/PPC 共混薄膜中 PPC 的含量增加，薄膜的 OTR 降低。为了除去薄膜厚度的影响，根据透氧量计算出薄膜的氧气透过系数后可以看出，随着 PPC 的含量的增加，PCL/PPC 共混膜的 OP 值线性地减小，实验结果说明，PPC 的加入很好地改善了 PCL 薄膜的阻氧性能。

PPC 对水蒸气的阻隔性比 PCL 好，其水蒸气透过率（WVTR）为 56.4g/（m²·d·Pa），而 PCL 的 WVTR 远远大于 PPC，经过共混后，共混膜的 WVTR 随着 PPC 比例的增加而降低。PCL 的 WVP 为 8.81×10^{-11}g·m/（m²·s·Pa），PPC 的 WVP 为 4.26×10^{-11}g·m/（m²·s·Pa），纯 PPC 阻湿性能优于 PCL 单膜。PCL/PPC 共混薄膜的 WVP 是随着 PPC 含量的增加而降低。是因为 PPC 具有较好的阻湿性，当 PCL 与 PPC 进行共混后，由于 PPC 含量的增加，降低了水蒸气透过薄膜的能力，WVTR 降低，进而使 WVP 减小。PCL 与 PPC 共混，改善了 PCL 对水蒸气的阻隔能力，如表 2-13 所示。

表 2-13 PCL、PPC 和 PCL/PPC 共混膜阻隔性能特征值

样品名	OTR/[cm³/(m²·d)]	OP/[×10⁻¹²cm³·m/(m²·s·Pa)]	WVTR/[g/(m²·d·Pa)]	WVP/[×10⁻¹¹g·m/(m²·s·Pa)]
PCL	127.0±2.8	5.43±0.10	138.8±30.8	8.81±1.56
PCL/PPC10	137.0±5.7	5.07±0.06	136.0±13.3	8.10±4.05
PCL/PPC20	125.0±1.4	4.46±0.02	149.2±22.4	8.01±3.90
PCL/PPC30	115.5±0.7	3.44±0.01	144.9±8.1	7.15±3.43
PCL/PPC40	83.6±1.8	2.73±0.02	137.0±27.4	7.12±3.45
PCL/PPC50	66.3±4.1	2.38±0.01	110.8±13.3	6.41±2.70
PCL/PPC60	58.1±0.5	2.18±0.14	108.5±10.6	6.00±2.66
PCL/PPC70	37.9±0.6	1.55±0.01	90.0±10.5	6.05±2.75
PCL/PPC80	24.5±0.1	1.10±0.01	86.6±11.3	5.67±2.42
PCL/PPC90	17.1±0.2	0.71±0.01	78.7±3.8	4.72±1.85
PPC	10.5±0.5	0.49±0.02	56.4±4.0	4.26±0.41

三、PPC 热稳定性的改善及其包装特性研究

熔融挤出过程中 PPC 很容易讲解无法成型加工，其分子质量超过 150℃时急剧下降失去了使用价值，如图 2-10 所示。通过添加天冬氨酸（Asp）可以改善其成型性能。本节以改善 PPC 的热稳定性和力学性能为目的，以 PPC、Asp 和聚丁二酸丁二醇酯（PBS）为原料，采用双螺杆熔融共混技术制得了 PPC/Asp 复合材料与 PPC/Asp/PBS 两种复合材料，并对两种材料的热稳定性、力学性能、尺寸稳定性和相容性进行了研究。

 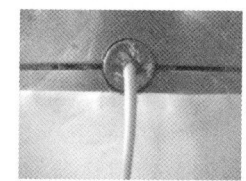

（1）纯PPC在120℃挤出　　（2）PPC/2Asp在120℃挤出

（3）纯PPC在150℃挤出　　（4）PPC/2Asp在150℃挤出

图 2-10　不同条件下 PPC 挤出图

PBS 的热稳定性要高于纯 PPC，降解温度（T_d）约为 371℃。所以 PPC/20% PBS 的热降解（TGA）曲线在 100~180℃范围内高于 PPC/2Asp 的热失重曲线。这说明 PBS 的添加提高了材料的热稳定性能，将链断裂降解温度推迟到了更高温度。这可能是因为 PBS 吸收了加热工程中的大量热量，从而缓解了 PPC 的降解。但是随着温度的进一步升高，无规链断裂严重，PBS 不能继续阻止降解的发生。在 PPC/20%PBS 中添加 2%Asp 后得到 PPC/20PBS/2Asp 共混膜，如图 2-11 所示，PPC/20PBS/2Asp 共混膜在 200℃左右才开始降解，250℃左右降解加速，这说明 PBS 和 Asp 的添加缓解了 PPC 的解链和无规断链的降解过程，把降解温度推向更高温度。随着添加比例的增加，降解温度几乎不变，但与纯的 PPC 相比，PPC/PBS/Asp 共混膜的降解温度提高了约 60℃。

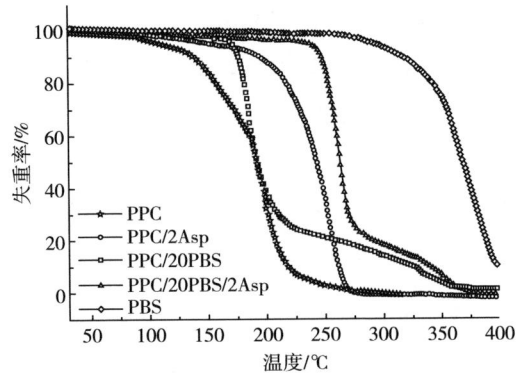

图2-11 PPC、PBS、PPC/2Asp、PPC/20PBS 和 PPC/20PBS/2Asp 共混膜的热失重曲线

四、PPC/CS/PT 复合膜的包装特性研究

壳聚糖（CS）是自然界中第二丰富的多糖类，是甲壳素脱乙酰作用的产物。赛璐玢又称玻璃纸（PT）是一种包含 β-（1-4）-D-吡喃葡萄糖单元的线性聚合物，具有很强的疏水性。本研究旨在通过 CS 作为中间亲和层，将 PPC 与 PT 复合提高 PPC 的氧气和水蒸气阻隔性能。制备了不同 PPC 层厚度的 PPC/CS/PT/CS/PPC 复合膜。从红外表征可以看出 PPC 与 CS 层，CS 层与 PT 层之间的氢键作用提高了复合膜之间的界面结合力，CS 层起到了黏合作用（表2-14）。

表2-14 PPC 及其复合膜制备比例和薄膜厚度

样品名称	PPC/%（质量分数）	CS/%（质量分数）	厚度/μm
PPC	12%	—	101.8±3.7
PT	—	—	15.0±0.1
CS/PT/CS	—	1.5%	20.7±0.9
PPC/CS/PT/CS/PPC1	1%	—	25.7±0.3
PPC/CS/PT/CS/PPC2	3%	—	31.6±0.9
PPC/CS/PT/CS/PPC3	7%	—	45.1±0.5

PT 对氧气的阻隔性极好，仪器测出的氧气透过率值仅有 $0.2 cm^3/(m^2 \cdot d)$ 而 PPC 单膜的氧气透过率远远大于 PT 约为 $105 cm^3/(m^2 \cdot d)$，经过复合处理后，复合膜的氧气透过率与 PT 单膜相比氧气透过率值降低。玻璃纸经过与壳聚糖复合后氧气透过率值增大，而 CS/PT 与 PPC 复合后氧气透过率相比于 PT 单膜

第二章 高阻隔性生物可降解材料的制备及其包装特性

在数值上有一定的提高。而 PPC/PT 和 PPC/CS/PT 的氧气透过量均比 PT 单膜小。高阻隔性薄膜对氧气透过率的要求是低于 $10\text{cm}^3/(\text{m}^2 \cdot \text{d})$，制得的复合膜均已达到此标准，即制得了高阻氧的薄膜。

如图 2-12 所示，PPC 表现出较好的阻湿性，WVTR 为 $817.2\text{g}/(\text{m}^2 \cdot \text{d})$，而 PT 的阻湿性能较差，其水蒸气透过率在所有样品中是最高的。CS/PT/CS 复合膜的 WVTR 为 $2905\text{g}/(\text{m}^2 \cdot \text{d})$，低于 PT 单膜。这是因为 CS 膜具有较好的阻湿性能，所以涂布 CS 后 PT 膜的水蒸气阻隔性能略微提高。PPC/CS/PT/CS/PPC3 的 WVTR 约为 $1068\text{g}/(\text{m}^2 \cdot \text{d})$，接近纯 PPC 单膜。这表明与一定厚度的 PPC 膜复合后，复合膜与 PT 单膜相比具有较好的阻湿性能。PCL 与 PT 复合后同样能得到高阻隔性 PCL 复合膜。

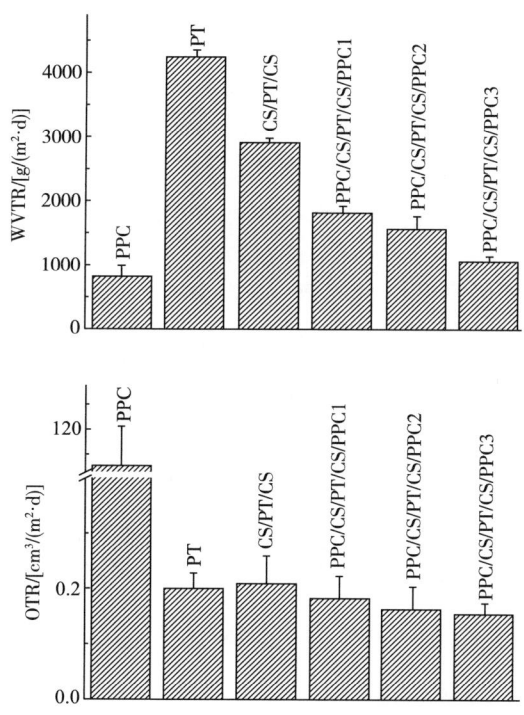

图 2-12　PPC 复合膜的氧气透过率和水蒸气透过率

五、PPC/PVA/PPC 复合膜的包装特性研究

首先采用溶液浇铸方法制备以聚乙烯醇（PVA）为中间层的"三明治"型

三层复合膜。采用傅里叶反射红外光谱对材料的表面性能进行分析。如图 2-13 所示，PVA 单膜在 3294cm 处出现羟基峰，在 2900~2950cm 出现 CH_2 的振动峰，1690~1760cm 存在羰基振动峰。从 PVA 的化学式中可以发现 PVA 并没有羰基，但是试验采用的是醇解度为 88% 的聚乙烯醇，也就是说材料中含有部分未醇解的聚醋酸乙烯，材料出现的羰基峰是来自 PVA。

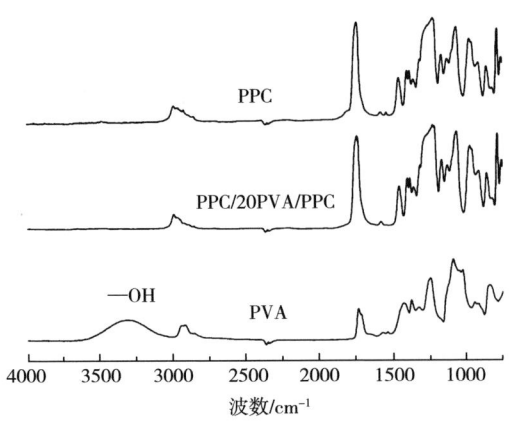

图 2-13　PPC，PVA 和 PPC/20PVA/PPC 薄膜的傅里叶红外光谱图

对比 PPC 单膜的傅里叶红外光谱（FT-IR）图谱可以看出，PPC 没有羟基峰出现，并且其在 2950~3000cm^{-1} 出现—CH_3 的振动峰，羰基峰出现在 1720~1775cm^{-1}，相比于 PVA 处于较高的波数。对比之下可以看出 PPC 与 PVA 的谱图存在明显差异，进一步观察 PPC/20PVA/PPC 的 FT-IR 图谱发现其与 PPC 的谱图完全一致，可认为两者表面为同种物质。换言之，PPC/20PVA/PPC 复合膜的表面完全被 PPC 覆盖，没有内层 PVA 外露的情况，复合膜表面也完全被 PPC 覆盖。

PPC 的 OTR 为 68.5cm^3/($m^2·d$)，而复合材料的 OTR 均不足 1cm^3/($m^2·d$)，并且随着 PVA 含量的增加复合材料的 OTR 逐步减小，如此显著的阻氧性提高完全归因于复合材料内部的高阻氧性 PVA 材料。在 25℃ 测试环境下，PPC 在 50%RH 时的 OTR 约为干燥条件下的两倍，但 50%RH、60%RH 和 70%RH 时的 OTR 变化并不明显，这表明水蒸气的存在会增强 PPC 材料对氧气的透过性，而相对湿度在 50%~70% 变化则对其透氧性无显著影响。

复合膜在湿度环境中的 OTR 值也相对高于干燥环境，且 OTR 值随湿度升高

第二章 高阻隔性生物可降解材料的制备及其包装特性

也呈现上升趋势，但上升幅度并不太大。在干燥、50%RH 和 60%RH 的测试环境中复合膜的 OTR 值均随 PVA 含量的增大而减小，有趣的是，在 70%RH 的测试环境下，随 PVA 含量增大，复合膜 OTR 值先减少再增大，PPC/20PVA/PPC 达到最小值，PVA 含量继续上升后薄膜 OTR 值反而上升。这可能是由 PVA 的吸水性造成的，当高 PVA 含量的复合膜处于较高湿度环境下时，复合膜内部吸水，可造成薄膜氧气透过量增大的结果。据文献报道的试验结果也同样显示，PVA 一般能显示出优良的气体阻隔性，但具有湿度依存性，湿度提高，阻隔性就会下降。OP 值可以去除薄膜之间厚度差异的因素，更加客观地体现薄膜本身的氧气阻隔性，薄膜 OP 值的变化趋势与 OTR 值基本相同。国家对高阻隔性材料的阻氧性能有明确规定，即在 25℃干燥条件下 OP 值小于 $14.55 \times 10^{-15} cm^3 \cdot m/ (m^2 \cdot s \cdot Pa)$。对比可知，复合膜的 OP 值均低于标准值，干燥条件下 PPC/20PVA/PPC 薄膜的 OP 值较 PPC 单膜降低了两个数量级，较高阻隔性材料标准值低一个数量级，即试验成功制备了一种生物完全可降解的高阻隔性高分子材料。PVA 的添加会明显降低 PPC 的 OTR 值和 OP 值，但添加量过大会导致材料在湿度较大的环境中因吸水导致氧气透过率升高，20% 的添加量为最优选择。综合力学性能的测试结果，选取 PPC/20PVA/PPC 为复合膜的代表样。如表 2-15、表 2-16 所示。

表 2-15 PPC/PVA/PPC 复合膜的氧气透过率

单位：$cm^3/(m^2 \cdot d)$

样品名称	OTR 值			
	0%RH	50%RH	60%RH	70%RH
PPC	68.50±0.92	130±7.78	131±9.19	126±8.48
PPC/10PVA/PPC	0.29±0.03	0.51±0.02	0.61±0.06	1.96±0.02
PPC/20PVA/PPC	0.14±0.05	0.23±0.06	0.41±0.04	0.65±0.01
PPC/30PVA/PPC	0.13±0.05	0.22±0.06	0.46±0.05	0.74±0.06
PPC/40PVA/PPC	0.10±0.01	0.07±0.05	0.14±0.06	2.30±0.07
PVA	0.04±0.01	0.03±0.01	0.05±0.01	0.08±0.01

表 2-16　PPC/PVA/PPC 复合膜的氧气透过系数

单位：$\times 10^{-15} cm^3 \cdot m/(m^2 \cdot s \cdot Pa)$

样品名称	OP 值			
	0%RH	50%RH	60%RH	70%RH
PPC	750±4.50	1430±74.52	1440±88.90	1380±82.71
PPC/10PVA/PPC	3.05±0.36	5.49±0.24	6.54±0.68	20.90±0.07
PPC/20PVA/PPC	1.35±0.42	2.20±0.5	3.92±0.48	6.32±0.12
PPC/30PVA/PPC	1.11±0.36	1.98±0.47	4.12±0.32	6.56±0.28
PPC/40PVA/PPC	0.83±0.07	0.62±0.39	1.21±0.53	1.98±0.23
PVA	0.52±0.02	0.32±0.04	0.54±0.01	0.86±0.05

PPC/20PVA/PPC 薄膜的 OP 值随着湿度从 0% 上升到 70% 的过程中呈现略微升高的趋势。当测试温度升高到 35℃ 时，湿度从 0% 升高到 50% 时，OP 略微降低。这可能是因为当从干燥情况下进入一定湿度环境时，薄膜可以从环境中吸收一定量的极性水分子，在薄膜的表面形成一层薄的水膜，从而导致非极性的氧气分子不易通过薄膜的情况，所以 OP 值出现略微下降趋势。随着湿度进一步增加，OP 值增大。这是因为在湿度过大的情况下，薄膜吸水性能导致材料膨胀，氧气分子更易于透过薄膜。薄膜的 OP 值在 25℃ 和 35℃ 时，随湿度变化其变化相对较小，而 45℃ 时其变化较大。在 45℃ 时的 OP 值约是 25℃ 时的 28 倍。这说明 PPC/20PVA/PPC 在高温下对湿度更为敏感，在低温下具有较为稳定优良的氧气阻隔性能。如图 2-14 所示。

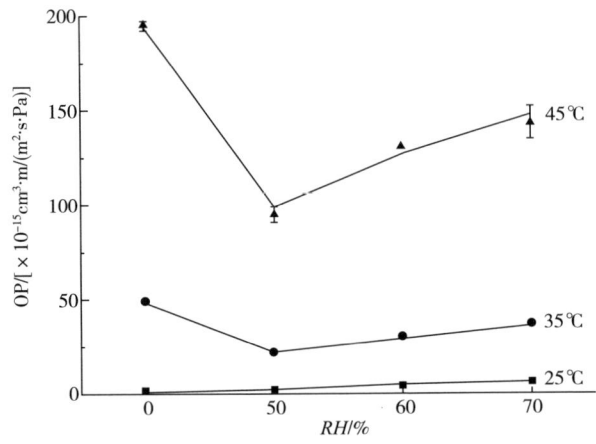

图 2-14　PPC/20PVA/PPC 复合膜在随温湿度变化透氧系数变化曲线

第二章 高阻隔性生物可降解材料的制备及其包装特性

在50%湿度条件下，PVA的WVTR值约为67.27g/（m²·d），同等条件下PPC的WVTR值约为PVA薄膜的3倍。随着湿度的增加，所有薄膜的WVTR值都呈现上升的趋势。这可能是由于随着湿度的上升，蒸气压增加，水分子的自由扩散速度也在增加。此外，由于PVA具有强的亲水性，PPC/PVA/PPC多层复合膜随着PVA含量的增加对水蒸气更敏感。

PPC表现出较好的水蒸气阻隔性能。但PVA具有较强的亲水性，当湿度从50%升高到70%时，WVP值从1.70×10^{-11}g·m/（m²·s·Pa）增大到11.12×10^{-11}g·m/（m²·s·Pa）。对于PPC/10PVA/PPC和PPC/20PVA/PPC复合膜来说，PVA含量很低，水蒸气阻隔性主要受PPC层影响。当湿度增大时，PPC/10PVA/PPC复合膜的WVP几乎保持在4.70×10^{-11}g·m/（m²·s·Pa）不变，PPC/20PVA/PPC复合膜的WVP略微增大到4.80×10^{-11}g·m/（m²·s·Pa）。当PVA含量增加到30%~40%，薄膜的WVP值随着湿度的增大而增大。如表2-17所示。

表2-17　PPC、PVA和PPC/PVA/PPC复合膜在25℃下不同湿度下的水蒸气透过量和水蒸气透过系数

样品名称	50%RH		60%RH		70%RH	
	WVTR/[g/(m²·d)]	WVP/[×10⁻¹¹g·m/(m²·s·Pa)]	WVTR/[g/(m²·d)]	WVP/[×10⁻¹¹g·m/(m²·s·Pa)]	WVTR/[g/(m²·d)]	WVP/[×10⁻¹¹g·m/(m²·s·Pa)]
PPC	67.27±2.62	4.43±0.29	113.90±20.82	5.71±0.10	147.10±27.8	6.38±0.11
PPC/10PVA/PPC	82.55±16.71	4.75±0.95	85.81±14.79	4.65±0.80	95.02±11.98	4.71±0.71
PPC/20PVA/PPC	76.14±11.57	4.80±0.44	99.79±6.82	4.80±0.41	118.50±10.25	4.88±0.85
PPC/30PVA/PPC	65.15±8.76	4.05±0.78	99.42±6.89	4.87±0.21	135.40±5.25	6.55±0.56
PPC/40PVA/PPC	51.63±4.62	3.45±0.23	78.19±9.93	4.95±0.86	128.00±11.14	6.74±0.49
PVA	24.50±1.32	1.70±0.23	120.90±23.24	6.63±0.14	205.00±21.65	11.12±0.33

在$RH=50\%$的测试条件下，PPC/20PVA/PPC薄膜的WVP值25℃时为4.8×10^{-11}g·m/（m²·s·Pa），45℃时为8.1×10^{-11}g·m/（m²·s·Pa）。这是由于温度的升高导致薄膜分子内部热运动加剧，从而使水蒸气相对容易透过。由薄膜水蒸气透过性随温度的变化趋势可以推断，在低温低湿条件下薄膜的水蒸气透过系数会更低。PPC/20PVA/PP薄膜在25℃和35℃的测试条件下，WVP值随湿度升高而无明显变化，但是当测试条件为45℃时，薄膜的WVP值随温度升高有明显

的增长趋势。这是由于复合材料中占主要成分的 PPC 的 T_g 为 38℃左右，T_g 两侧材料的性能会有较大区别，而 45℃的测量温度恰好高于 PPC 的 T_g，材料对水蒸气的阻隔性受到测试环境相对湿度的影响较大。如图 2-15 所示。

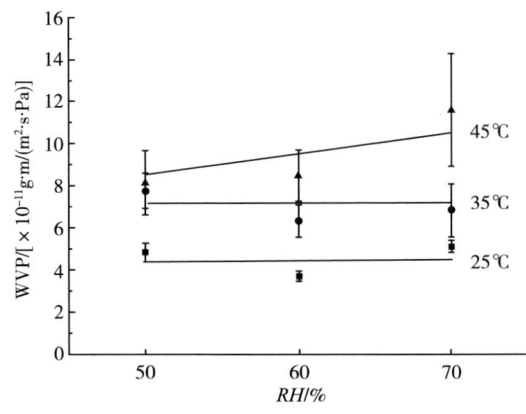

图 2-15　不同温度、湿度条件下 PPC/20PVA/PPC 复合膜的水蒸气透过系数变化

综合分析可知，PVA 是一种亲水性高分子物质，其对水蒸气的阻隔性会严重受到环境相对湿度变化的影响。PPC 是一种疏水性高分子物质，其在不同湿度环境下对水蒸气的阻隔性相对稳定。将 PVA 作为夹层材料少量地与 PPC 复合，不会影响 PPC 对水蒸气阻隔的稳定性，且在相对湿度较低的环境中，PVA 可以改善 PPC 的水蒸气的阻隔性，降低其水蒸气透过系数。PPC/20PVA/PP 薄膜的阻湿性能受温度影响较大，35℃下的水蒸气阻隔性受环境湿度影响较小。

六、优化沉积 SiO_x 的工艺条件，提高薄膜的包装特性

SiO_x 蒸镀膜有诸多的优良特性，在食品包装中，利用它能吸收紫外线的特点，可以用于脂肪、动物油等食品包装；利用其良好的微波适性，可用于微波食品包装；利用其耐蒸煮性，可用于蒸煮包装；利用其阻湿阻氧性，可用于高阻隔性包装；利用其优良的香味保持性，可用于包装像萘类易挥发的产品。

本节中采用等离子体增强化学气相沉积法（PECVD），在 PPC、PLLA 薄膜表面上沉积 SiO_x 层。通过调节 PECVD 镀膜工艺的沉积时间、六甲基硅氧烷/氧气气体流量（HMDSO/O_2）和射频源功率等 3 个因素，评估 PPC/SiO_x 膜的阻氧

第二章 高阻隔性生物可降解材料的制备及其包装特性

性能，优化提高 PPC 薄膜阻氧性的最佳镀膜工艺，并研究 SiO_x 蒸镀膜的热学、力学与阻隔性能。

（一）PPC 表面沉积 SiO_x 工艺与其包装性能研究[25]

将制备的 PPC 薄膜放入真空室，将真空室内的真空度抽至 $8×10^{-3}Pa$ 以下，通入氩气（99.99%）使气压稳定在 20Pa，开启射频源进行 5min 预溅射，以清除薄膜表面残留的氧化物和污染物等，之后通入氧气（99.99%）和在低压下挥发的气态六甲基硅氧烷（纯度为 99.99%），按照预定工艺条件调节设备，进行反应并沉积。

1. 单因素试验结果

以蒸镀时间、气体流量和射频源功率为单因素，每个因素取五个水平，进行镀膜，考察各因素对薄膜透氧系数的影响。在沉积功率为 50W、气体流量 $HMDSO/O_2$ 为 5（cm^3/min）/10（cm^3/min）的镀膜工艺下，改变沉积时间，取其五个水平，进行镀膜；在沉积功率为 50W，沉积时间为 60min 的镀膜工艺下，改变气体流量 $HMDSO/O_2$，取其五个水平，进行镀膜；在沉积时间为 60min，气体流量 $HMDSO/O_2$ 为 5（cm^3/min）/10（cm^3/min）的镀膜工艺下，改变功率，取其五个水平，进行镀膜。

沉积时间的改变会明显影响到薄膜的透氧性能。如图 2-16 所示，在 30~60min 内，薄膜的透氧系数持续下降，因为随着时间延长，真空室内反应产生的 SiO_x 增多，覆盖在薄膜表面，形成 PPC/SiO_x 复合膜。因为 SiO_x 层对氧气的阻隔性非常好，所以 PPC/SiO_x 薄膜对氧气的阻隔性有所提高，相应的透氧系数减小。薄膜在沉积 70min 时相比于 60min 时，透氧系数小幅度增大，是因为 SiO_x 层本身很脆，容易开裂，即便使用 PECVD 这种镀层不易开裂的镀膜方法也难以避免，而且 SiO_x 层随着沉积时间过分延长而增厚，导致 SiO_x 层的脆性表现得更加明显，裂纹也进一步增多。SiO_x 层厚度增加会提高薄膜阻氧性，而裂纹增多又会降低其阻氧性；另外，等离子轰击薄膜时间太长，会导致薄膜表面降解，内应力减小，相互之间结合松弛，这有可能导致氧气进入薄膜的通道变宽，单位时间内透过薄膜的氧气量增加，造成透氧系数增大。SiO_x 层厚度、裂纹和 PPC 薄膜表面降解这三个因素共同作用，在沉积时间为 60min 时形成了最佳搭配，使得薄膜透氧系数达到最低。

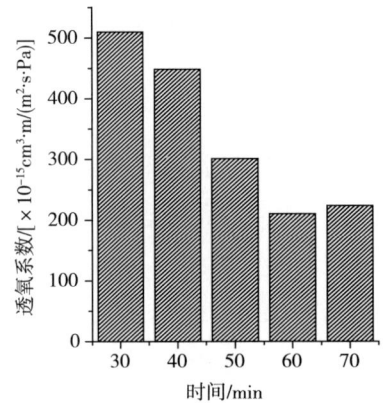

图 2-16　沉积时间对薄膜透氧系数的影响

2. 镀膜工艺正交试验

在单因素试验基础上，蒸镀功率选择 100W、125W 和 150W 三个水平，气体流量选择 5（cm³/min）/10（cm³/min）、6（cm³/min）/12（cm³/min）和 8（cm³/min）/16（cm³/min）三个水平，蒸镀时间选择 50min、60min 和 70min 三个水平。采用 $L_9(3^4)$ 正交表分析得到 9 个实验条件，在这些实验条件下进行实验，并进行极差分析。

鉴于实验要求透氧系数越小越好，由表 2-18 可知，各因素对薄膜透氧系数的影响的主次顺序为 C>B>A，即沉积时间>气体流量>沉积功率，最优组合为 A3B2C2，即沉积功率 150W、气体流量 HMDSO/O_2 = 6（cm³/min）/12（cm³/min）和沉积时间 60min。

表 2-18　正交结果的极差分析

试验号	因素			OP
	A	B	C	/［×10⁻¹⁵cm³·m/（m²·s·Pa）］
1	1	1	1	198.8
2	1	2	2	154.8
3	1	3	3	185.0
4	2	1	2	173.1
5	2	2	3	174.4
6	2	3	1	188.3

续表

试验号	因素			OP /[×10^{-15}cm^3·m/(m^2·s·Pa)]
	A	B	C	
7	3	1	3	180.2
8	3	2	1	172.0
9	3	3	2	156.6
K_1	538.6	552.1	559.1	
K_2	535.8	501.2	484.5	
K_3	508.8	529.9	539.6	
k_1	179.5	184.0	186.4	
k_2	178.6	167.1	161.5	
k_3	169.6	176.6	179.9	
极差 R	9.9	17.0	24.9	
主次顺序		C>B>A		
优水平	A3	B2	C2	
优组合		A3B2C2		

对最佳工艺条件下制得的 PPC 薄膜进行透氧性能的验证实验，结果表明，在 A3B2C2 工艺下 PPC/SiO$_x$ 薄膜的透氧系数减小到 145.1×10^{-15}cm^3·m/(m^2·s·Pa)，低于其他工艺下 PPC/SiO$_x$ 薄膜的透氧系数，这说明 A3B2C2 确实为最佳工艺，符合正交试验结果。

3. 最佳工艺下的 PPC/SiO$_x$ 薄膜性能

表面红外光谱图中，880~780cm^{-1} 和 1100~1000cm^{-1} 处的吸收峰为 Si—O—Si 对称伸缩振动和反对称伸缩振动。PPC/SiO$_x$ 具有典型的 SiO$_x$ 红外特征峰，这表明 PECVD 法可以成功制备 SiO$_x$ 层，由于受到 SiO$_x$ 层的覆盖，PPC/SiO$_x$ 薄膜在 1750cm^{-1} 处的羰基峰明显减小。表面红外测试时，红外光很难渗透到内表面的 PPC 薄膜，因此，PPC 的吸收峰减弱，主要表现出 SiO$_x$ 层的红外光谱图特征，如图 2-17 所示。

PPC 和 PPC/SiO$_x$ 薄膜对光的透过率，在 400nm 到 800nm 的范围内，基本不变，始终保持在 80%~90%，这说明 PPC 薄膜蒸镀 SiO$_x$ 后透明度变化不明显。PPC/SiO$_x$ 比 PPC 薄膜的透过率稍微低一些，是由于 SiO$_x$ 层对复合膜的透明度有

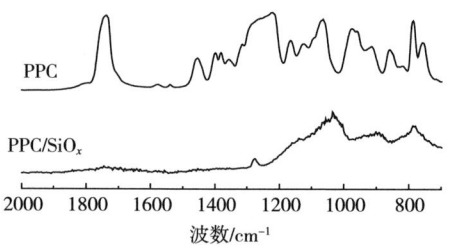

图 2-17　PPC/SiO$_x$ 薄膜的表面红外光谱图

一定影响；从 400nm 到 250nm，PPC 对光的透过率缓慢下降，而 PPC/SiO$_x$ 的透过率下降幅度比 PPC 薄膜大，这说明 SiO$_x$ 层对紫外线的阻隔较强，提高了复合膜对紫外线的阻隔性；PPC 和 PPC/SiO$_x$ 对小于 250nm 的光的透过率都急剧下降，这说明对于此波段紫外线的阻隔性，两者都具优势。如图 2-18 所示。

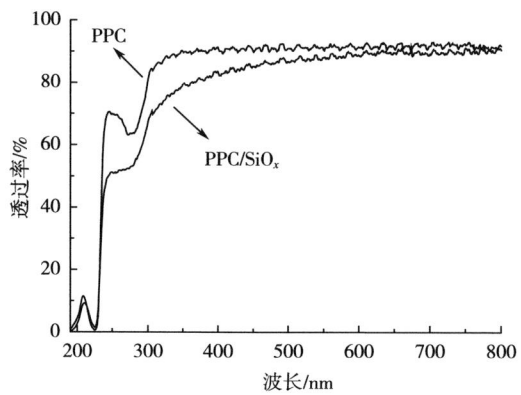

图 2-18　PPC/SiO$_x$ 薄膜的紫外光谱图

PPC 和 PPC/SiO$_x$ 的氧气和水蒸气透过性测试结果看，PPC/SiO$_x$ 薄膜的 OP 值和 WVP 值分别为 $145.1\times10^{-15}\,cm^3\cdot m/(m^2\cdot s\cdot Pa)$ 和 $0.4g\cdot m/(m^2\cdot s\cdot Pa)$，较 PPC 薄膜的 $1440\times10^{-15}\,cm^3\cdot m/(m^2\cdot s\cdot Pa)$ 和 $2.2g\cdot m/(m^2\cdot s\cdot Pa)$，分别降低了 9.9 倍和 6.0 倍。复合薄膜的阻氧性能比阻湿性能改善幅度大，是因为 PPC 薄膜本身的阻氧性能较差，与阻氧性能好的 SiO$_x$ 层复合后，阻氧性能提高幅度较大；而 PPC 薄膜本身的阻湿性能就比较好，与阻湿性能好的 SiO$_x$ 层复合后，阻湿性提高幅度较小，故阻湿性能的改善幅度没有阻氧性能大。如表 2-19 所示。

第二章 高阻隔性生物可降解材料的制备及其包装特性

表 2-19 PPC 和 PPC/SiO$_x$ 的氧气和水蒸气透过性测试结果

样品名称	OTR (23℃, 65%RH) / [cm³/(m²·d)]	OP (23℃, 65%RH) / [×10⁻¹⁵cm³·m/(m²·s·Pa)]	WVTR (23℃, 65%RH) / [g/(m²·d)]	WVP (23℃, 65%RH) / [g·m/(m²·s·Pa)]
PPC	261.9	1440.6	94.4	2.2
PPC/SiO$_x$	26.4	145.1	17.16	0.4

PPC/SiO$_x$ 和 PPC 的 T_g 分别是 31.3℃ 和 28.5℃，PPC/SiO$_x$ 薄膜相对于 PPC 薄膜的 T_g 稍微增高，说明复合 SiO$_x$ 后材料对温度的尺寸稳定性有所提高。本实验中的测试温度均在薄膜的 T_g 以下温度范围内进行，因此，以上测试结果均为玻璃态时的物理性能。

PPC/SiO$_x$ 薄膜相对于 PPC 薄膜，断裂伸长率减小，但仍达到了 712.8%，保持了较好的韧性；屈服强度提高了将近 3 倍，杨氏模量也明显增大，说明薄膜变得更硬。

（二）PCL/SiO$_x$ 复合膜的阻隔性能

采用 PECVD 法在 PCL 表面蒸镀一层 SiO$_x$，制备 PCL/SiO$_x$ 复合膜，研究镀膜时间对材料的热学性能、力学性能及阻隔性能的影响。利用双螺杆挤出流延拉伸机，将 PCL 在双螺杆组温度依次调整在 90~170℃ 的条件下熔融挤出，铸片，在室温下进行纵向拉伸成膜。将表面光滑平整的圆形 PCL 薄膜置于等离子镀膜装置的真空室内，待真空度为 5Pa 时，通入 Ar 使气压稳定在 20Pa，然后在 100W 功率下放电清洗 PCL 薄膜 5min。将 O$_2$ 以及在负压下挥发的 HMDSO 单体引入真空室，待其混合比例稳定在 10:5 后，在 50W 功率下进行蒸镀，蒸镀时间分别为 15min、30min、60min。样品分别标记为 PCL、PCL/SiO$_x$（15min）、PCL/SiO$_x$（30min）、PCL/SiO$_x$（60min）。

1. 氧气透过性

在 25℃ 下 PCL 单膜的氧气透过率（OTR）为 1868cm³/(m²·d)，氧气透过系数（OP）为 $1.27×10^{-11}$ cm³·m/(m²·s·Pa)，随着镀膜时间的延长 PCL/SiO$_x$ 复合膜的氧气透过率及透过系数均呈现降低趋势，当镀膜时间达到 60min 时 OTR 值及 OP 值分别是 1123cm³/(m²·d) 及 $8.10×10^{-12}$ cm³·m/(m²·s·Pa)，较

PCL 单膜阻氧性能提高了 40%。这是因为镀膜时间越长沉积在 PCL 表面的 SiO_x 越多，从而逐渐提高了复合膜的氧气阻隔性。当镀膜时间达到 60min 时，在各测试温度下的 OTR 值较 PCL 单膜均降低了 40%~50%，说明 SiO_x 有效地提高了 PCL 的阻氧性能。同一镀膜时间下，随着测试温度的增加 PCL/SiO_x 复合膜的 OTR 值及 OP 值均呈现上升趋势，这是因为 PCL 熔点低，受温度影响大，分子运动速度随温度升高而加快，增大了氧气透过量。随着镀膜时间的增加，PCL/SiO_x 复合膜的 OTR 值及 OP 值受温度影响的变化逐渐减慢。在测试温度为 45℃时 PCL 的 OTR 值是 5℃下的 9.5 倍，而 PCL/SiO_x（60min）的 OTR 值是 5℃下的 9 倍，这说明 SiO_x 层提高了 PCL 的热稳定性。如图 2-19 所示。

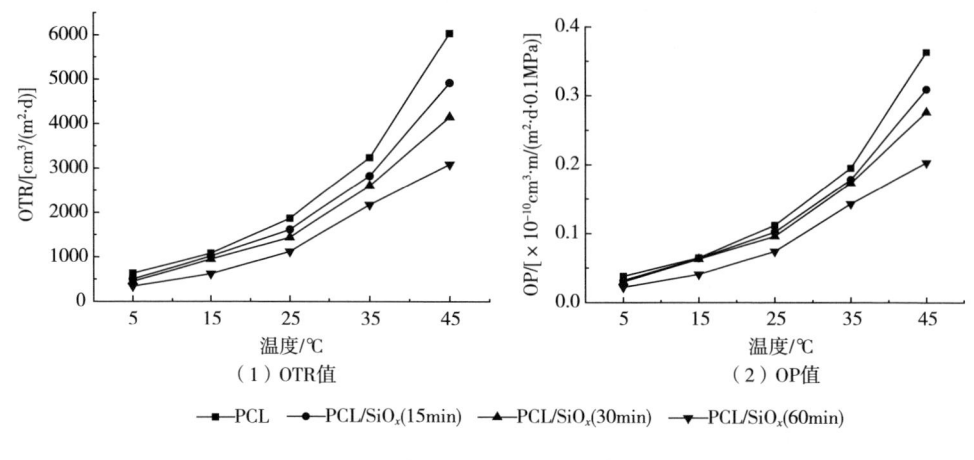

图 2-19　PCL/SiO_x 复合膜的氧气透过率和氧气透过系数

2. 水蒸气透过率

采用杯式法对薄膜进行水蒸气透过性能测试。随着镀膜时间的延长，复合膜对水蒸气的阻隔性能呈现先增强后减小的趋势，但整体要比 PCL 单膜的阻隔性有所提高。PCL 单膜的水蒸气透过率（WVTR）为 92.1g/（m²·d），而 PCL/SiO_x（15min）复合膜的 WVTR 为 78.4g/（m²·d），较 PCL 单膜的水蒸气阻隔性提高了 15%。随着镀膜时间的延长，PCL/SiO_x 复合膜的水蒸气阻隔性逐渐减小，当镀膜时间为 60min 时复合膜的 WVTR 为 81.1g/（m²·d），阻隔性能较 PCL/SiO_x（15min）复合膜相比略有减少，但是仍优于 PCL 单膜。复合膜的水蒸气透过系数（WVP）随着镀膜时间的延长也呈现先减小后增大的趋势，PCL 单膜的 WVP 为 $6.50×10^{-13}$g·m/(m^2·s·Pa),而当镀膜时间达到 30min 时复合膜的 WVP 为 $6.09×10^{-13}$g·m/(m^2·s·Pa),达到最小,这虽然与 WVTR 的变化趋势不同,但是所测的数值在误差范围之内,并不影响整体测试结果。如图 2-20 所示。

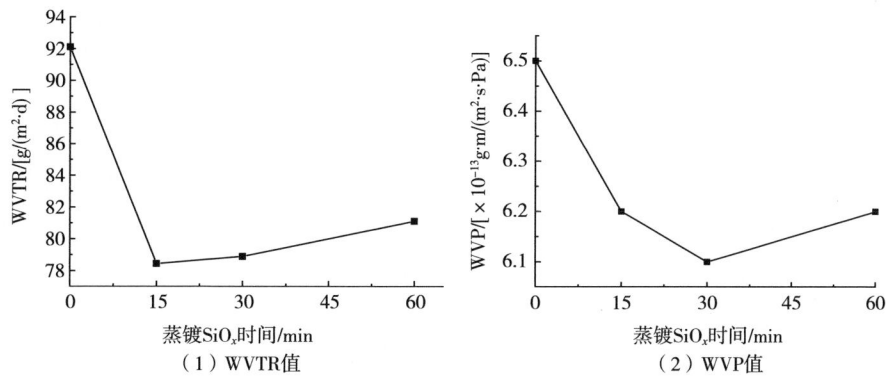

图 2-20　PCL/SiO_x 复合膜的水蒸气透过率和水蒸气透过系数

(三) 温度对 PLLA/SiO_x 薄膜的气体的透过性和选择性的影响

将制备好的 PLLA 薄膜放入真空室,将真空室内的真空度抽至 $8×10^{-3}$Pa 以下,通入氩气 (Ar,99.99%) 使总气压稳定在 20Pa,开启射频源 (功率 150W) 进行 5min 预溅射,以清除薄膜表面残留的氧化物和污染物等。之后通入氧气 (O_2,99.99%) 和在低压下挥发的气态六甲基硅氧烷 (HMDSO,99.99%),在总气压 30Pa 和功率 50W 条件下进行反应,沉积时间 30min。并研究 PLLA 薄膜对 O_2、CO_2 和 N_2 的透过性和选择性,以及水蒸气透过率。通过 PECVD 法在 40μm 和 60μm 厚度的 PLLA 薄膜表面成功制备了 SiO_x 层,基材厚度对沉积效果没有明显影响。SiO_x 层明显降低了 PLLA 薄膜对 O_2、CO_2、N_2 和水蒸气的透过性,同时也提高了 PLLA 薄膜对 O_2、CO_2 和 N_2 的选择透过性,气体透过比 α (CO_2/O_2)、α (O_2/N_2) 和 α (CO_2/N_2) 都明显增大。

1. 薄膜对 O_2、CO_2 和 N_2 的透过性和选择性

气调包装所用的气体通常是 CO_2、O_2 和 N_2 或它们的各种组合,其中 CO_2 充当细菌抑制剂,O_2 主要起到保持肉色鲜红的作用,N_2 是惰性气体,可以缓冲或

平衡包装内的气体，并可防止因充入 CO_2 溶解所造成的压塌现象。肉品在贮运和销售过程中会频繁受到环境温度变化的影响，而塑料薄膜在不同温度下表现出不同的气体渗透率，因此，在选择包装薄膜时，必须考虑贮藏温度。研究温度对包装材料透气和透湿性能的影响对肉品保鲜有重要意义。

图 2-21（1）~（3）分别是薄膜的 O_2、CO_2 和 N_2 透过率随温度的变化情况，可以看出，同一测试温度下，PLLA/SiO$_x$ 和 PLLA 薄膜相比，气体透过率明显减小。这是因为 SiO$_x$ 沉积层阻碍了气体向高分子薄膜的溶解和扩散，很可观地提高 PLLA 薄膜的阻隔性。40μm 的 PLLA 薄膜，沉积之后，OTR 在 5℃ 和 45℃ 时分别降低了 71.1% 和 49.7%；CO_2 透过率（CDTR）在 5℃ 和 45℃ 时分别降低了 61.8% 和 38.9%；N_2 透过率（NTR）在 5℃ 和 45℃ 时分别降低 75.7% 和 57.4%。60μm 的 PLLA 薄膜，沉积之后，OTR 在 5℃ 和 45℃ 时分别降低 38.7% 和 21.1%；CDTR 值在 5℃ 和 45℃ 时分别降低 30.4% 和 10.5%；NTR 值在 5℃ 和 45℃ 时分别降低 50.0% 和 34.7%。可以看出这种减小程度在低温下尤其明显。40μm 比 60μmPLLA 薄膜的减小程度更大，这是因为基片本身很厚，气体阻隔性已经很好，沉积层对其影响不明显。

同一测试样品，其气体透过率随着测试温度升高而明显增大。这是因为温度升高破坏了高聚物内的晶体结构，并且气体分子在高温下拥有很大的动能。进一步看，透气量随温度升高而增大的此种趋势，会因 SiO$_x$ 层的存在而减弱，比如 40μm 的 PLLA 和 PLLA/SiO$_x$ 薄膜相比，从 5℃ 升到 45℃ 的过程中，前者的 OTR 值增大 542.5cm^3/（m^2·d），后者的 OTR 值仅增大 339.1cm^3/（m^2·d）。这说明由于 SiO$_x$ 沉积层的作用，高分子薄膜的气体透过率受温度的影响变小，也可以说 SiO$_2$ 的存在使薄膜透气率对温度变化表现出惰性。至于 CDTR 和 NTR 值的变化，也遵循相同的规律。同样地，60μm 的 PLLA 薄膜在沉积 SiO$_x$ 层之后也对温度产生一定的惰性。

另外，O_2、CO_2、N_2 透过率的变化趋势虽然一致，但对于同一种薄膜，不同气体的透过率还是有显著差别的。比如 40μm 的 PLLA 薄膜在 5℃ 时的 OTR、CDTR 和 NTR 平均值分别是 309.0cm^3/（m^2·d）、846.5cm^3/（m^2·d）和 51.0cm^3/（m^2·d）。聚合物的透气性是由气体在聚合物中的溶解和扩散决定的，所以气体分子尺寸和分子极性有重要影响。O_2 分子直径 0.346nm，CO_2 分子直径平均 0.33nm，N_2 分子直径 0.364nm。三种气体相比，CO_2 分子尺寸最小，最容易

第二章 高阻隔性生物可降解材料的制备及其包装特性

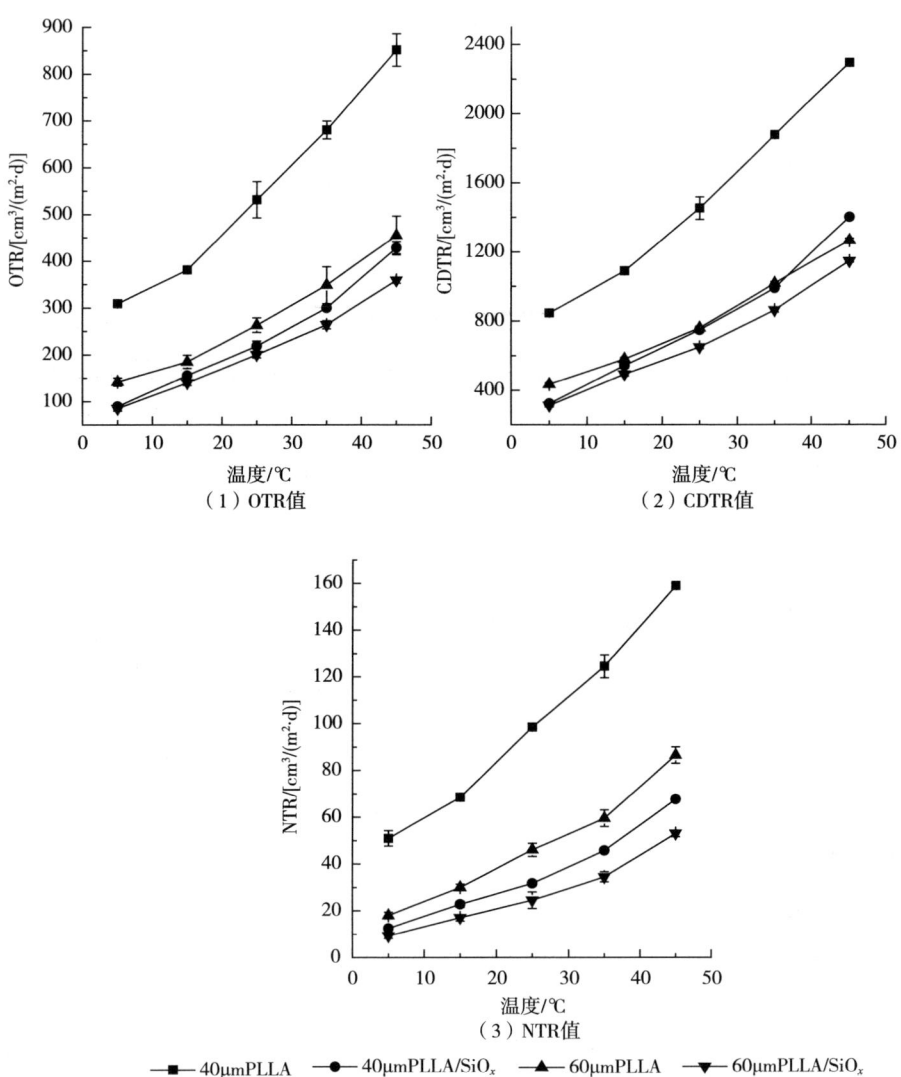

图 2-21 PLLA 和 PLLA/SiO$_x$ 薄膜的气体透过率随温度的变化

透过高聚物的小孔，而且 CO_2 是极性分子，PLLA 也具有很多—OH 和—COOH 等极性基团，根据相似相容原理，CO_2 能够很容易地溶解在 PLLA 内并扩散。因此，CO_2 的透过率最大。N_2 分子尺寸最大，而且是非极性分子，所以 N_2 透过率最小。这也意味着，将该薄膜用于冷鲜肉气调包装时，包装内部与外部的气体交换速率为：$CO_2>O_2>N_2$。包装内的 CO_2 和 O_2 浓度不会太高，而 N_2 浓度几乎可以保持恒定。

薄膜对气体的选择透过性是包装材料的重要参数之一，它决定了包装内的气体组分和浓度变化。气体选择透过性一般用 CO_2、O_2 和 N_2 两两之间的透过比来表征，薄膜的 CO_2 和 O_2 透过比 α（CO_2/O_2）、O_2 和 N_2 透过比 α（O_2/N_2）、CO_2 和 N_2 透过比 α（CO_2/N_2）随温度的变化见图 2-22（1）~（3）。可以看出，同一测试温度下，$PLLA/SiO_x$ 明显比 PLLA 薄膜的透过比大。其中在 25℃，40μm 的 $PLLA/SiO_x$ 膜，透气系数比 α（CO_2/O_2）、α（O_2/N_2）、α（CO_2/N_2）和水蒸气阻隔性分别平均提高 20.0%、21.8%、37.5% 和 52.3%；对于 60μm 的 $PLLA/SiO_x$ 膜，则分别平均提高 10.7%、30.7%、38.2% 和 49.5%。这是因为 SiO_x 层的 Si—O 键对不同气体有不同的吸附和释放过程，增强了 $PLLA/SiO_x$ 薄膜对气体的选择性。然而，无论沉积与否，60μm 的 PLLA 气体透过比普遍要比 40μm 的 PLLA 高，这说明虽然较薄的 PLLA 膜的透气量很大，但是其对气体的选择性不如较厚的 PLLA 膜。另外，薄膜的气体透过比均随着温度的升高而大致呈减小趋势，而且 60μm 比 40μm 的 PLLA 减小的幅度大。随温度升高，PLLA 的气体透过率虽然增大，但是其对气体的选择透过性却会减弱。在肉品包装领域，鲜肉由于自身氧化还原反应和微生物呼吸作用，会消耗 O_2 并产生 CO_2，使得包装内 O_2 浓度降低，CO_2 浓度升高。较大的 α（CO_2/O_2）和 α（CO_2/N_2）意味着 $PLLA/SiO_x$ 薄膜可以选择性地减缓包装内 N_2 和 O_2 与外界的交换速率，相对较快地排出多余的 CO_2，长时间维持气体比例恒定。

高分子薄膜通常存在渗透性和选择性相互制约的 trade-off 现象。图 2-23（1）~（3）显示了薄膜的气体透过比和透过系数之间的关系。由图可知，大部分测试点的位置反映出薄膜如果有较大的气体透过系数，则透气比较小；若透气比较大，则透气系数较小。例如，PLLA 薄膜表面沉积 SiO_x 之后，其气体透过比显著增大，而透气系数相应减小。综合比较，60μm 的 $PLLA/SiO_x$ 膜兼具低透过系数和高选择性。

第二章 高阻隔性生物可降解材料的制备及其包装特性

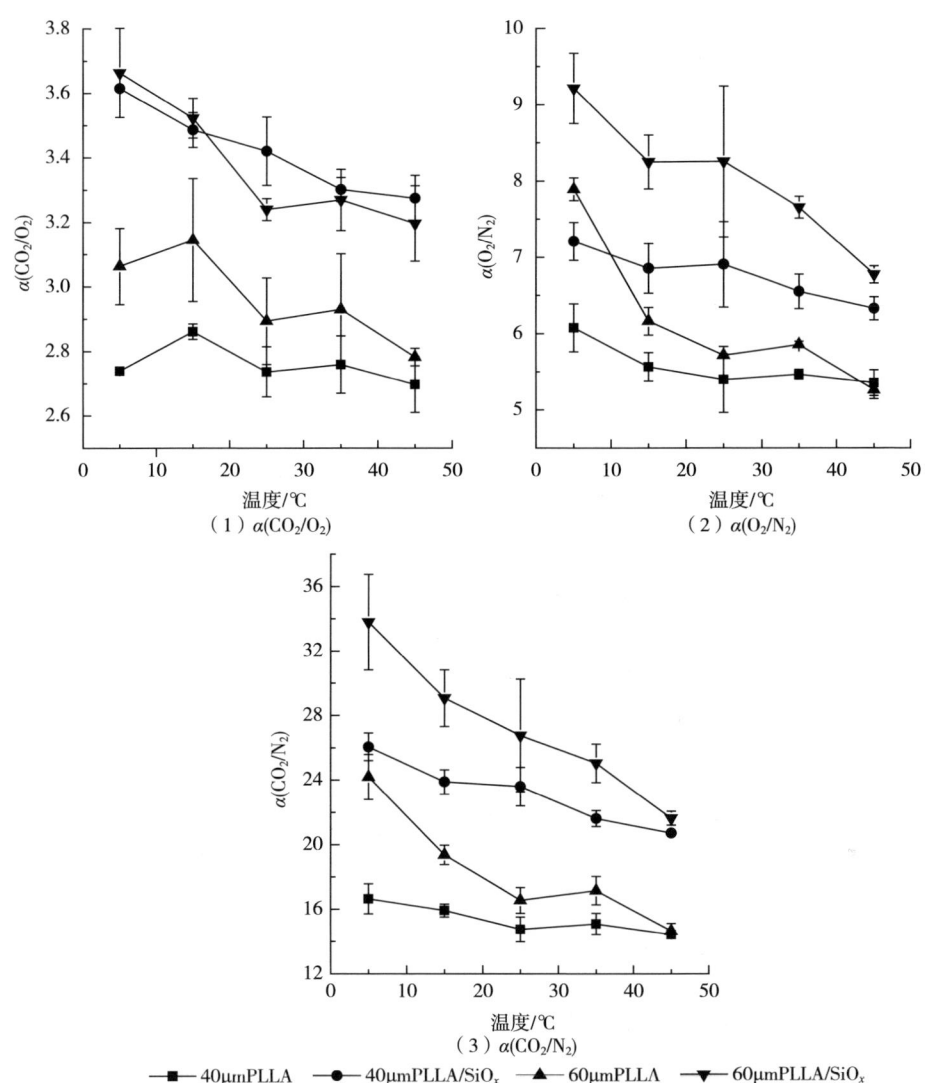

图 2-22 PLLA 和 PLLA/SiO$_x$ 薄膜的气体透过比随温度的变化

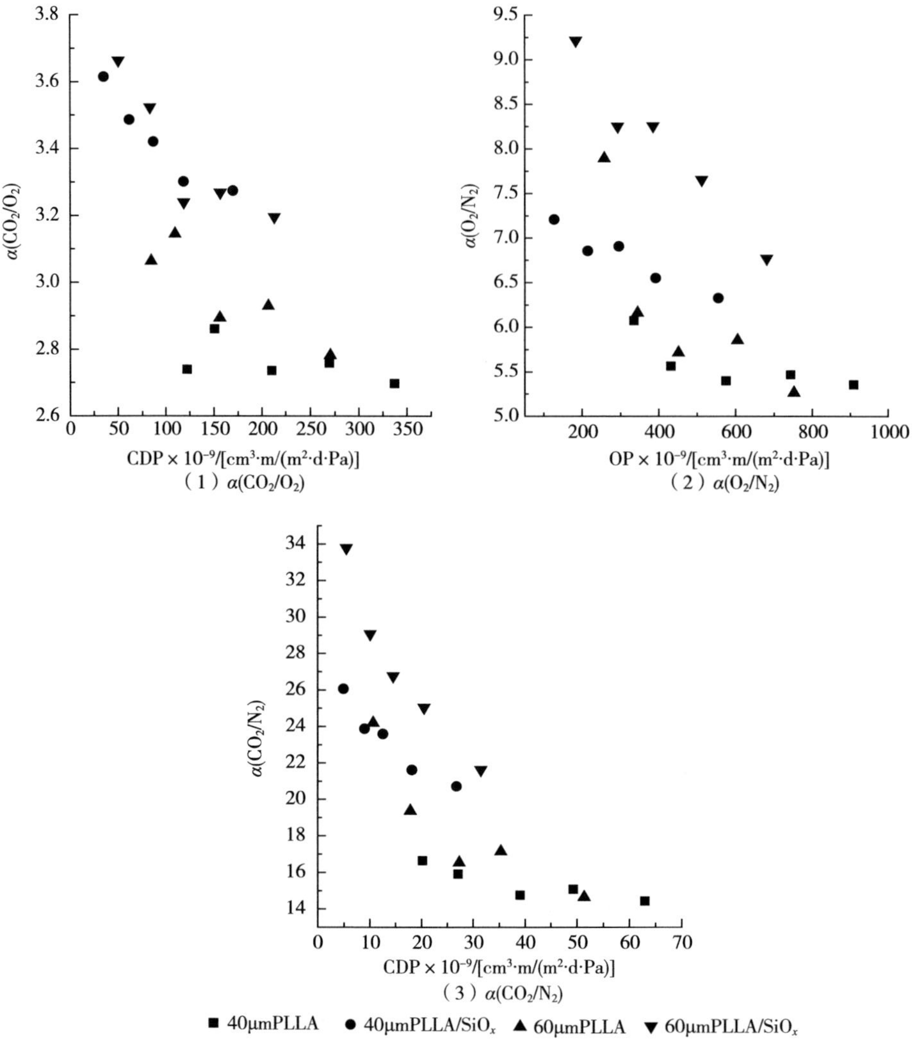

图 2-23　薄膜的气体透过比和气体透过系数的关系

2. 薄膜对水蒸气的透过性

水蒸气阻隔性是肉品包材的重要特性，其关系到包装内肉品的水分活度，细胞代谢作用及包装外的环境湿度对产品保质保鲜的影响。具有良好水蒸气阻隔性的薄膜能使包装内的水汽聚少成多，聚汽成滴，然后顺着包装边沿流到底部，保持封口膜的透光性能。40μm 和 60μm 厚度的 PLLA 薄膜的水蒸气透过率（WVTR）随温度的变化如图 2-24 所示。

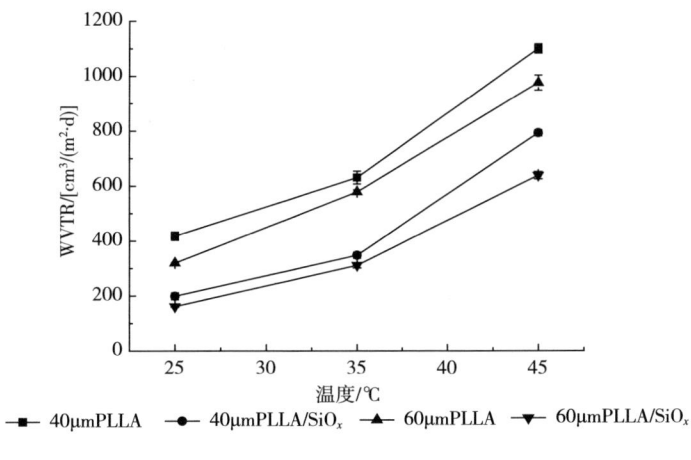

图 2-24　PLLA 和 PLLA/SiO$_x$ 薄膜的水蒸气透过率

同一种薄膜的 WVTR 值随着温度上升而迅速增大，这是因为：一方面，环境温度接近薄膜 T_g 时，高聚物分子链活动加剧，晶区被破坏，并且非晶区的自由体积增大，同时水分子运动加快，综合导致高聚物薄膜的阻湿性下降；另一方面，SiO$_x$ 层与 PLA 薄膜的热膨胀系数不同，温度升高时，由于 PLLA 薄膜膨胀较快，SiO$_x$ 层产生内应力，当内应力超过其最大应力，SiO$_x$ 层就发生破裂，从而阻隔性下降。

同一测试温度下，PLLA 薄膜的 WVTR 值在沉积 SiO$_x$ 后明显降低，这是因为 SiO$_x$ 层有很好的阻湿能力，水蒸气很难透过。其中，40μm 的 PLLA 膜的 WVTR 值在 25℃、35℃ 和 45℃ 分别降低 52.3%、44.8% 和 27.9%；60μm 的 PLLA 膜的 WVTR 值在 25℃、35℃ 和 45℃ 分别降低 49.5%、46.2% 和 34.5%。可见随着温度升高，这种降低幅度会减小，说明 SiO$_x$ 层对 PLLA 膜的影响会被削弱，这也成为高温下 SiO$_x$ 层可能发生破裂的佐证。

3. 沉积时间对 PLLA/SiO$_x$ 薄膜的气体的透过性和选择性的影响

选用 40μm 厚度的 PLLA 薄膜利用等离子体增强化学气相沉积法制备了 PLLA/SiO$_x$ 复合膜。将光滑平整直径为 10cm 的圆形薄膜置于真空室内，当真空度降为 5Pa 时，通入 Ar 气体流量为 10sccm，放电清洗薄膜，功率为 150W，时间为 5min。将 O$_2$ 和六甲基硅氧烷（HMDSO）单体引入真空室，混合比例为 10∶5，然后进行蒸镀，总压强为 30Pa，功率为 50W，时间分别为 15min、30min 和 60min，样品分别标记为 PLLA，PLLA/SiO$_x$（15min）、PLLA/SiO$_x$（30min）和

PLLA/SiO$_x$（60min）。

PLLA 和 PLLA/SiO$_x$ 薄膜的透过率均在 80% 以上。在紫外区域，随着沉积时间的增加，PLLA/SiO$_x$ 薄膜的透过率越来越低。也就是说随着沉积 SiO$_x$ 层的厚度越大，对紫外光的阻隔性越来越大。如图 2-25 所示。

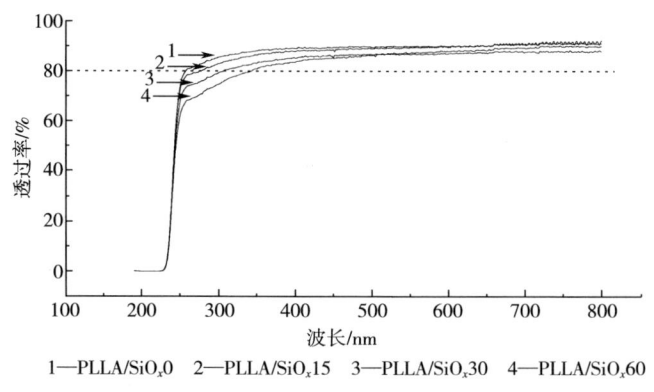

1—PLLA/SiO$_x$0　2—PLLA/SiO$_x$15　3—PLLA/SiO$_x$30　4—PLLA/SiO$_x$60

图 2-25　PLLA/SiO$_x$ 膜的 UV-Vis 透过率曲线

气体阻隔性和气体选择透过性是包装薄膜的主要性能之一。薄膜的氧气透过率（OTR）、二氧化碳透过率（CDTR）和氮气透过率（NTR）如图 2-26（1）~（3）所示。一方面，SiO$_x$ 层可以封堵 PLLA 薄膜表面的一些微孔，使薄膜阻隔性提高。另一方面，Si—O 键对不同气体有不同的吸附-释放速率，因此，会改善薄膜对气体的选择透过性。随着沉积时间的增加，PLLA/SiO$_x$ 薄膜的气体透过率明显降低，在 5℃ 时，PLLA/SiO$_x$60 薄膜的 OTR、CDTR 和 NTR 分别降低 57.7%、46.4% 和 65.0%。随着温度升高，薄膜的气体透过率有所升高。

包装材料的水蒸气阻隔性影响包装内容物的水分活度和生鲜食品的呼吸强度。PLLA/SiO$_x$ 的水蒸气透过率比 PLLA 低。并且随着沉积时间的增加，其值越来越小。随着温度升高，PLLA/SiO$_x$ 和 PLLA 薄膜的水蒸气透过率都有所增大。

气体透过 PLLA 薄膜遵循"溶解-扩散"原理，因此，气体分子的大小和极性决定了其透过速率。O_2、CO_2 和 N_2 的平均分子直径为 0.346nm、0.33nm 和 0.364nm。其中，CO_2 直径最小，N_2 直径最大，由于位阻效应，CO_2 的透过率最大而 N_2 的透过率最小（图 2-27）。

第二章　高阻隔性生物可降解材料的制备及其包装特性

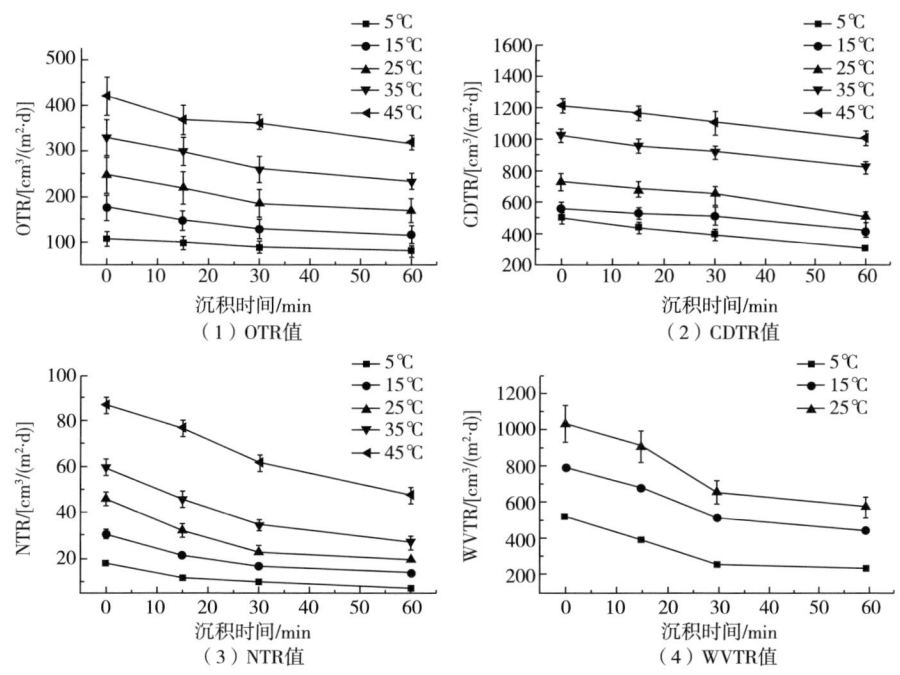

图 2-26　在不同温度环境下 PLLA/SiO$_x$ 薄膜的 OTR、CDTR、NTR 和 WVTR 值

气体选择透过性是包装薄膜的重要指标之一，它决定了包装内的气体成分。PLLA/SiO$_x$ 的气体透过系数比相对于 PLLA 薄膜有明显提高，并且随着沉积时间的增加，其值越来越大。PECVD 法不但可以提高薄膜的气体阻隔性，还可以提高其气体选择透过性。

（四）PLLA/SiO$_x$/PVA 多层膜的制备及其包装特性

通过薄膜表面上沉积 SiO$_x$ 可得到两层薄膜，对 PLLA 和 PPC 等完全可降解材料进一步复合后可得到多层膜材料。与 PVA 和纤维素薄膜进行复合后 PLLA 和 PPC 等薄膜的气体阻隔性进一步得到提高，甚至可达到高阻隔性标准。

将 PLLA 原料真空干燥（4h，80℃）后经双螺杆挤出机在 215℃下挤出，并在 80℃下进行纵向拉伸制得厚度均匀的 PLLA 膜。以六甲基硅氧烷（HMDSO）为硅源，氩气为载气，氧气为反应气体，沉积功率 50W，沉积时间 60min 为工艺条件，在 PLLA 薄膜上沉积氧化硅。将覆盖完全的 PLLA 薄膜 SiO$_x$ 一面在烘箱内均匀涂布 12% 的 PVA 溶液后 35℃烘干 48h，制得 PLLA/SiO$_x$/PVA 复合膜。

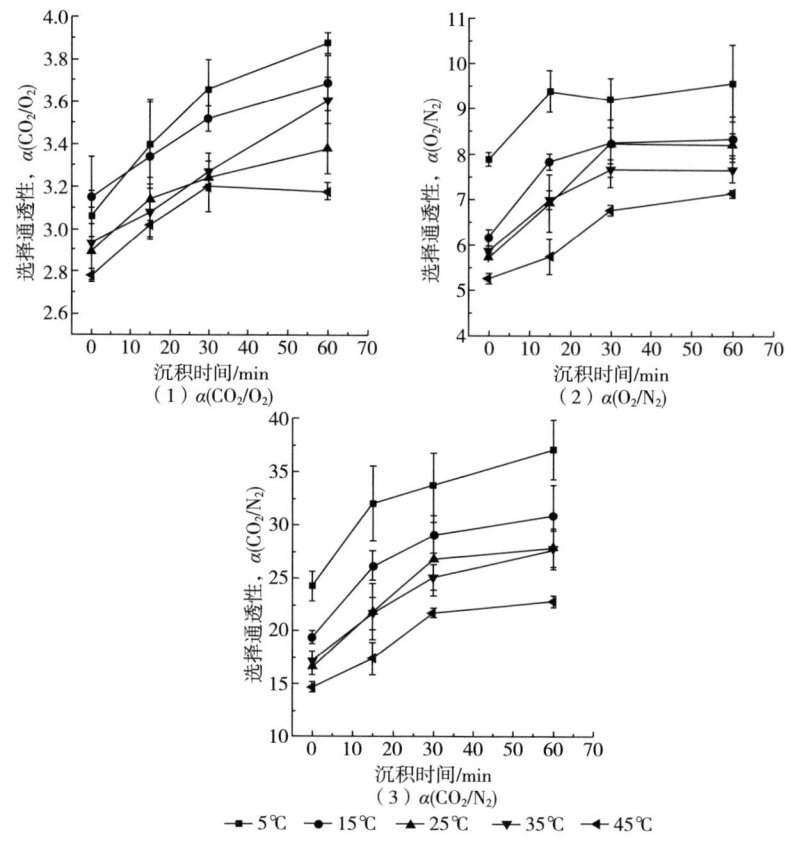

图2-27 在不同温度条件下PLLA和PLLA/SiO$_x$薄膜的气体选择透过性

1. 薄膜上沉积氧化硅层的表征

图2-28中的较为亮光的右侧为PVA层,从亮度上看,接触空气一侧的结晶度比内侧的PVA要高一些。左侧为PLLA层,从亮光线条上看出,PLLA取向较好。PLLA和PVA层的结合处有很薄的一层线条为SiO$_x$层,三层之间没有分裂带出现,这说明SiO$_x$层很好地把PLLA和PVA结合在一起。图2-29为PLLA、PLLA/SiO$_x$和PLLA/SiO$_x$/PVA复合薄的ATR-FTIR图。PLLA在1750cm^{-1}处显示较强的羰基C═O的吸收峰,在其表面上蒸镀SiO$_x$后,因红外光穿透SiO$_x$后反射回的PLLA的信号变弱而羰基峰下降很多,而且PLLA薄膜在1200~1000cm^{-1}处的C—H伸缩振动峰几乎消失无法分辨,被SiO$_x$层在1100~1000cm^{-1}处的Si—O—Si对称伸缩振动和反对称伸缩振动所吸收峰取代,表明PLLA薄膜上沉积的SiO$_x$层完整性较好。在SiO$_x$面上再涂覆PVA层后,SiO$_x$和PLLA吸收峰消失,表现的吸收峰与PVA完全相同。

第二章 高阻隔性生物可降解材料的制备及其包装特性

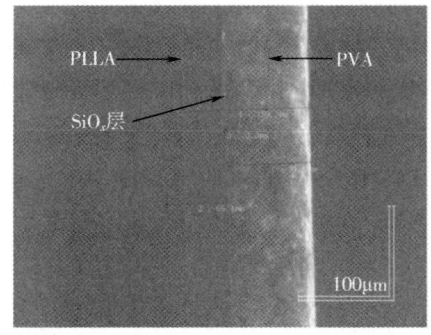

图 2-28　PLLA/SiO$_x$/PVA 复合膜横切面图

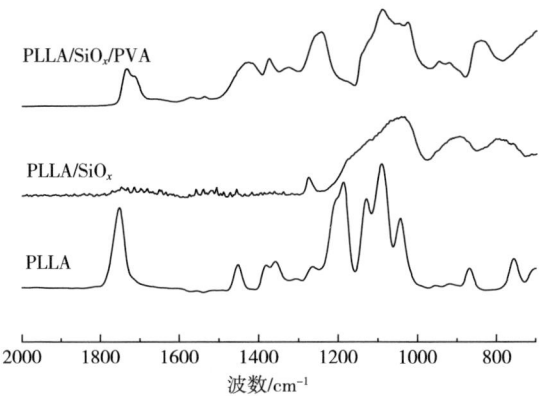

图 2-29　复合膜的 ATR-FTIR 光谱图像

2. 氧气阻隔性

PLLA 的氧气透过率（OTR）为 173cm³/（m²·d），蒸镀薄层 SiO$_x$ 后降至 41cm³/（m²·d），再与 PVA 复合后下降到 0.51cm³/（m²·d），从氧气透过系数上比较，PLLA/SiO$_x$/PVA 的氧气阻隔性比起 PLLA 增加了 221 倍以上，比市售 PA/PE 膜高出 23 倍。如表 2-20 所示。

表 2-20　PLLA、PLLA/SiO$_x$、PLLA/SiO$_x$/PVA 和 PA/PE 薄膜的氧气、水蒸气透过性

样品名	厚度/μm	OTR/[cm³/(m²·d)]	OP/[×10⁻¹⁴ cm³·m/(m²·s·Pa)]	WVTR/[g/(m²·d)]	WVP/[×10⁻¹⁰ g·m/(m²·s·Pa)]
PLLA	100.8±4.5	173±0.41	200±0.21	417.9±7.96	23.2±0.44
PLLA/SiO$_x$	100.8±4.8	41±0.28	56.9±0.85	267.5±2.12	14.9±0.11

续表

样品名	厚度/μm	OTR/[cm³/(m²·d)]	OP/[×10⁻¹⁴ cm³·m/(m²·s·Pa)]	WVTR/[g/(m²·d)]	WVP/[×10⁻¹⁰ g·m/(m²·s·Pa)]
PLLA/SiO$_x$/PVA	154.0±5.3	0.5±0.26	0.9±0.16	45.0±0.32	3.8±0.02
PA/PE	112.9±11.8	17±0.31	22.0±0.42	21.0±0.24	1.3±0.01

整体上看两种薄膜都呈现出随着温度和湿度的增加而其 OP 值在升高。对于 PA/PE 膜来说，OP 值随着湿度的增加而略有增加，变化率不大，而随着温度的升高其 OP 值大幅度增加。相比之下，PLLA/SiO$_x$/PVA 复合膜的 OP 值在相同的温度和湿度的变化下并没有太大的数值变化，也就是说在一定环境温度和湿度变化中，PLLA/SiO$_x$/PVA 复合膜的气体阻隔性较为稳定。如图 2-30、图 2-31 所示。

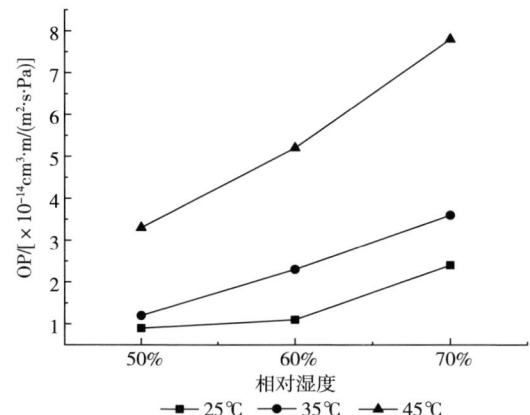

图 2-30　PLLA/SiO$_x$/PVA 复合膜的氧气透过系数

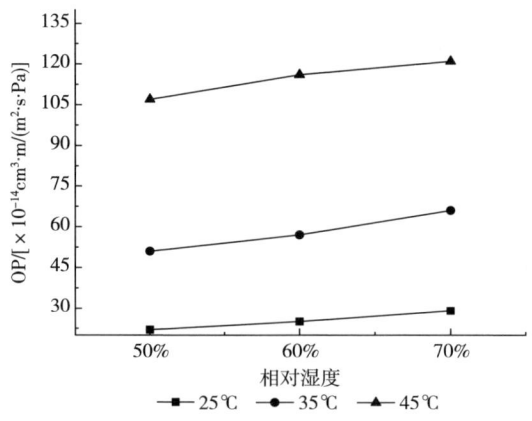

图 2-31　PA/PE 复合膜的氧气透过系数

3. 水蒸气阻隔性

水蒸气阻隔性是食品包装材料的重要特性,其关系到包装内部食品的水分活度和包装外部环境湿度对食品货架期的影响。PLLA 经过蒸镀 SiO_x 和复合 PVA 后,其水蒸气透过系数降低为 1/6。WVP 值在 RH 为 50% 的测试条件下,PLLA/SiO_x/PVA 复合膜的 WVP 值 25℃时为 $3.6×10^{-11}$g·m/(m²·s·Pa),45℃时为 $4.2×10^{-11}$g·m/(m²·s·Pa),提高约 17%(图 2-32)。PA/PE 薄膜的 WVP 值 25℃时为 $1.06×10^{-11}$g·m/(m²·s·Pa),45℃时为 $1.8×10^{-11}$g·m/(m²·s·Pa),提高约 70%(图 2-33)。这是由于温度的升高导致了薄膜分子内部热运动加剧,从而使水蒸气相对容易透过。由薄膜水蒸气透过性随温度的变化趋势可以推断,在低温低湿条件下薄膜的水蒸气透过系数会更低。由增长率可以看出 PA/PE 复合膜受到温度变化影响较 PLLA/SiO_x/PVA 复合膜更大,并且两者的 WVP 值在同一数量级下,所以可以推断低温低湿条件下 PLLA/SiO_x/PVA 复合膜和 PA/PE 薄膜的水蒸气阻隔性差异较小。PLLA/SiO_x/PVA 复合膜和 PA/PE 薄膜的 WVP 值在三个测试温度梯度下随湿度升高无明显变化,其原因可能受不同温度下水的饱和蒸汽压所影响。

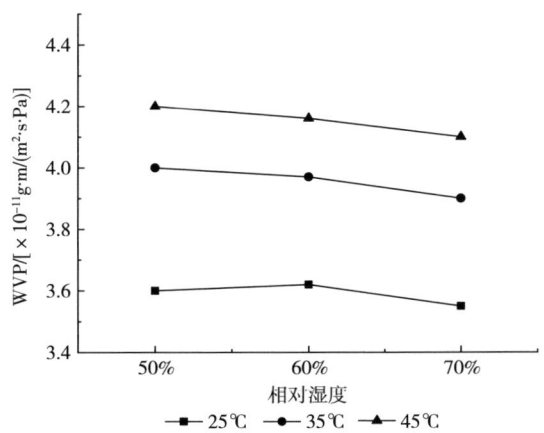

图 2-32 PLLA/SiO_x/PVA 复合膜的水蒸气透过系数

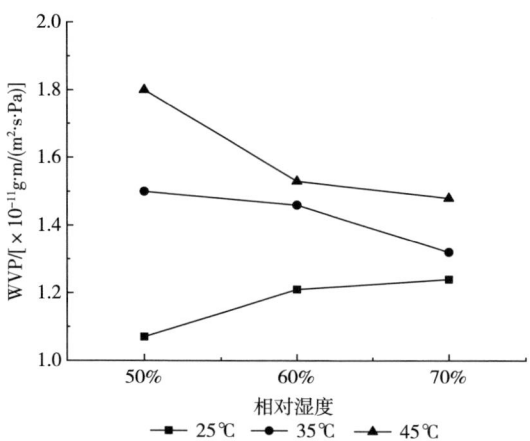

图 2-33　PA/PE 复合膜的水蒸气透过系数

第三节　小结

本章围绕聚乳酸、聚碳酸亚丙酯、聚己内酯等可降解材料，采用物理共混、层合、化学沉积、拉伸取向等方法制备高阻隔性生物可降解薄膜，旨在将可降解材料应用于需要高阻隔性材料的食品包装中。

对纯 PLLA 薄膜及 PLLA 共混薄膜进行拉伸取向处理，拉伸过程发生分子链段的取向，可以有效地提高 PLLA 薄膜的结晶速率和结晶度，薄膜在 $R=2$ 时能表现出较好的氧气和水蒸气阻隔性。但随着拉伸比例的增大，结晶区域出现缺陷，最终膜表面裂纹的出现会引起薄膜厚度的减小，薄膜的阻隔性开始下降。这个研究表明在 PLLA 薄膜进行热成型加工过程中，采用物理取向和一定的退火处理可以提高材料的结晶度，制备具有更高阻隔性的 PLLA 薄膜。

利用 PVA、纤维素、PPC、玻璃纸等可降解材料的高阻氧性和柔韧性等优点去克服 PLLA 的脆性和相对低的阻隔性，同时可避免以上几种材料的不耐水、强度低等缺点，通过简单的两层或三层复合制备具有高阻隔性的 PLLA 复合膜，PLLA 复合膜的阻氧性最高可提高 200 倍。

利用气相沉积在可降解材料表面沉积 SiO_x，提高材料阻隔性，为了克服镀层脆性，再与柔性材料进行复合，将形成三明治结构，从而发现镀层存在可以降低材料的氧气透过性，结合 PVA 层可以将氧气阻隔性提高 220 倍，水蒸气阻隔性提高约 7 倍。

第三章
高 CO_2/O_2 选择透过性薄膜的制备及其包装特性

果蔬是作为人们重要的食物组成，主要给机体提供自身不能合成的、外源性维生素及膳食纤维等必需营养素。在生鲜果蔬保鲜中，高分子膜也发挥着调节包装内部气氛（气体组成）的重要作用。利用高分子薄膜对 O_2、CO_2 和 H_2O 等气体分子的不同的透过和选择透过功能，可以帮助果蔬包装内维持或快速建立低 O_2 高 CO_2 气氛微环境，有效抑制果蔬强烈的有氧呼吸，达到延长保鲜期的效果。选用高分子薄膜对果蔬进行气调包装（MAP）时，要考虑被包装产品的呼吸速率的差异。在确定不同果蔬呼吸特征的基础上，根据需要调整包装薄膜的气体透过和选择透过性。果蔬的 MAP 包装材料应具有较好的透气、透湿性并能对 CO_2 和 O_2 的进行选择性渗透，其 CO_2/O_2 选择透过比在（8~10）：1 之间较为理想。所以调控薄膜的气体透过性和选择透过性对果蔬的保鲜保质尤为重要。

第一节 聚乳酸共混改性薄膜

PLLA 薄膜具有优异的生物可降解性和较好的气体渗透性，不适宜于冷鲜肉等对材料阻隔性能要求较高的食品的包装，但其渗透性能特点恰好使其具有应用于果蔬包装的潜在可能，有望取代目前常用的聚乙烯（PE）等石油基塑料薄膜。虽然PLLA薄膜具有较适宜果蔬包装的气体渗透性能，但其对CO_2的渗透率不高，CO_2/O_2选择透过比只有3左右，仍未达到气调包装对薄膜渗透性和选择性的要求。

基于高分子材料聚合改性原理，可以在PLLA的分子链中引入对CO_2敏感和较强选择性的分子链或基团或共混，增加薄膜的气体分子渗透"通道"，同时提高材料对CO_2的选择透过性。这些分子链和基团在PLLA薄膜中起到控制气体透过的"闸门"作用。通过控制"闸门"的大小可以调控PLLA薄膜的透气性和CO_2/O_2选择透过比，使PLLA的气体渗透性能与不同呼吸强度的果蔬相匹配，优化薄膜气调保鲜效果。此外，柔性链段的嵌入或共混可以提高PLLA分子链的运动性，增大材料柔韧性，有效改善PLLA的脆性，提高其加工性能。

一、纳米SiO_2对聚乳酸薄膜阻隔性的影响

在聚合物基体中加入微量的纳米颗粒，可以提高聚合物的阻隔性。分散的纳米粒子使气体渗透的路径变得弯曲，沿途阻力增大，因此，薄膜的气体透过率降低。纳米SiO_2对聚乳酸的改性已有研究，但主要集中在力学性能、结晶性能、降解性能等。因此，本文分别向PLLA中加入了不同含量的亲水性和疏水性纳米SiO_2，测定薄膜的透氧性能和透湿性能。

氧气透过系数反映了高分子材料的自身属性，不包含薄膜厚度对阻氧性能的影响。图3-1是不同亲水型SiO_2添加量时共混薄膜的OP值变化图。随着SiO_2添加量的增加，OP值先增大后减小。根据"相似相容"原理，亲水性的SiO_2加入疏水性的PLLA中，两者相容性不佳。在共混材料熔融挤出过程中，SiO_2颗粒倾向于与自身结合（即分散性不佳），当发生少量团聚时，会排斥周围的PLLA分子链段，使得SiO_2颗粒周围出现微小空腔，因此薄膜缺陷增多，OP值明显增大。随着SiO_2添加量的增加，团聚现象更加明显，空腔也随之增多，当亲水性SiO_2质量分数是0.5%时，材料内的空腔密度最大，所以OP值也最大。SiO_2含量继续增加时，空腔不再增多，而额外的SiO_2会填充一部分已存在的空腔，由于存在位阻效应，氧气分子的渗透路径发生弯曲，有效扩散路径增加，沿途阻力随之增大，单位时间内透过薄膜的分子数量减少，即OP值减小。

第三章 高 CO_2/O_2 选择透过性薄膜的制备及其包装特性

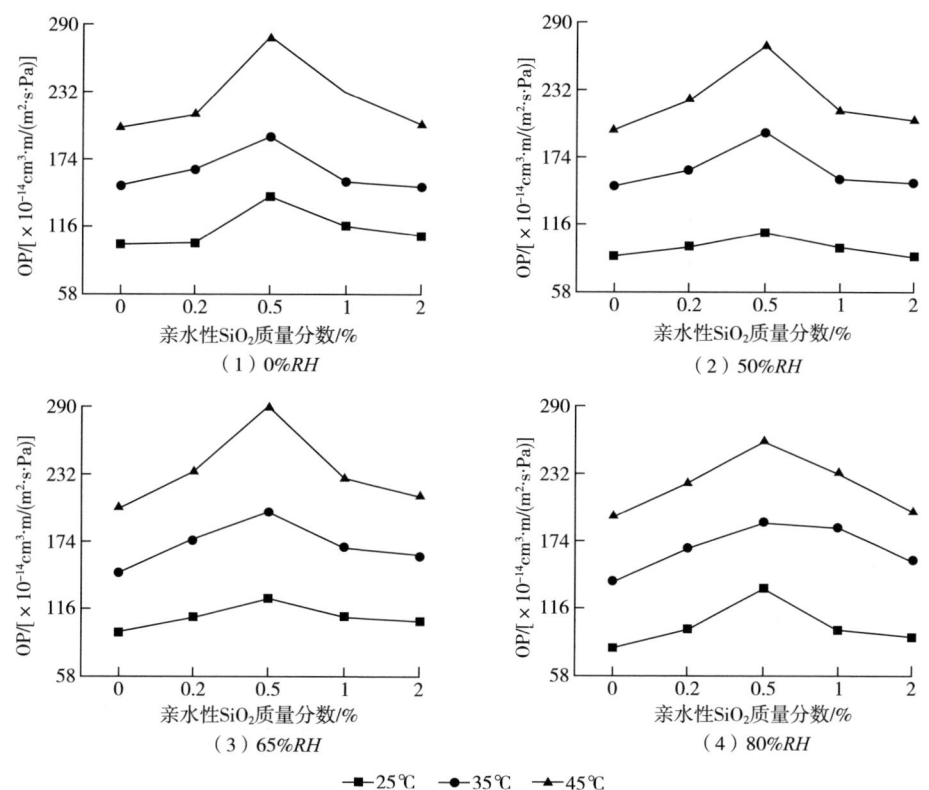

图 3-1 不同温度和湿度下，PLLA/亲水 SiO_2 薄膜的氧气透过系数随 SiO_2 添加量的变化

图 3-2 是疏水 SiO_2 添加量不同时共混薄膜的 OP 值变化图。疏水性 SiO_2 颗粒加入 PLLA 基体时，同样存在团聚现象，对薄膜造成缺陷，使薄膜的 OP 值增大。但由于疏水性 SiO_2 颗粒表面连接了疏水基团，可与 PLLA 链段相互吸引，更容易在有机相中均匀分散，导致其团聚现象不如亲水 SiO_2 严重，空腔体积相对较小，所以薄膜的 OP 值只有小幅度提升。当疏水性 SiO_2 质量分数为 0.5% 时，薄膜 OP 值达到最大。随着 SiO_2 添加量的继续增加，薄膜变得致密，且 SiO_2 颗粒存在位阻效应，使 O_2 分子受到的阻力增大，OP 值减小。

湿度一定时，随着温度升高，薄膜的 OP 值明显增大。例如，在 0%RH 条件下，从 25℃ 升温到 45℃，亲水性 SiO_2 添加质量分数分别是 0%、0.2%、0.5%、1% 和 2% 的 PLLA 薄膜的 OP 值分别升高 100.0%、109.6%、96.1%、97.8% 和 88.7%。随着温度升高，薄膜受热膨胀，高分子自由体积增大，气体分子通过时受到的阻力减小；而且温度越高，气体分子能量越高，布朗运动越剧烈，可加速气体

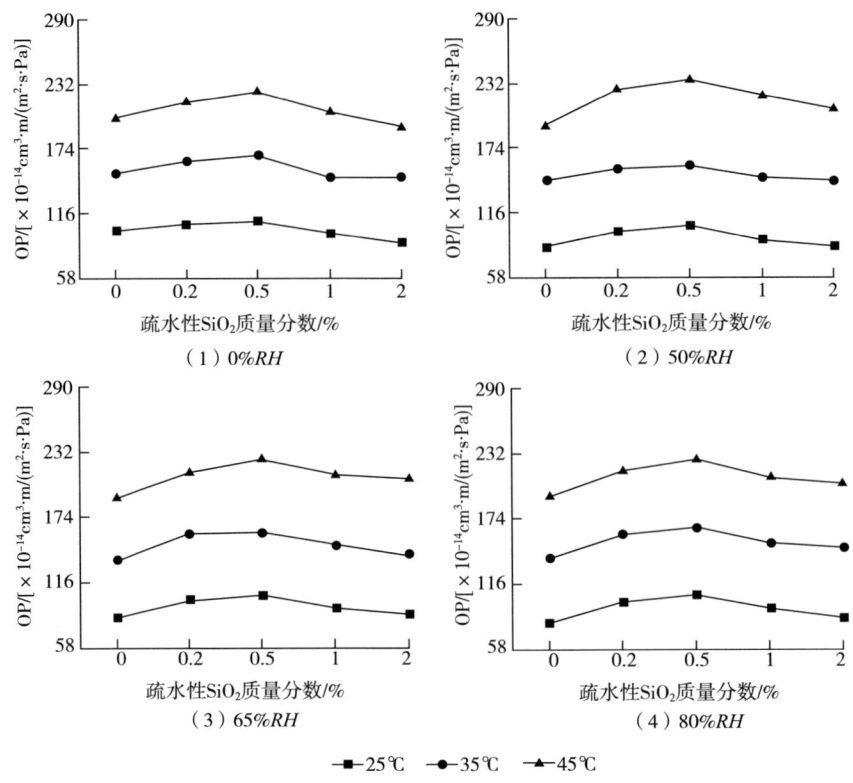

图3-2 不同温度和湿度下，PLLA/疏水SiO_2薄膜的氧气透过系数随SiO_2添加量的变化

透过薄膜时的吸附、扩散和解析过程。这两方面原因导致薄膜的OP值随着温度升高而增大，还有薄膜的OP值对温度的敏感性并没有因SiO_2的含量改变而明显改变。

温度一定的情况下，随着湿度增大，薄膜的OP值变化不大。这可能是由于PLLA本身羟基很少，疏水性很强，在外界湿度变化时，PLLA分子结构受到的影响较小，气体通路变化不大。因此即使在湿度变化较大的环境中，PLLA薄膜也能够保持稳定的阻氧性能。此外，随着SiO_2的含量增加，薄膜的OP值在湿度增加时，仍然没有发生明显变化，这说明SiO_2并没有改变薄膜的OP值对湿度变化的惰性。

二、PLLA/PBAT单轴拉共混膜的力学性能及气体透过性

（一）PLLA/PBAT共混膜的力学性能分析

PBAT材料是一种柔韧性较好的聚合物，与脆性PLLA共混成型时有利于提

高 PLLA 的柔韧性。将 PLLA 和 PBAT 通过不同比例共混后经过双螺杆挤出并进一步单轴拉伸后成膜。PLLA 和 PLLA/PBAT 薄膜的弹性模量、屈服强度和断裂伸长率等力学参数如表 3-1 所示。薄膜材料是有一定拉伸方向的取向单轴拉伸膜，对拉伸纵向和横向方向力学性能都应进行测试分析。

表 3-1 PLLA/PBAT 共混膜的力学性能

测试方向	样品名	弹性模量/MPa	屈服强度/MPa	断裂伸长率/%
纵向拉伸	PLLA	1249±312	64.9±22.9	5.5±1.5
	PLLA/PBAT（10）	596±59	47.5±11.1	9.2±1.3
	PLLA/PBAT（20）	385±23	27.9±1.1	15.1±1.8
	PLLA/PBAT（30）	308±12	15.3±3.2	17.3±3.5
横向拉伸	PLLA	640±89	22.5±4.7	3.8±0.5
	PLLA/PBAT（10）	474±39	26.1±3.7	13.8±1.9
	PLLA/PBAT（20）	241±71	21.2±3.8	16.9±0.9
	PLLA/PBAT（30）	73±40	12.4±1.1	29.1±2.1

纵向拉伸试验是指沿材料拉伸取向方向进行施力的，而横向拉伸试验则在与取向垂直的方向施力。从表 3-1 中可看出，PLLA 纵向拉伸的弹性模量高达 1249MPa，约是横向拉伸的 2 倍。添加柔性 PBAT 时，PLLA 的 2 个方向的弹性模量均下降，且随着 PBAT 含量的增加而急剧减少，这说明 PBAT 的添加增加了 PLLA 的柔性。与 PLLA 的拉伸行为相似，PLLA/PBAT 共混材料取向方向的弹性模量大于取向的垂直方向，这说明材料的取向有利于提高材料的刚性。

PLLA 纵向拉伸的屈服强度高达 64.9MPa，而横向的仅为 22.5MPa，这是因为从严格意义上讲横向拉伸时 PLLA 并没有达到屈服强度就发生了脆性断裂。从断裂伸长率的数据上也可看出，横向拉伸时 PLLA 的断裂伸长率仅为 3.8%，比纵向断裂伸长率小得多，这说明取向后横向方向的脆性得到大幅度提高。当添加 PBAT 后，PLLA 纵向和横向拉伸曲线都产生了屈服点，且随着 PBAT 含量的增加，屈服强度降低，断裂伸长率增大。这说明 PBAT 的添加使 PLLA 在取向方向和取向垂直方向的柔韧性得到了改善。

（二）PLLA/PBAT 共混膜的 O_2 和 CO_2 选择透过性

采后的生鲜果蔬仍存在呼吸作用，因此，需要使用具有适宜透气性的材料来进行包装。包装内部气体通过塑料容器壁与外部环境进行气体交换形成较理想的低 O_2、高 CO_2 气体环境。一般来说,果蔬类产品的控制气氛包装要求包装材料具有较适宜的气体选择透过性,应选用具有较好的透气性和高 CO_2/O_2 选择透过性的材料,以适应内装果蔬食品的呼吸作用。PLLA/PBAT 共混薄膜的透 CO_2 和 O_2 性能以及 CO_2/O_2 选择透过比见表 3-2。

表 3-2　PLLA/PBAT 共混薄膜的透 CO_2 和 O_2 性能

样品	厚度/μm	OTR/ [cm^3/ ($m^2 \cdot d$)]	OP/ [$\times 10^{-5} cm^3 \cdot m$/ ($m^2 \cdot s \cdot Pa$)]	CTR/ [cm^3/ ($m^2 \cdot d$)]	CP/ [$\times 10^{-5} cm^3 \cdot m$/ ($m^2 \cdot s \cdot Pa$)]	OP
PLLA	39.9	191.1±11	8.74±0.50	726±73	33.12±3.33	3.8
PLLA/PBAT (10)	37.3	220±8	9.37±0.34	1293±93	55.26±3.97	5.9
PLLA/PBAT (20)	37.3	237±8	10.12±0.33	1483±85	63.39±3.64	6.3
PLLA/PBAT (30)	31.7	259±17	9.41±0.64	1958±49	71.12±1.78	7.6

PLLA 的氧气透过率为 $191.1 cm^3/(m^2 \cdot d)$,氧气透过系数为 $8.74 \times 10^{-5} cm^3 \cdot m/(m^2 \cdot s \cdot Pa)$, CO_2/O_2 选择透过比仅为 3.8。以上数据表明 PLLA 阻隔性较高, CO_2/O_2 选择透过比较低,不适宜于生鲜果蔬的包装。与 PBAT 共混后,材料的氧气透过率略增大,但透过系数变化不明显。其中, CO_2 的透过率大幅度提高,透过系数明显增大,这说明 PBAT 对 CO_2 有较好的吸附和扩散能力, CO_2 更易透过薄膜。随着 PBA 含量的提高, CO_2/O_2 选择透过比从 3.8 逐渐提高到 7.6,基本达到适宜果蔬包装的最佳透过比。综合力学性能和气体透过性结果表明,PLLA/PBAT (30) 共混薄膜能表现出优异的包装特性,更适合于果蔬类生鲜食品的包装。

第二节　聚乳酸共聚改性薄膜

一、PEG 嵌段对 PLGLxGy 共聚物薄膜的结晶性能和韧性的影响

本实验旨在利用柔性 PEG 分子提高 PLLA 的结晶性能及柔韧性,增加嵌段共聚物在食品包装领域的应用潜力。同时,为了避免 PEG 的迁移造成的材料性能

第三章 高 CO_2/O_2 选择透过性薄膜的制备及其包装特性

的下降和对被包装食品的污染，本节实验中将采用相对分子质量为20000双羟基PEG作为引发剂，通过丙交酯的开环聚合反应制备高分子质量的PLLA-PEG-PLLA（PLGLxGy）三嵌段共聚物。通过氢核磁共振图谱（^{1}HNMR）分析和凝胶色谱（GPC）分析来表征嵌段物的分子质量特性，采用广角X射线衍射（WAXD）、差式热量扫描（DSC）、动态热机械（DMTA）和薄膜拉伸测试等评估PEG链段对PLLA的结晶性能和机械性能的影响，可进一步使用偏光显微镜（POM）和扫描电镜（SEM）观察材料的结晶状态和表面形态。

（一）PLGLxG20 嵌段共聚物的分子质量特性

不同PLLA链段长度的PLGLxG20聚合物由PEG作为引发剂，L-丙交酯在辛酸亚锡为催化剂的作用下开环聚合制备。三嵌段共聚物的分子质量分布（Pd），相对分子质量及PEG和PLLA实际投料质量比由GPC和^{1}HNMR测得计算并列于表3-3中。

表3-3 PLLA 和 PLGLxG20 三嵌段共聚物的分子特性

样品名称	EG/LA	PLLA-PEG-PLLA[①]	EG/LA[①]	PEG[①]/%	相对分子质量[①]	M_n[②]	Pd[②]
PLLA	—	—	—	—	—	92069	2.12
PLGL75G20	1/7.5	$(LA)_{1064}-(EG)_{454}-(LA)_{1064}$	1/7.7	11.5	173164	101924	2.09
PLGL55G20	1/5.5	$(LA)_{800}-(EG)_{454}-(LA)_{800}$	1/5.8	14.8	135200	96882	1.37
PLGL35G20	1/3.5	$(LA)_{509}-(EG)_{454}-(LA)_{509}$	1/3.7	21.4	93309	77632	1.34
PLGL25G20	1/2.5	$(LA)_{391}-(EG)_{454}-(LA)_{391}$	1/2.8	26.2	76291	60927	1.51

注：①^{1}HNMR结果，根据PLGLxG20嵌段共聚物中PEG（EG）聚合单元（4H，3.6mg/L）和PLLA（LA）聚合单元（^{1}H，5.09mg/L）信号峰面积来计算。②根据GPC测量结果。

样品都具有大于 $7.6×10^4$ 的高相对分子质量，高相对分子质量会赋予 PLGLxG20 共聚物具备良好的成膜性。此外，随着 PEG 含量（质量分数）从 11.5% 增大到 26.2%（质量分数），聚合物的相对分子质量从 $1.7×10^5$ 降低到 $7.6×10^4$，但与设计分子质量的变化一致。GPC 测得共聚物的数均相对分子质量（M_n）小于 ^{1}HNMR 测试计算的分子质量，分子质量分散度 Pd 值相对较小，说明嵌段共聚物具有较窄的相对分子质量分布。总体来看，^{1}HNMR 和 GPC 结果都表明实验成功合成了不同 PLLA 链段长度的高相对分子质量 PLGLxG20 嵌段共聚物。

(二) 热压薄膜 WAXD 分析

两种不同的温度处理方式用于热压薄膜的制备，制备出无定形样品和结晶型 PLLA 和 PLGL 样品。图 3-3（1）为无定形样品的 WAXD 衍射图谱，可以看出纯 PLLA、PLGL75G20 和 PLGL55G20 样品无明显的衍射峰出现，这说明样品处于完全无定形的状态。

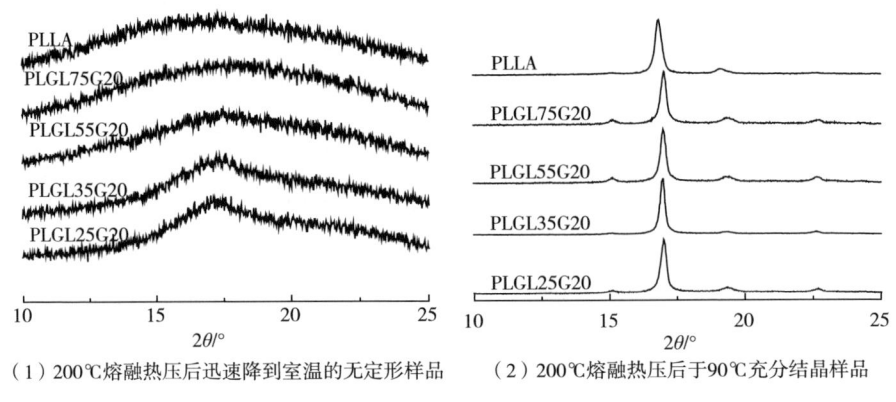

(1) 200℃熔融热压后迅速降到室温的无定形样品　　(2) 200℃熔融热压后于90℃充分结晶样品

图 3-3　PLLA 和 PLGLxG20 共聚物薄膜的 WAXD 图

图 3-3（2）为结晶样品的 WAXD 图谱。从图中可以看出纯 PLLA 在 16.8°和 19.1°处分别出现明显的两个衍射峰，这两个峰值表明 PLLA 充分结晶，且晶体为 α' 型。对于 PLGLxG20 共聚物来说，主要特征衍射峰出现在 15.1°、17.0°、19.3°和 22.6°处。与纯 PLLA 相比，位于 16.8 和 19.1°处的 α' 晶型特征衍射峰向右偏移，在 PLGLxG20 共聚物图谱中的 15.1°和 22.6°处出现新的衍射峰，这说明 PLLA 链段在 PLGLxG20 共聚物中主要以 α 晶型存在。也就是说，PEG 链段的嵌入和 PLLA 分子质量的改变使得 PLGLxG20 共聚物在 90℃等温结晶时，PLLA 晶体发生了 α' 到 α 型转变。然而，无定形和结晶样品的 WAXD 图中均未出现 PEG 的晶体衍射峰，这说明 PEG 链段在这两种样品中均处于无定形状态。

综合 DSC 和 WAXD 结果，其充分证明，在结晶和无定形样品中 PEG 链段均已无定形状态存在于嵌段物分子链中。基于这一结果分析，为了更清楚描述嵌段物中各链段在不同温度处理条件下的结晶状态，推断出图 3-4 所示

第三章 高 CO_2/O_2 选择透过性薄膜的制备及其包装特性

的共聚物中 PLLA 和 PEG 链段在不同条件下的聚集态示意图。正如 WAXD 结果和图 3-4（1）所示，无定形样品处于无定形状态，分子链之间相互缠绕，无序排列，PLLA 和 PEG 链段无法有序聚集而产生结晶态。图 3-4（2）所示，对于 90℃等温结晶的样品来说，PLLA 链段迅速结晶呈有序排列，中间 PEG 链段被迫聚集在晶体之间，但仍保持无定形状态，这样的推断与 WAXD 和 DSC 结果相符。如图 3-4（3）所示，在进一步的 DSC 测试中，将结晶样品从室温降温到-50℃，处于无定形的 PEG 中间链段在降温过程中开始结晶，所以在降温 DSC 曲线中出现了 PEG 的结晶峰，在接下来升温到 200℃的过程中也可以观察到 PEG 的熔融峰。

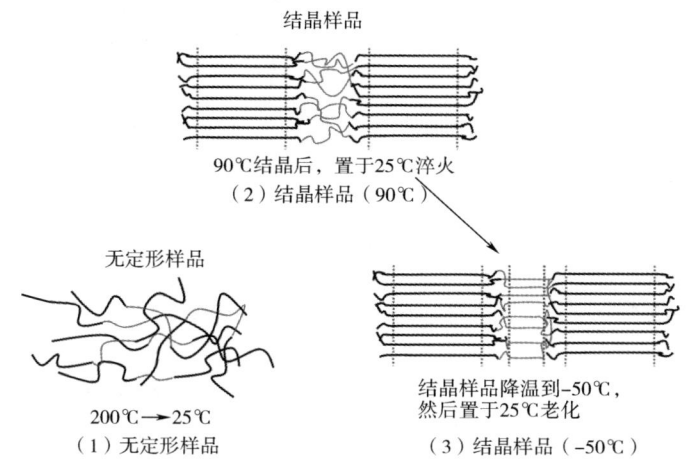

图 3-4 无定形和结晶型 PLGLxG20 样品不同条件下聚集态示意图

（三）等温结晶行为

图 3-5 为 PLLA 和 PLGLxG20 样品在 80℃、90℃和 100℃条件下的等温结晶的 DSC 曲线图。从图 3-5（1）中可以看到，纯 PLLA 结晶非常慢，80℃的条件下完全结晶需要超过 1h。然而，随着 PEG 链段的嵌入，在相同的温度条件下所有的 PLGLxG20 共聚物约在 6min 时间内就完成结晶过程。这说明 PEG 嵌段有效提高了 PLLA 链段的结晶速度。随着 PEG 含量的增加，PLGLxG20 样品的结晶速度呈现先增加后减慢的趋势，PLGL35G20 仅在 2min 内就能完成结晶过程，具有最快结晶速度。

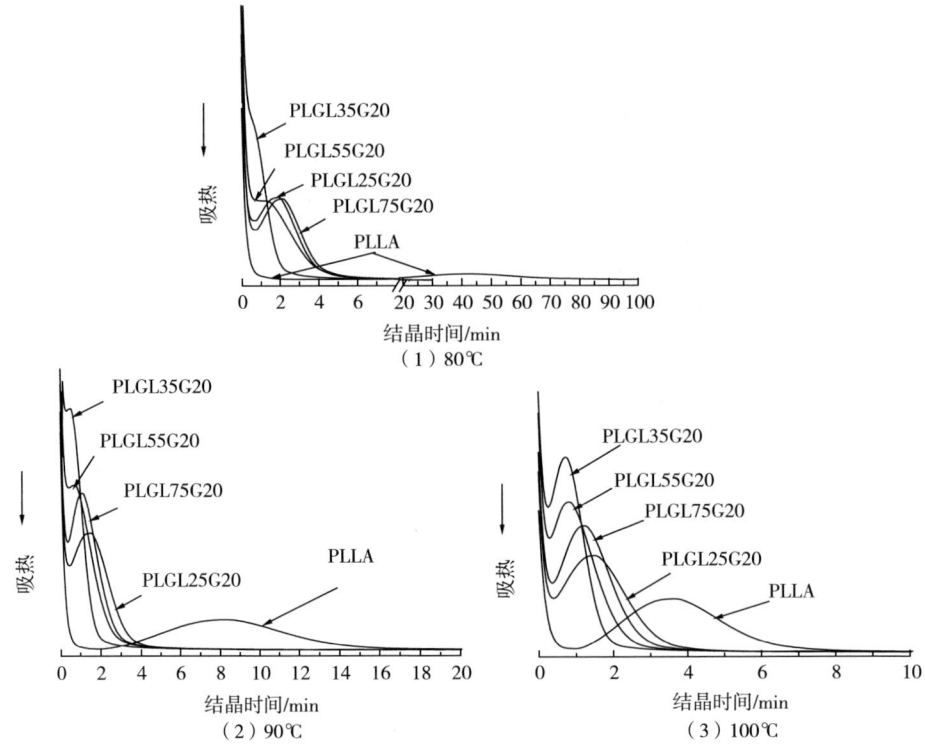

图 3-5　等温结晶 DSC 曲线图

当结晶温度升高到 90℃ 时，如图 3-5（2）所示，纯 PLLA 及 PLGLxG20 共聚物的结晶时间均缩短，纯 PLLA 完全结晶时间缩短到 80℃ 的 1/5。但 PLLA 与 PLGL 嵌段共聚物相比，纯 PLLA 结晶速度仍相对较慢。当结晶温度进一步升高到 100℃ 时，如图 3-5（3）所示，所有的 PLGL 共聚物在短于 4min 的时间内完全结晶。以上结果表明，PEG 链段的存在加快了 PLLA 的结晶速率，在很大程度上促进了 PLLA 材料的固化加工成型性能。

（四）拉伸性能分析

图 3-6（1）为无定形样品的应力-应变图。纯无定形 PLLA 样品的屈服强度约为 35MPa，而断裂伸长率仅为 7%，表现为脆性断裂，延展性较差。当 PEG 链段的嵌入后，PLGLxG20 共聚物的屈服强度也下降，而断裂伸长率增加。PLGL75G20 样品的断裂伸长率高达 280%，约是纯 PLLA 的 40 倍。随着 PEG 含量的增加，PLGLxG20 共聚物的断裂伸长率进一步增大，屈服强度也随之下降，

第三章 高 CO_2/O_2 选择透过性薄膜的制备及其包装特性

PLGL25G20 的断裂伸长率高达 530%。这说明 PEG 链段对 PLLA 起到了良好的增韧效果，改善了 PLLA 的脆性，使材料具有较好的柔韧性。

图 3-6（2）所示为结晶样品的应力-应变曲线图，从中可以看到高度结晶的纯 PLLA 在未达到屈服点之前就发生了断裂，断裂伸长率仅为 2%，表现出极大的脆性。相对于纯的 PLLA，随着 PEG 的嵌入，结晶型 PLGLxG20 样品的断裂伸长率也有所增加，屈服强度随之降低。与无定形样品不同的是，PLGL75G20 具有最大的断裂伸长率，约为 120%。且所有样品中仅 PLGL75G20 拉伸曲线中出现了明显的屈服点，共聚物薄膜的断裂伸长率随着 PEG 含量的增加而减小。PLGL25G20 的断裂伸长率下降至 30% 左右，但仍为纯 PLLA 的 15 倍以上。

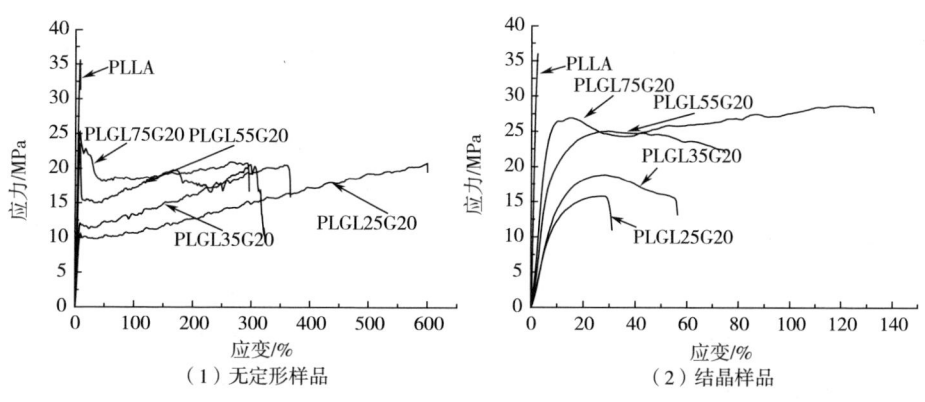

图 3-6　PLLA 和 PLGLxG20 共聚物薄膜的应力-应变曲线

杨氏模量是衡量材料抗变形能力的一个重要物理参数。对于无定形样品，纯 PLLA 的杨氏模量约为 1600MPa，这说明材料聚乳酸是一种刚性较高的材料。然而，随着 PEG 的嵌入，PLGL75G20 的杨氏模量降至纯 PLLA 杨氏模量的 1/3。随着 PEG 含量的进一步增加，共聚物的杨氏模量逐渐降低，PLGL25G20 的模量仅为 171MPa，约为纯 PLLA 的 1/10。从图 3-6 可以看出，结晶样品的杨氏模量低于无定形样品，但整体变化趋势相似。这是因为结晶样品中的 PEG 处于无定形的状态，柔性 PEG 链段的存在导致结晶样品的杨氏模量减小。综上分析，可以看出尽管 PEG 的嵌入降低了材料的力学强度，但是材料的韧性得到极大的改善。

二、PEG 嵌段对 PLLA 的气体透过性及选择透过性的影响

本实验中采用以双端羟基 PEG 为引发剂,利用丙交酯开环聚合合成一系列不同 PEG 分子质量,不同 PLLA 链段长度的 PLLAx-PEGy-PLLAxD 高分子质量嵌段共聚物。采用溶剂浇筑制备成膜,进一步采用 DSC、WAXD、压差透过仪、透湿仪等探究薄膜的结晶状态、不同分子质量 PEG 和不同长度 PLLA 链段对嵌段共聚物气体透过及选择透过性的影响。

(一) 共聚物的分子及分子质量分布特性

以 PEG 为引发剂,通过 L-LA 开环聚合合成了 PLLA-PEG-PLLA (PLGLxGy) 三嵌段共聚物,中间 PEG 链段长度为 $M_n = 6000 \sim 20000$,PLLA 末端链段每个嵌段长度为 $M_n = 25000 \sim 75000$。通过改变投料 LA/PEG 的物质的量比,调控共聚物的分子质量及组成。

如表 3-4 所示,根据核磁结果计算的 PLGLxGy 共聚物分子链中实际 EG/LA 比值与理论投料比接近,共聚物中 PEG 的质量分数控制在 4%~26.2%,且分子质量都接近于预设分子质量。进一步 GPC 测试结果显示聚合物的分子质量分布 (Pd) 都在 1.32~2.12,分子质量分布较窄,预期分子结构的设计比较合理。GPC 结果测得分子质量略低于 ^{1}HNMR 测试结果,但总体相对分子质量都大于 7.5×10^4,且接近预设分子质量,这可能是由于测试方法存在差异导致的。综合 ^{1}HNMR 和 GPC 测试说明实验中成功合成了分子质量分布较窄的高分子量的嵌段共聚物,且聚合物具有可控的 PEG 和 PLLA 嵌段长度。

表 3-4   PLLA 和 PLGLxGy 系列嵌段共聚物分子质量特性

样品	EG/LA	PLLA-PEG-PLLA[①]	EG/LA[①]	PEG[①]/%	相对分子质量[①]	M_n[②]	Pd[②]
PLLA	—	—	—	—	—	92069	2.12
PLGL75G06	1/25.0	$(LA)_{1045}-(EG)_{136}-(LA)_{1045}$	1/25.1	4.0	156415	119214	1.75
PLGL55G06	1/18.3	$(LA)_{775}-(EG)_{136}-(LA)_{775}$	1/18.6	5.4	117534	99976	1.82
PLGL35G06	1/11.7	$(LA)_{510}-(EG)_{136}-(LA)_{510}$	1/12.2	8.2	73440	75743	1.64

第三章 高 CO_2/O_2 选择透过性薄膜的制备及其包装特性

续表

样品	EG/LA	PLLA-PEG-PLLA[①]	EG/LA[①]	PEG[①]/%	相对分子质量[①]	M_n[②]	Pd[②]
PLGL75G12	1/12.5	$(LA)_{1042}-(EG)_{273}-(LA)_{1042}$	1/12.5	8.0	162022	108395	1.44
PLGL55G12	1/9.2	$(LA)_{769}-(EG)_{273}-(LA)_{769}$	1/9.2	10.8	122749	95403	1.41
PLGL35G12	1/5.8	$(LA)_{501}-(EG)_{273}-(LA)_{501}$	1/6.0	16.6	84262	75344	1.68
PLGL75G20	1/7.5	$(LA)_{1064}-(EG)_{454}-(LA)_{1064}$	1/7.7	11.5	173164	101924	2.09
PLGL55G20	1/5.5	$(LA)_{800}-(EG)_{454}-(LA)_{800}$	1/5.8	14.8	135200	96882	1.37
PLGL35G20	1/3.5	$(LA)_{509}-(EG)_{454}-(LA)_{509}$	1/3.7	21.4	93309	77632	1.34
PLGL25G20	1/2.5	$(LA)_{391}-(EG)_{454}-(LA)_{391}$	1/2.8	26.2	76291	60927	1.51

注：①^{1}HNMR 结果，根据 PLGLxGy 嵌段共聚物中 PEG（EG）聚合单元（4H，3.6mg/L）和 PLLA（LA）聚合单元（^{1}H，5.09mg/L）信号峰面积来计算。
②根据 GPC 测量结果获得的数据。

（二）薄膜的相分离结构

为了进一步观察聚合物的微观结构，我们对样品进行了原子力显微镜观测。图 3-7 所示为不同组分样品的 AFM 图。从图 3-7（1）中可以看到，纯的 PLLA 呈现出了一个连续的均匀的相结构，AFM 图中无明显特征。而从图 3-7（2）、（3）和（6）可以看出，随着 PEG 链段的嵌入，嵌段聚合物出现了明显的不均匀的相分离结构。对于 PLGL35Gy 系列共聚物，当两端 PLLA 链段长度保持不变时，PLGL35G12 共聚物的相分离尺寸为 10~20nm，PLGL35G20 的相分离尺寸增大到 400nm。这说明随着 PEG 分子质量增大，相分离程度也在增大。对于 PLGLxG20 系列共聚物，当中间 PEG 相对分子质量为 20000 不变时，随着两端 PLLA 分子链长度变化，材料呈现出不同的相分离结构。PLGL75G20 和 PLGL55G20 共聚物呈现出海岛状结构。PLGL75G20 共聚物的相分离结构的尺寸约为20nm。当PLLA链段变短，PEG相对含量增大时，PLGL35G20和PLGL25G20共聚物出现蠕虫状结构。PLGL25G20相分离尺寸增加到900nm。依据合成时物料加入配比，我们推测AFM图中浅色相为PLLA链段，暗色相为PEG相。

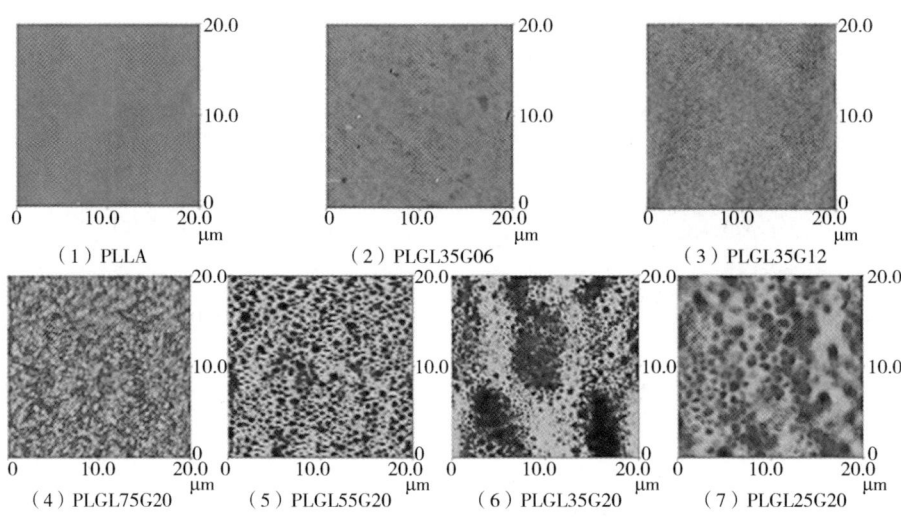

图3-7　AFM图

综合DSC结果，可以推断各样品中PLLA和PEG链段的物理状态，如图3-8所示。PLGLxG06和PLGLxG12样品中PLLA和PEG链段相互缠绕，且PEG含量较PLGLxG20较少，两种链段表现出较好的相容性，呈均质分布，所以观察不到明显的PEG链段的热学行为。而对于PLGLxG20样品来说，PEG分子质量和含量都进一步增大，共聚物中的PLLA和PEG链段开始出现相分离现象，其中一部分PEG链段与PLLA链段相互缠绕共混在一起，另一部分PEG分子链段则处于无定形聚集态，与PLLA相交替呈交替有序排列。

从图3-7中可以清晰地看到PLGL35G20薄膜中出现了纳米级的相分离状态，黑白间隔，这与图3-8的示意图一致。黑色区域为PEG聚集区。这种相分离状态有利于调控PLLA的气体透过性和选择透过性。其中的PEG相将会起到"闸门"的作用，CO_2可以通过"闸门"渗透聚合物薄膜，这将大幅度提高PLLA对CO_2的通透性及选择透过性。

第三章 高 CO_2/O_2 选择透过性薄膜的制备及其包装特性

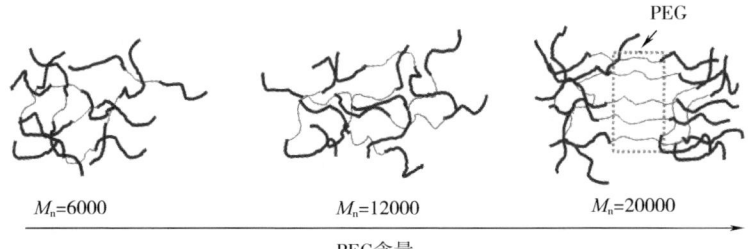

图 3-8 PLGLxGy 嵌段共聚物的聚集态示意图

（三）共聚物薄膜的 CO_2 和 O_2 透过性及选择透过性分析

对于生鲜果蔬包装材料来说，优异的 CO_2 和 O_2 透过性及选择透过性可以调节包装内的气氛环境，有助于包装内部迅速建立起低氧高二氧化碳的微环境，降低被包装果蔬的呼吸作用，延长果蔬货架期。PEG 分子链中含有乙氧基单元，它与 CO_2 存在强相互作用对 CO_2 具有较高的溶解透过能力。此外，单 PEG 属于柔性链段，将它引入共聚物中不会增加膜的刚性，共聚物薄膜的不会因为刚性增加而导致气体扩散系数的降低。

为了排除薄膜厚度差异对透气性的影响，更直观地观察温度及嵌段物中 PLLA 和 PEG 链段的差异对薄膜透气性及 CO_2/O_2 选择透过性的影响，图 3-9～图 3-11 列出了薄膜透过系数及 CO_2/O_2 选择透过比随温度变化趋势图。

从图 3-9（1）可以看到，当 PEG 相对分子质量为 6000 时，PLGLxG06 聚合物的二氧化碳透过系数（CDP）随着温度升高逐渐升高。在同一温度条件下，CDP 随着 PLLA 链段减小逐渐增大。40℃时 PLG35G06 的 CDP 约为 $9.7×10^{-8} cm^3·m/(m^2·h·Pa)$。这是因为随着 PLLA 链段的减小，PEG 在嵌段物中的相对含量增大，PEG 对 CO_2 的溶解扩散能力约是 PLLA 的 7 倍左右，所以薄膜的 CDP 值随着 PLLA 链段的缩短而增大。

由 3-9（2）可知，随着温度的升高，薄膜的透氧系数（OP）变化表现出和 CP 相似的上升趋势，但增幅较小。值得注意的是在温度低于 25℃时，纯 PLLA 的 OP 值迅速增大，随着温度继续升高，PLLA 的 OP 值上升缓慢。而对于 PLGxG06 样品，低于 25℃时，OP 值上升缓慢，且样品 OP 值差异不大。当温度继续升高至 25℃以上时，共聚物 OP 值迅速上升，且 PLG35G06 样品的 OP 值迅速上升，高于其他样品的 OP 值。薄膜的 CP 和 OP 随温度升高的现象可以从两个方面来解释：一方面温度升高气体分子扩散系数升高，膜的气体透过系数会升高；另一方面温度升高，越接近 PEG 的熔点，分子链运动性增强，自由体积增大，气体分子通过薄膜的通道增加。

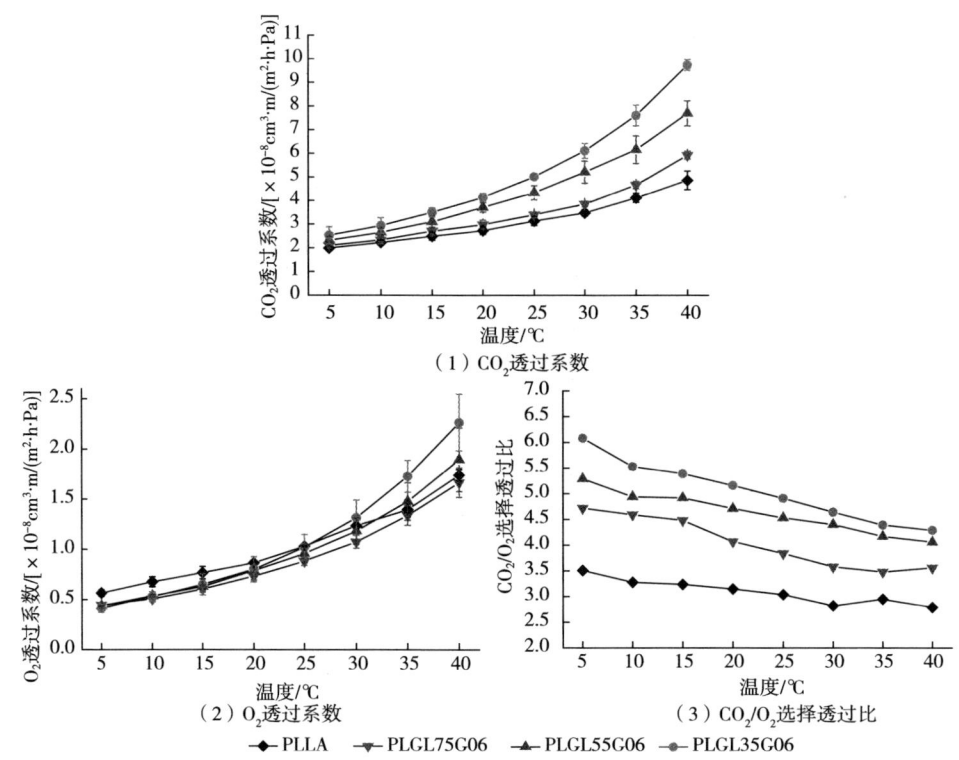

图 3-9　不同温度下 PLLA 和 PLGLxG06 共聚物薄膜的 CO_2 和 O_2 渗透性

图 3-9（3）为 PLGLxG06 系列嵌段物的 CO_2/O_2 选择透过比（$P_{C/O}$）。从图中可以看到，5℃时纯 PLLA 的 $P_{C/O}$ 约为 3.51，在温度升高至 40℃ 过程中，$P_{C/O}$ 值缓慢减小至 2.79 左右。这说明纯 PLLA 薄膜具有较低的 CO_2/O_2 选择透过性，满足不了高呼吸速率生鲜食品包装的需求。

对于 PLGLxG06 系列嵌段物，$P_{C/O}$ 高于纯 PLLA，为 3.48~6.08。与纯 PLLA 相似，随着温度升高，嵌段物薄膜的 $P_{C/O}$ 逐渐降低，且降幅更大。在同一温度条件下，$P_{C/O}$ 随着 PEG 含量增大而增大。出现上述现象的原因可能是一方面 CO_2 为非极性分子易溶解于 PEG 本体，随着 PLLA 链段缩短，PEG 相对含量增加链段中的乙氧基增多，增强了嵌段物薄膜与 CO_2 分子的极性作用，提高了薄膜的溶

第三章 高 CO_2/O_2 选择透过性薄膜的制备及其包装特性

解选择性,所以同一温度条件下,PLLA 链段减小,PEG 相对含量增大,薄膜的选择透过性增强;另一方面,随着温度的升高,虽然气体分子扩散系数升高,但 CO_2 气体分子在膜中溶解度下降。虽然说一般扩散系数升高速度大于溶解度下降,薄膜的气体透过系数会随之增大,但温度升高还是会引起多数高分子膜的扩散和溶解选择性下降。因此,薄膜的选择分离因子会下降。

图 3-10 为 PLGLxG12 系列嵌段物气体透过系数和透过比。由图 3-10（1）和（2）可知,随温度的升高 PLGLxG12 系列聚合物的气体透过系数表现出和 PLGLxG06 一样的上升趋势,且 CO_2 透过系数增幅更大,O_2 透过系数呈缓慢增加的趋势。从 3-10（3）中可以看到,PLGLxG12 薄膜的 $P_{C/O}$ 在 4.32~7.71,接近于适宜果蔬包装的 8~10 的透过比。在同一测试温度下,随着 PEG 含量的增加而增大,但整体透过比仍随温度升高而降低。

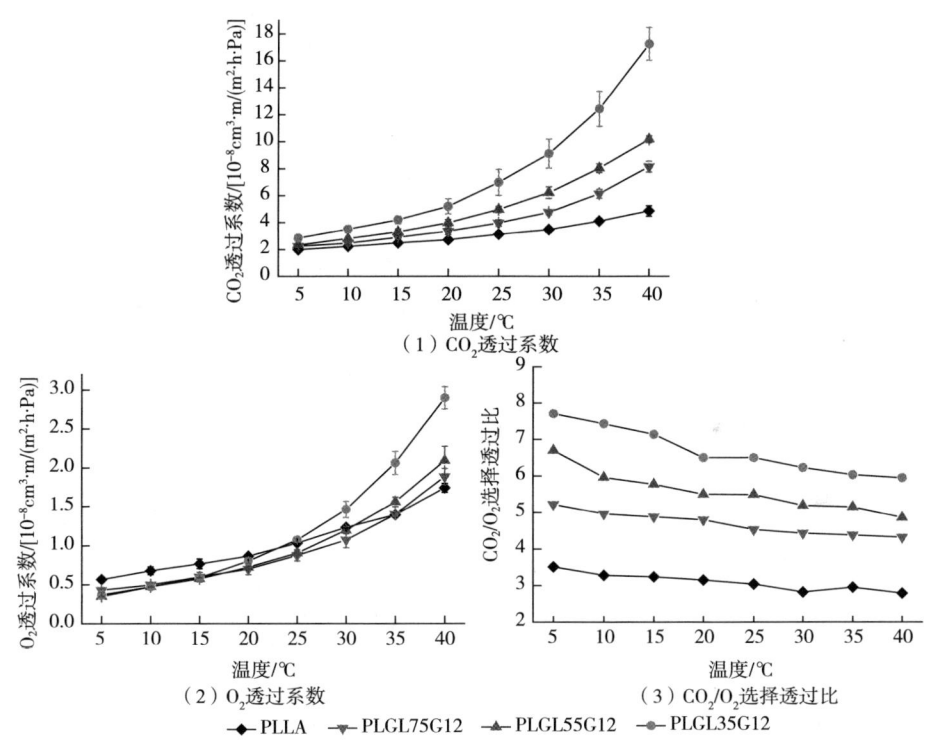

图 3-10 不同温度下 PLLA 和 PLGLxG12 共聚物薄膜的 CO_2 和 O_2 渗透性

当 PEG 相对分子质量进一步增大到 20000 时,如图 3-11 所示,PLGLxG20

系列嵌段物CO_2透过系数之间差异加大，温度高于20℃后，CO_2透过系数迅速增大。而对于O_2透过系数，温度低于25℃时，PLGL75G20、PLGL55G20和PLGL35G20样品的O_2透过系数差别不大，增幅几乎一致，高于25℃时，三个样品才开始表现出明显差异，PEG含量相对较多的样品，系数增加相对较快。

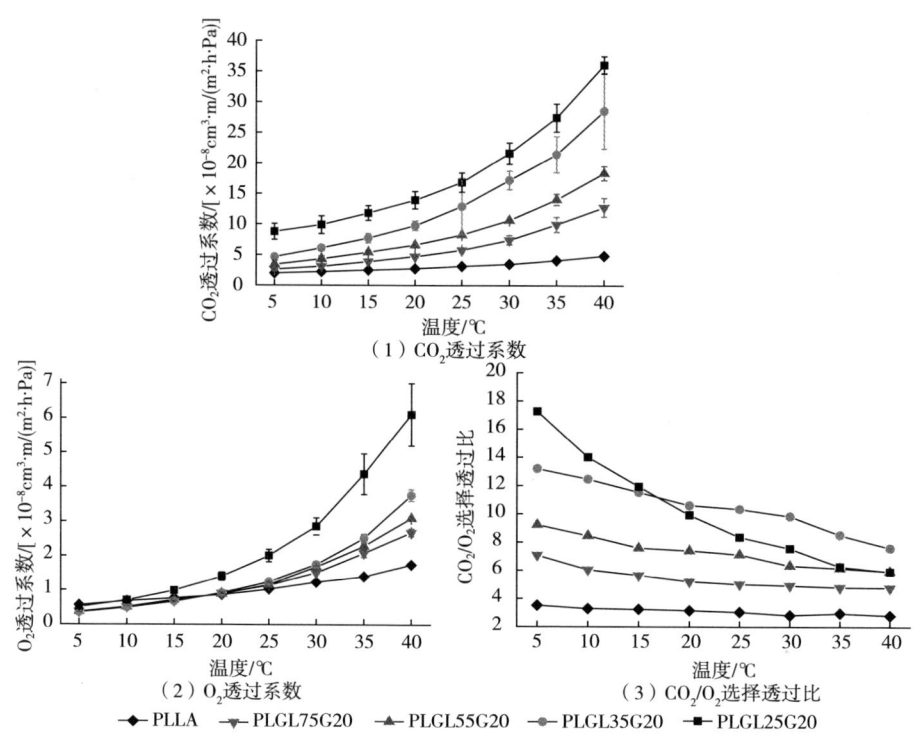

图3-11 不同温度下PLLA和PLGLxG20共聚物薄膜的CO_2和O_2渗透性

PEG含量最多的PLGL25G20样品在温度高于15℃后，透氧系数迅速增大，40℃时PLGL25G20的OP高达$6.1\times10^{-8} cm^3 \cdot m/(m^2 \cdot h \cdot Pa)$。样品对$CO_2$和$O_2$选择能力表现出较大差异，PLGL75G20、PLGL55G20和PLGL35G20样品的$P_{C/O}$在4.77~13.20，随着温度升高缓慢下降。值得注意的是，PLGL25G20在低温时表现出较好的气体选择性，5℃时$P_{C/O}$高达17.26，但随着温度进一步升高，$P_{C/O}$迅速减小，40℃时其$P_{C/O}$接近于PLGL55G20样品。

PLGLxG20样品中含有大量的柔性PEG，温度较低时，PEG对CO_2强烈的溶解性占主导地位，膜对CO_2分子具有较高的溶解选择能力。但当PEG相对分子

第三章 高 CO_2/O_2 选择透过性薄膜的制备及其包装特性

质量为20000时，PEG在链段中的相对含量较高，PLLA和PEG更容易发生微相分离现象，且随着PLLA链段的缩短，相分离现象会严重，这样会同时增大薄膜对 CO_2 和 O_2 分子的渗透能力。此外，从DSC结果可知，PEG含量的增加，部分PEG链段聚集，PLGLxG20玻璃化温度降低，分子链段在高温时运动性增大，薄膜的刚性降低，气体分子有更多的路径通过薄膜。薄膜中PEG的溶解选择性受到限制，不再占主导地位，分离因子因此有所下降。

（四）共聚物薄膜的水蒸气透过性分析

生鲜食品的包装要求材料具有适宜的水蒸气透过性，一方面要防止生鲜食品水分的大量散失导致果蔬萎蔫等现象，另一方面要求包装内维持一定的湿度，但不能造成水分大量积累、结露等可加速被包装果蔬出现腐败的现象。一般用水蒸气透过率（WVTR）和透过系数（WVP）来表征聚合物薄膜的水蒸气透过性能，其中透过系数排除了薄膜厚度对水蒸气渗透的差异性，最能反映材料自身的水蒸气渗透性能。表3-5列出了PLLA及PLGLxGy系列嵌段共聚物薄膜的水蒸气透过率和透过系数。

表3-5 PLLA 和 PLGLxGy 系列嵌段共聚物薄膜的水蒸气透过性

样品名	平均厚度/ μm	WVTR/ [g/($m^2 \cdot d$)]	WVP /[$\times 10^{-10}$ g·m/($m^2 \cdot s \cdot Pa$)]
PLLA	39.5±1.1	396±57	1.03±0.13
PLGL75G06	50.3±4.2	336±9	0.97±0.04
PLGL55G06	46.9±1.9	349±61	0.92±0.05
PLGL35G06	62.7±0.4	297±79	1.18±0.08
PLGL75G12	35.3±1.1	433±49	1.12±0.20
PLGL55G12	45.3±3.3	375±83	1.17±0.15
PLGL35G12	48.1±1.6	482±80	1.63±0.14
PLGL75G20	53.2±1.1	485±139	1.39±0.19
PLGL55G20	37.5±2.2	634±146	1.70±0.20
PLGL35G20	49.4±4.1	974±77	3.30±0.13
PLGL25G20	42.1±2.1	1827±36	4.86±0.13

注：测试条件为23℃、65%RH，即国标对包材透湿要求的湿度测试条件。

从表3-5中可以看出，纯的PLLA薄膜的在测试条件下WVTR约为396g/($m^2 \cdot d$)，WVP为$1.03 \times 10^{-10} g \cdot m/(m^2 \cdot s \cdot Pa)$。对于PLGLxGy嵌段共聚物薄膜，当PEG嵌段相对分子质量为6000时，添加少量PLGL75G06的WVTR约为336g/($m^2 \cdot d$)，WVP为$0.97 \times 10^{-10} g \cdot m/(m^2 \cdot s \cdot Pa)$，较纯的PLLA来说水蒸气渗透性能略微下降。进一步当PLLA嵌段减小，PLGL55G06的WVP值减小到$0.92 \times 10^{-10} g \cdot m/(m^2 \cdot s \cdot Pa)$。但是当PLLA嵌段相对分子质量降低到35000时，PLGL55G06的WVP增大到$1.18 \times 10^{-10} g \cdot m/(m^2 \cdot s \cdot Pa)$，高于纯的PLLA。这是因为虽然PEG嵌段具有较强的水蒸气吸附能力，PLGL75G06和PLGL55G06中PEG的含量不到6%，且PEG相对分子质量为6000，少量的小分子的PEG与PLLA有着极好的相容性，均匀分布在PLLA的分子链内。无定形PLLA链段内的H_2O分子通道被小分子的PEG所占据，极少量的PEG亲水性作用相对较弱，所以PLGL75G06和PLGL55G06嵌段水蒸气渗透性能略微降低。

当PEG嵌段相对分子质量进一步增大到12000，PLGL75G12的WVP约为$1.12 \times 10^{-10} g \cdot m/(m^2 \cdot s \cdot Pa)$，高于纯PLLA水蒸气透过系数。随着两端PLLA链段的缩短，PEG嵌段的相对含量增大，薄膜的水蒸气透过系数增大，PLGL35G12薄膜的WVP约为$1.63 \times 10^{-10} g \cdot m/(m^2 \cdot s \cdot Pa)$。当中间链段PEG相对分子质量为20000时，WVP进一步增大，PLGL75G20的WVP高达$1.39 \times 10^{-10} g \cdot m/(m^2 \cdot s \cdot Pa)$，且随着PLLA链段的缩短，PLGL35G20的WVP发生了数量级的变化，增大到$3.30 \times 10^{-10} g \cdot m/(m^2 \cdot s \cdot Pa)$。PLGL25G20的WVP则高达$4.86 \times 10^{-10} g \cdot m/(m^2 \cdot s \cdot Pa)$。这是因为随着PEG嵌段在共聚物中的比例进一步增加，一方面亲水性PEG嵌段与PLLA链段交替排列，H_2O分子在嵌段共聚物薄膜表面吸附，然后沿分子内部的梯级传递，材料的水蒸气渗透性随之增大。另一方面，大量PEG链段的增大促使分子链的运动性增强，虽然增大了毗邻PLLA的结晶度，PLLA结晶区会提高材料对水蒸气的阻隔性。但大部分的PLLA链段依然以无定形状态存在，且越来越多的亲PEG嵌段开始聚集，大量的H_2O分子吸附并通过无定形PEG区透过薄膜。此外，当PEG分子质量相对较小时，PLLA嵌段和PEG嵌段具有良好的相容性，两相呈现均质结构，但随着PEG分子质量的增大，各自分子链的聚集会导致微相分离现象，水蒸气透过性也会随之有所增大。所以在综合作用下，PEG嵌段的相对分子质量进一步增大到12000和20000时，材料的水蒸气透过系数增大。当PLLA嵌段长度一定时，水蒸气渗

第三章 高 CO_2/O_2 选择透过性薄膜的制备及其包装特性

透性随着 PEG 在嵌段物链段中的相对含量的增大而增强。

三、PLLA-PCL-PLLA 薄膜的气体透过性调控

首先合成 PCL 约 20000 分子质量，将 PCL 作为引发剂通过 L-丙交酯开环反应制备不同分子质量的 PLLA-PCL-PLLA（PLCLxC20）三嵌段共聚物，将共聚反应后的产物进行铺膜，进一步对薄膜进行热学性能、机械性能及透气性能的测试，评价其包装性能。

（一）共聚物的分子及分子质量分布特性

表 3-6 所示，根据核磁结果计算的 PLCLxC20 共聚物分子链中实际 CL/LA 比值与理论投料比要小一些，这说明少量的 LA 单体没有完全反应，但仍然能得到高分子质量的共聚物。中间 PCL 嵌段的数均相对分子质量为 $M_n = 26400$，随着两端的 PLLA 嵌段长度的减小，PCL 在共聚物含量从 18.4% 增加到 49.2%。嵌段共聚物的分子质量也随之降低，核磁测得的分子质量略高于 GPC 测试结果，这可能是因为测试手段不同带来的误差。共聚物的分子质量分布均小于 2，说明嵌段共聚物分子质量分布都较窄，都具有较高的分子质量，而较高的分子质量就意味着聚合物具有较好的成膜性能，能满足包装材料的要求。

表 3-6 PLLA、PLCLxC20 嵌段共聚物分子质量特性

样品	CL/LA	PLCL20Cy[①]	CL/LA[①]	PCL[①]/%	相对分子质量[①]	M_n[②]	Pd[②]
PLLA	—	—	—	—	—	92069	2.12
PLCL75C20	1/7.5	$(LA)_{998}-(CL)_{175}-(LA)_{998}$	1/5.4	18.4	170263	100938	1.71
PLCL55C20	1/5.5	$(LA)_{739}-(CL)_{175}-(LA)_{739}$	1/4.0	24.8	132888	71587	1.57
PLCL35C20	1/3.5	$(LA)_{617}-(CL)_{175}-(LA)_{617}$	1/3.4	29.8	115204	78447	1.52
PLCL25C20	1/2.5	$(LA)_{373}-(CL)_{175}-(LA)_{373}$	1/2.0	49.2	80159	63443	1.40

注：①表示根据 ^{1}HNMR 图谱中 PCL（CL）（2H，3.99mg/L）重复单元和乳酸（LA）（1H，5.09mg/L）重复单元的信号获得的数据。

②根据 GPC 测试获得的数据。

(二) PLCLxC20 薄膜的气体透过性能

对于生鲜果蔬的包装材料来说，优异的 CO_2 和 O_2 透过性以及选择透过性可以调节包装内环境的气氛组成，有助于降低生鲜果蔬的呼吸速率，延长其货架期。表 3-7 表示在 10℃ 环境下 PLCLxC20 嵌段共聚物的氧气透过系数、二氧化碳透过系数以及透过比随着分子质量变化的情况。测试过程中薄膜的厚度存在一定的差异，所以用透过系数来反映材料的透气性能。

表 3-7　PLCLxC20 共聚薄膜的二氧化碳和氧气的透过比

样品名称	CDP/ $[\times 10^{-12} cm^3 \cdot m/(m^2 \cdot s \cdot Pa)]$	OP/ $[\times 10^{-12} cm^3 \cdot m/(m^2 \cdot s \cdot Pa)]$	$P_{C/O}$
PLLA	6.17±0.28	1.92±0.14	3.28
PLCL75C20	9.08±0.64	2.11±0.17	4.30
PLCL55C20	11.44±0.67	2.36±0.36	4.85
PLCL35C20	15.06±0.64	2.08±0.19	7.22
PLCL25C20	17.81±0.53	2.39±0.25	7.45

随着 PCL 链段的逐渐加入，嵌段共聚物的 CDP 逐渐增加，氧气透过系数没有发生太大的变化，这是由于 PCL 嵌段对 CO_2 具有良好的吸附、溶解、扩散作用，而对于 O_2 没有明显的作用，因此，将 PCL 与 PLLA 进行共聚反应提高了二氧化碳的透过量，正是由于这个变化使得嵌段共聚物随着 PCL 的添加，$P_{C/O}$ 也得到了提高，从表 3-7 中可以看到，纯 PLLA 薄膜具有较低的 $P_{C/O}$，满足不了高呼吸速率生鲜食品包装的需求，而嵌段共聚物的 $P_{C/O}$ 可以达到 7.4 左右，接近于适宜果蔬包装的 8~10 的透过比，这说明嵌段共聚物具有较适宜的 CO_2/O_2 选择透过性，有利于果蔬贮藏。

综上所述，自发气调包装具有成本低、简便易行的特点。但是，对于包装材料有一定的要求，常规的包装保鲜材料 CO_2/O_2 选择透过比为 (4~6)∶1。一般认为，CO_2/O_2 的选择透过比在 (8~10)∶1 的范围内较适宜果蔬的保鲜，对于呼吸速率高的果蔬选择比更大。若是包装袋内部 O_2 浓度过高，则果蔬呼吸强度高，营养物质会大量消耗；若是 CO_2 浓度过高，则果实易发生 CO_2 毒害，开始发生糖酵解，造成有害物质的积累。所以，自发气调包装对包装材料透气性及选择透过性要求较高，选用合适透过比的薄膜进行保鲜具有深远的意义。

第三章 高 CO_2/O_2 选择透过性薄膜的制备及其包装特性

(三) PLCLxC20 薄膜的水蒸气透过性能

包装膜的适宜透湿性也对被包装果蔬品质有着重要影响。包装内果蔬呼吸、蒸腾等作用能产生大量水分，如果不将其及时排出，环境内湿度过大，微生物容易滋生繁殖而且容易在包装内结露，加速果蔬的腐败；但是薄膜水分透过率过大，大量水分散失，果蔬容易失水萎蔫，也不利于果蔬保鲜。因此，自发气调包装材料选择要结合果蔬自身特点，进行综合考虑。一般用水蒸气透过率（WVTR）和透过系数（WVP）来表征聚合物薄膜的水蒸气透过性能，其中渗透系数排除了薄膜厚度对水蒸气渗透的差异性，因此，用 WVP 对材料的透湿性能进行评估。

表3-8为不同分子质量的 PLCLxC20 嵌段共聚物薄膜的水蒸气透过数据。纯 PLLA 薄膜的在测试条件下 WVTR 约为 396g/（m²·d），WVP 为 1.04×10^{-10} g·m/（m²·s·Pa）；随着 PCL 逐渐的加入，PLLA 链段逐渐缩短，WVP 出现了略微上升的趋势，由于 PCL 的透湿性能较好，因此，将其与 PLLA 进行共聚反应，使得嵌段共聚物的透湿性能略微提高，这样可以有效地预防结露现象。

表3-8 PLCLxC20 嵌段共聚物薄膜的透过性能

样品名称	厚度/μm	WVTR /[g/(m²·d)]	WVP /[×10^{-10}g·m/(m²·s·Pa)]
PLLA	41.8±3.7	396.4±57.2	1.04±0.13
PLCL75C20	35.4±1.1	701.9±53.6	1.57±0.10
PLCL55C20	34.3±1.8	659.2±22.9	1.44±0.10
PLCL35C20	39.6±2.3	838.5±64.6	2.09±0.12
PLCL25C20	30.8±1.0	749.3±64.8	1.46±0.15

注：测试条件为23℃，$RH=65\%$，即国标对包装材料透湿要求的湿度测试条件。

(四) 亲疏水性嵌段共聚物薄膜的包装特性

采用开环反应制备 PLLA35000-PCLy-PLLA35000（PLCL35Cy）嵌段薄膜，在考察 PCL 链段对薄膜包装性能的影响基础上，与 PLLA35000-PEGy-PLLA35000（PLGL35Gy）进行对比，探讨亲疏水性链段对 PLLA 包装特性的影响。

1. PLGL35Gy 和 PLCL35Cy 系列嵌段共聚物的分子质量特性

通过 GPC 和 ^{1}HNMR 测试分析，嵌段共聚物的分子质量及分子质量分布

情况如表3-9所示,进一步根据核磁图谱可以计算出各链段在嵌段物中的百分含量。根据投料比的改变可以控制嵌段共聚物的分子质量及各链段的比例。从表3-9中可以看出根据核磁结果计算的PLGLxGy共聚物分子链中实际EG/LA比值与理论投料比接近,且分子质量都接近于预设分子质量,这说明聚合反应具有较高的产率。随着中间PEG/PCL分子质量的减少,PEG/PCL在嵌段共聚物中的含量由20%左右降低到8%左右,嵌段共聚物的分子质量也随之降低,核磁测得的分子质量略高于GPC测试结果,这可能是测试手段不同带来的误差。所有嵌段物的相对分子质量都高于70000,且除了纯PLLA分子质量分布为2.12,略高外,其他各嵌段共聚物分子质量分布都较窄,这说明嵌段共聚物分子质量分布均匀,都具有较高的分子质量,而较高的分子质量就意味着聚合物具有较好的成膜性能,能满足用作包装材料的基本要求。

表3-9　PLLA、PLCL35Cy 和 PLGL35Gy 嵌段共聚物分子质量特性

样品名称	CL/LA EG/LA	PLGxLGy/PLCLxCy①	CL/LA① EG/LA①	PCL① PEG①/%	相对分子质量①	M_n②	Pd②
PLLA	—	—	—	—	—	92069	2.12
PLCL35C06	1/11.7	(LA)$_{491}$-(CL)$_{53}$-(LA)$_{491}$	1/12.9	7.7	76166	78437	1.35
PLCL35C12	1/5.8	(LA)$_{488}$-(CL)$_{105}$-(LA)$_{488}$	1/6.4	15.6	81268	71833	1.34
PLCL35C20	1/3.5	(LA)$_{617}$-(CL)$_{175}$-(LA)$_{617}$	1/3.4	29.8	115204	78447	1.52
PLGL35G06	1/11.7	(LA)$_{510}$-(EG)$_{136}$-(LA)$_{510}$	1/12.2	8.2	73440	75743	1.64
PLGL35G12	1/5.8	(LA)$_{501}$-(EG)$_{273}$-(LA)$_{501}$	1/6.0	16.6	84262	75344	1.68
PLGL35G20	1/3.5	(LA)$_{509}$-(EG)$_{454}$-(LA)$_{509}$	1/3.7	21.4	93309	77632	1.34

注：①表示根据^{1}H NMR图谱中 PEG/PCL（EG/CL）(4H, 3.6mg/L/2H, 4.0mg/L) 重复单元和乳酸 (LA)（1H, 5.09mg/L）重复单元的信号获得的数据。

②表示根据GPC测试获得的数据。

2. WAXD 结果分析

采用广角 X 射线衍射进一步探究材料的结晶性能。图 3-12 为嵌段共聚物的 X 射线衍射图谱，值得注意的是纯的 PLLA 中也几乎看不到 PLLA 的结晶峰，这说明纯 PLLA 的结晶度很低，大部分 PLLA 链段也处于无定形的状态。从图 3-12（1）可以看到，PLCL35Cy 共聚物中未能观察到任何与 PLLA 和 PCL 有关的 X 射线衍射峰，这说明这些样品均处于无定形的状态，这与 DSC 结果一致。

从图 3-12（2）中可知，随着 PEG 链段的嵌入，PLGL35Gy 样品在 16.8°处出现了较小的结晶衍射峰，且随着 PEG 含量的增大，这一衍射峰变得越来越尖锐，这与 PLLA 嵌段的有序排列或结晶有关。从 DSC 的结果看 PLGL35Gy 的结晶度比 PLCL35Cy 样品的稍微大一点，这是因为 PLLA 嵌段在无定形区域内的有序排列占主导地位。图 3-12 中未观察到典型的 PEG 的结晶衍射峰，这说明大部分的 PEG 链段均处于无定形状态，这与 DSC 结果也一致。

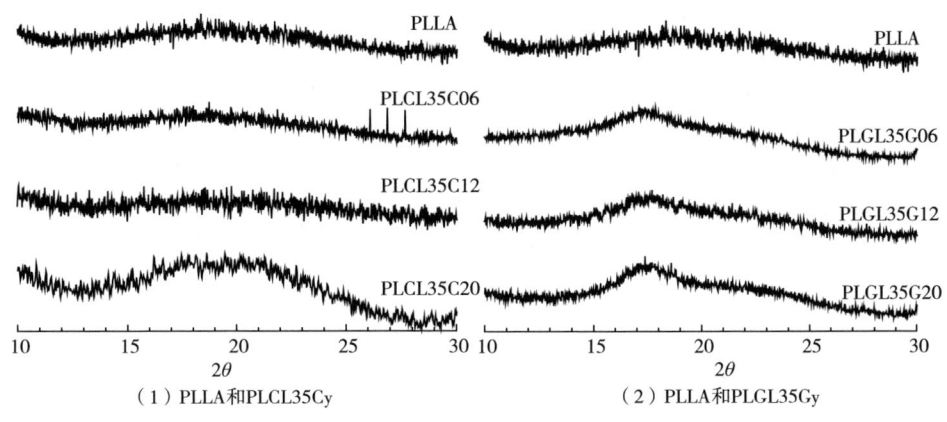

（1）PLLA 和 PLCL35Cy　　　　　　（2）PLLA 和 PLGL35Gy

图 3-12　PLLA、PLCL35Cy 和 PLGL35Gy 薄膜的 X 射线衍射图谱

从 WAXD 总体结果分析来看，在 PLCL35C20 和 PLGL35G20 嵌段物中 PCL 和 PEG 嵌段及 PLLA 的链段都处于无定形状态。从 PLLA 嵌段的 T_g 和 T_m 的变化看，PCL 和 PLLA 属于相分离体系，少量小分子质量 PCL 嵌入时，两相具有一定的相容性。而在 PLGL35Gy 薄膜中，PEG 与 PLLA 能表现出很好的相容性，随着 PEG 含量的增大，PLGL35G20 中开始出现略微的相分离状态。

3. 透射电子显微镜结果分析

进一步采用透射电子显微镜对薄膜的内部相分离结构进行观察，图3-13中为PLCL35C20和PLGL35G20薄膜的高倍透射电子显微镜（TEM）图。从图3-13中的TEM图中可以清晰地看到，PLCL35C20和PLGL35G20薄膜中出现了黑白间隔纳米级的相分离状态。PLCL35C20的相分离尺寸比PLGL35G20薄膜大，这是因为PCL和PLLA是非相容体系，而PEG和PLLA是相容体系，所以PLCL35C20更容易产生相分离状态。这种相分离状态有利于调控PLLA的气体透过性和选择透过性。其中，PCL或PEG相具有较好的CO_2选择性，在嵌段物中起到"闸门"的作用。CO_2分子可以通过"闸门"渗透过薄膜，将大幅度提嵌段物薄膜的CO_2的通透性及对CO_2/O_2的选择透过性。

（1）PLCL35C20

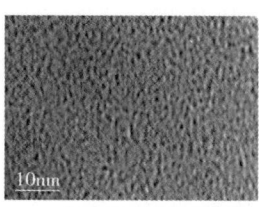
（2）PLGL35G20

图3-13　PLCL35C20和PLGL35G20薄膜的TEM图

4. 薄膜气体透过性能分析

生鲜果蔬保鲜包装内需要维持一定的湿度环境和氧气、二氧化碳浓度来维持果蔬的新鲜度，而包装内的气氛和湿度环境除了与果蔬自身呼吸作用、水分代谢、储藏温度等相关外，也很大程度上依赖于包装材料的气体透过性能。表3-10所列为PLCL35Cy和PLGL35Gy系列嵌段共聚物薄膜的二氧化碳透过系数（CDP）、氧气透过系数（OP）和水蒸气透过系数（WVP）。

表3-10　PLLA、PLCL35Cy和PLGL35Gy嵌段共聚物薄膜气体透过性

样品名称	CDP/ [$\times 10^{-12} cm^3 \cdot m /(m^2 \cdot s \cdot Pa)$]	OP/ [$\times 10^{-12} cm^3 \cdot m /(m^2 \cdot s \cdot Pa)$]	$P_{C/O}$	WVP/ [$\times 10^{-10} g \cdot m /(m^2 \cdot s \cdot Pa)$]
PLLA	6.17±0.28	1.92±1.39	3.28	1.03±0.13
PLCL35C06	6.67±0.64	1.39±0.19	4.80	0.84±0.07
PLCL35C12	7.5±0.42	1.42±0.25	5.29	1.34±0.17

第三章 高 CO_2/O_2 选择透过性薄膜的制备及其包装特性

续表

样品名称	CDP/ [$\times 10^{-12} cm^3 \cdot m$ /($m^2 \cdot s \cdot Pa$)]	OP/ [$\times 10^{-12} cm^3 \cdot m$ /($m^2 \cdot s \cdot Pa$)]	$P_{C/O}$	WVP/ [$\times 10^{-10} g \cdot m$/ ($m^2 \cdot s \cdot Pa$)]
PLCL35C20	12.67±0.47	1.89±0.14	6.71	2.10±0.12
PLGL35G06	8.17±0.92	1.47±0.14	5.53	1.18±0.08
PLGL35G12	9.75±0.69	1.31±0.06	7.43	1.63±0.14
PLGL35G20	16.94±0.39	1.36±0.03	12.4	3.30±0.13

注：CP 和 OP 测试温度为10℃，环境湿度；测试条件为23℃，65%RH。

常用的 PE 薄膜的 $P_{C/O}$ 值约为 4.5，从表 3-10 中可以看到测试温度下的纯的 PLLA 具有相对低的 CO_2 和 O_2 通透性，且对两种气体的 $P_{C/O}$ 值约为 3.28，小于 PE 膜。从表 3-10 可以看到，当 PCL 链段嵌入后，PLCL35C06 的 CDP 值略微增大到 $6.67 \times 10^{-12} cm^3 \cdot m/(m^2 \cdot s \cdot Pa)$，而对应的 OP 值却降低到 $1.39 \times 10^{-12} cm^3 \cdot m/(m^2 \cdot s \cdot Pa)$。随着 PCL 分子质量的进一步增大，OP 值和 CDP 值都呈现逐渐增大的趋势。但从表 3-10 中可知嵌段物薄膜的 CP 值随着 PCL 嵌段分子质量增大幅度大于 OP 值，因此，从表 3-10 中可以看到 $P_{C/O}$ 值随着 PCL 嵌段分子质量的增大而增大。PLCL35C20 的 $P_{C/O}$ 约为 6.71，是纯的 PLLA 薄膜的 2 倍左右。嵌段共聚物的气体渗透性能与系统的两相形态紧密相关，取决于微区的类型和软硬链段的相对含量，也受软硬嵌段聚合单元基体的气体渗透性的影响。一方面如 DSC 结果所示，PCL 与 PLLA 为不相容体系，随着 PCL 分子质量的变化，PLLA 嵌段的聚集状态受到影响，直接影响着薄膜的气体渗透性；另一方面经过拉伸取向改性的 PCL 薄膜的 $P_{C/O}$ 值约为 9，这说明 PCL 本身具有相对较好 CO_2/O_2 选择透过性。所以，根据加和原理，随着 PCL 在嵌段共聚物中比例的增大，薄膜对两种气体的选择分型性能提高。在不造成果蔬低氧损害的前提下，薄膜具有较低的 OP 值，可以帮助包装内部迅速建立起低氧微环境，有利于果蔬贮藏，且 PLCL35C20 嵌段共聚物薄膜较纯的 PLLA 薄膜具有更加适宜的 CO_2/O_2 选择透过性。

虽然 PEG 嵌段较 PCL 嵌段来说，具有更好的亲水性。PLGL35Gy 系列嵌段物薄膜的透湿性能表现出与 PLCL35Cy 系列薄膜类似的现象，但 PLGL35Gy 嵌段薄膜水蒸气通透性总体高于 PLCL35Cy 薄膜。当 PEG 前端的分子质量增大到 12000 和 20000 时，嵌段共聚物薄膜由于大量亲水性 PEG 嵌段的存在，开始表现出更加优异的水蒸气通透性。PLGL35G20 的 WVP 值发生了数量级的变化，增大到 $3.3 \times 10^{-10} g \cdot m/(m^2 \cdot s \cdot Pa)$，约是纯的 PLLA 的 3 倍，PLCL35C20 的 1.5 倍。

对于生鲜果蔬自发气调包装来说，由于无人工干预，包装内气氛调节主要依靠材料的气体通透性。适宜的 CO_2 和 O_2 渗透及选择性有助于帮助包装内迅速建立起低氧高二氧化碳的微环境，而适宜的水蒸气通透性可以避免包装内水分大量积累导致的结露现象。但几乎无气体阻隔性和水蒸气阻隔性的材料则会引起果蔬营养物质大量消耗，失水严重，起不到良好的保鲜作用。常用的 PE、PP 和 PET 等包装材料的气体选择比为（3~6）:1，水蒸气透过系数约为 10^{-13} 甚至更小，用于果蔬包装时，易造成果蔬的低氧或高二氧化碳损伤且结露严重。常采用打孔、添加防雾助剂和放置气体吸收剂等形式来避免以上现象。相对于这些薄膜，嵌段共聚物的气体选择性和水蒸气通透性会得到很大的改善，更加适用于果蔬包装。

5. 拉伸测试结果分析

从图 3-14（1）可以看到，纯 PLLA 的断裂强度高达 69MPa，杨氏模量高达 1310MPa，但应力-应变曲线中无明显的屈服点，断裂伸长率仅为 7.5%，这就是典型的脆性断裂特点，很好地说明了 PLLA 是一种硬质脆性塑料，这一点极大地限制 PLLA 的广泛应用。

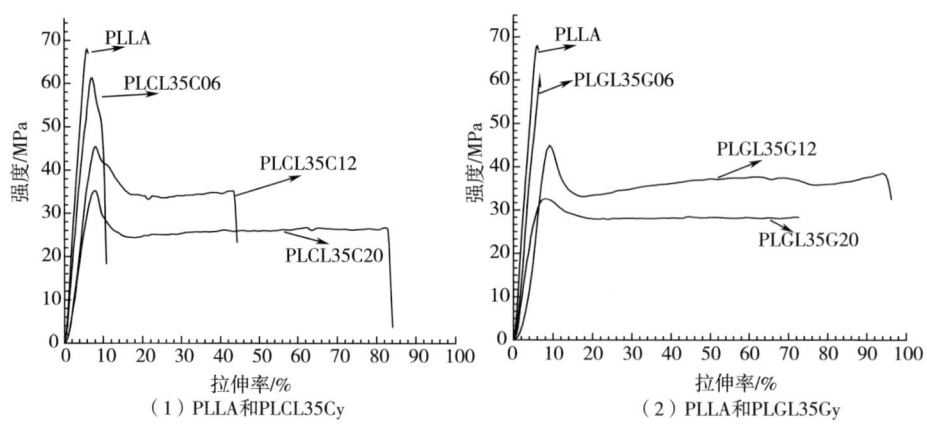

图 3-14　PLLA、PLCL35Cy 和 PLGL35Gy 薄膜的应力-应变图

与纯 PLLA 相比，少量 PCL 链段的嵌入使 PLCL35C06 的应力-应变曲线中出现了明显的屈服点，断裂伸长率也提高到了 8.7%。进一步提高 PCL 链段的比

第三章 高 CO_2/O_2 选择透过性薄膜的制备及其包装特性

例,PLCL35C12 的屈服强度降低到 45.4MPa,杨氏模量降低到 749MPa,而断裂伸长率可达 43.3%,约是纯 PLLA 的 6 倍。PLCL35C20 的断裂伸长率进一步增大,可达 80.3%,对应的屈服强度和杨氏模量却随之分别降低到 35.0MPa 和 569MPa。这说明 PCL 的嵌入提高了材料的柔性,降低了材料的刚性,材料的抗拉性能进一步提高了。另一方面,柔性 PCL 作为嵌段物的中间链段,承受拉伸外力时,避免了单一均匀 PLLA 链段产生的应力集中现象,且 PCL 增加了两端 PLLA 链段的运动性,PLLA 链段更容易靠近,使大分子之间作用力增强,材料的断裂拉伸率得以提高。良好的链段运动性致使拉伸时受到的阻力减小,所以材料的强度会下降。但对于包装材料来说,要求强度不低于 17MPa,PLCL35Cy 嵌段共聚物的最低强度为 35.0MPa,可变成柔韧性较高的塑料薄膜,完全满足作为包装材料使用的要求。

相对于 PCL 来说,PEG 具有更好的内增塑作用,其分子对聚合物具有更好的柔性。当少量 PEG 链段被嵌入时,PLGL35G06 样品可表现出纯 PLLA 类似的脆性断裂,断裂伸长率仅为 7.9%,屈服强度略低于纯 PLLA,约为 63.9MPa,杨氏模量也高达 1036MPa。进一步增加 PEG 分子质量到 12000,PEG 在嵌段共聚物中的比例也随之增大,PLGL35G12 应力-应变曲线为典型的韧性断裂曲线,断裂伸长率高于 PLCL35C12,高达 90.6%,屈服强度和杨氏模量分别下降到 45.1MPa 和 733MPa。进一步增大 PEG 含量,材料的强度可降到更低水平,但断裂伸长率并没有进一步提高,这可能是因为增大 PEG 含量后,少量的 PEG 开始结晶,且促进了毗邻 PLLA 链段的结晶,并影响到分子链的运动性。总体来看,柔性 PCL 和 PEG 链段的嵌入极大地改善了 PLLA 脆性,一定比例的柔性链段使 PLLA 由脆性断裂转变为韧性断裂,材料的柔韧性和抗形变能力得到了极大的提高。嵌段物材料强度虽然有所降低,但仍能满足作为包装材料使用的要求。

(五)PLGL/PEG-CS 抑菌薄膜的包装特性

本实验中首先合成环氧化处理的 PEG,并将对壳聚糖(CS)进行交联改性,利用两种物质都含有的 PEG 组分作为过渡物质,将交联 CS 与第一章中制备的 PLGL35G20 共聚物薄膜进行复合,旨在制备兼备良好抑菌性的 CS/PLGL35G20/CS 三层复合膜,通过傅里叶变换红外光谱测试、热学性能测试、机械性能测试、水蒸气和气体渗透性等评估复合效果及复合膜的包装性能。

1. 材料性能分析与讨论

图 3-15 为 PLGL35G20CS 的横切面短命偏光显微镜（POM）图。调节偏光角度后，从放大的图里清晰的看见 CS 涂覆层和 PLGL35G20 薄膜层，如图 3-15 所示虚线间的夹层。PLGL3520 薄膜层具有偏光颜色、显黄色，这是因为 PLGL35G20 薄膜内部的少量 PLLA 晶体和有序结构的偏光性导致的。而 CS 涂覆层与底色相同，CS 涂覆层为无定形没有偏光颜色。从这个偏光色可以观察到涂层和基层的厚度，然而，CS 涂覆层和 PLGL35G20 薄膜层没有特别明显的界面，这说明两层间衔接紧密，相容性好，不易脱落。

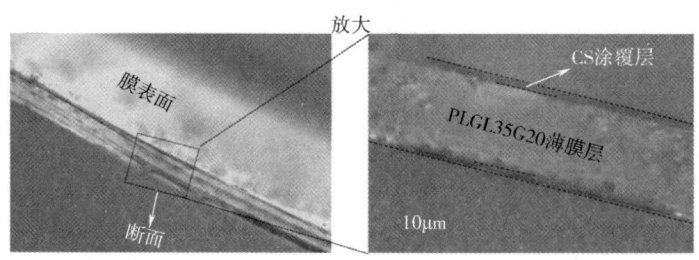

图 3-15　PLGL35G20CS 复合薄膜切面 POM 图

2. 薄膜气体透过性能

为了考察薄膜的包装性能，采用透湿仪，透氧仪及压差气体测试仪对薄膜的 CO_2、O_2 和 H_2O 透过性能进行了分析，表 3-11 所示为薄膜氧气透过系数（OP）、二氧化碳透过系数（CDP）及水蒸气透过系数（WVP）。

表 3-11　PLLA、PLGL35G20 及 PLGL35G20CS 复合膜的气体渗透性

参数	PLLA	PLGL35G20	PLGL35G20CS
CDP/ [×10^{-12} cm³·m/（m²·s·Pa）]	6.17±0.28	16.94±0.39	5.25±0.64
OP/ [×10^{-12} cm³·m/（m²·s·Pa）]	1.92±1.39	1.36±0.03	0.61±0.53
CO_2/O_2 选择透过比	3.2	12.4	8.6
WVP/ [×10^{-10} g·m/（m²·s·Pa）]	1.03±0.13	3.30±0.13	1.28±0.12

注：氧气和二氧化碳测试条件温度接近冷鲜柜温度，均为 10℃，水蒸气测试条件为 23℃，65%RH。

选取仪器测量范围内接近于冷鲜柜温度的测试条件，对薄膜的 CO_2 和 O_2 渗透性进行测试，有利于判断在实际使用情况时薄膜的气体透过性。在测试条件下纯 PLLA 的 CDP 值约为 6.17×10^{-12} cm³·m/（m²·s·Pa），OP 值约为 1.92×

第三章 高 CO_2/O_2 选择透过性薄膜的制备及其包装特性

$10^{-12} cm^3 \cdot m/(m^2 \cdot s \cdot Pa)$，这说明 PLLA 薄膜对 CO_2 和 O_2 选择分离较差，计算其 CO_2/O_2 选择透过比（$P_{C/O}$）只有 3.2 左右，远不能满足生鲜果蔬包装膜所需要的选择分离性能。

经改性后，PLGL35G20 嵌段共聚物薄膜的 CDP 值增大到 $16.94×10^{-12} cm^3 \cdot m/(m^2 \cdot s \cdot Pa)$，而对应的 OP 值降低到 $1.36×10^{-12} cm^3 \cdot m/(m^2 \cdot s \cdot Pa)$。这说明由于具有良好的 CO_2 溶解扩散性的 PEG 的嵌入，极大地提高了薄膜对 CO_2 的渗透性能，嵌段物薄膜的 CO_2/O_2 选择透过比高达 12.4。

当与交联 CS 进行复合后，PLGL35G20CS 复合膜的 CDP 值降低到 $5.25×10^{-12} cm^3 \cdot m/(m^2 \cdot s \cdot Pa)$，对应的 OP 值进一步降低到 $0.61×10^{-12} cm^3 \cdot m/(m^2 \cdot s \cdot Pa)$。交联后的 CS 呈现网状结构，且从红外光谱可以看到复合膜之间具有较强的氢键作用，结合能力强。致密的交联网状结构增大了薄膜的气体阻隔性，从一定程度上影响了薄膜的气体选择分离性，所以 PLGL35G20CS 复合膜的 $P_{C/O}$ 降低到 8.6，但仍优于纯的 PLLA 膜，也在较适宜于果蔬包装的气体分离比的范围内。

PLLA 薄膜的 WVP 仅为 $1.03×10^{-10} g \cdot m/(m^2 \cdot s \cdot Pa)$，在前面章节的保鲜试验中已证明较低的水蒸气透过性会导致包装内结露的产生。改性后的 PLGL35G20，由于具有较强亲水性 PEG 的添加及 PEG 链段以无定形形态存在于嵌段物薄膜中都增加了水蒸气通过薄膜的能力，其 WVP 值高达 $3.30×10^{-10} g \cdot m/(m^2 \cdot s \cdot Pa)$，所以嵌段物薄膜可以很好的避免包装内结露现象的产生。但 PLGL35G20CS 复合膜的水蒸气透过性接近于纯的 PLLA，WVP 值约为 $1.28×10^{-10} g \cdot m/(m^2 \cdot s \cdot Pa)$，略高于纯 PLLA，这可能是因为交联 CS 的加入增加了薄膜的厚度和致密性，降低了薄膜的水蒸气渗透性能。

3. 薄膜拉伸性能

聚合物薄膜作为包装材料使用时，要承受被包装物品的重量及在运输、销售过程中的外界冲击力等。因此，一定的力学强度是包装材料的必备性能。图 3-16 为纯 PLLA、PLGL35G20 及 PLGL35G20CS 复合膜的拉伸应力-应变曲线图。

纯 PLLA 表现出典型的脆性断裂，未出现明显的屈服之前已发生了断裂。PLLA 的屈服断裂强度高达 69MPa，杨氏模量高达 1310MPa，而断裂伸长率仅为 7% 左右。

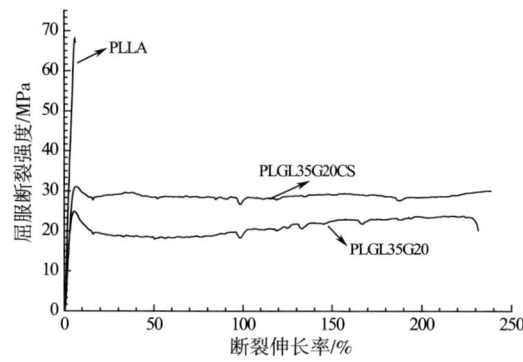

图3-16　PLLA、PLGL35G20及PLGL35G20CS复合膜拉伸应力-应变曲线

PLGL35G20嵌段物薄膜的拉伸应力-应变曲线在断裂伸长率为10%左右就出现了明显的屈服点，屈服断裂强度仅为24.9MPa，断裂伸长率约为208%。从表中可以看到PLGL35G20的杨氏模量约为574MPa，仅为纯的PLLA得1/2。这说明PLGL35G20薄膜具有较好的柔韧性，且其强度满足包装材料的要求。

PLGL35G20CS表现出高强度高韧性的特征。将PLGL35G20薄膜与交联的CS复合后，其屈服断裂强度得到了提高，延展性也得到了进一步的提高。PLGL35G20CS复合膜的屈服断裂强度约为30.3MPa，断裂伸长率则高达235%，杨氏模量约为720MPa。这是因为交联的CS具有一定的网络交联结构，在拉伸过程中，网状结构可以提高薄膜的承载能力，提高薄膜的强度。因此，其强度和韧性都优于复合前的PLGL35G20嵌段物薄膜，更加能满足包装材料的力学强度要求。

（六）PLA立构结晶体对其包装特性的影响

本文选择了相同链长的PDLA与PLLA-PEG-PLLA（PLEG）共混，探索三嵌段共聚物PLLA-PEG-PLLA与PDLA共混物及其薄膜的性能与结晶性能的改变情况，以期获得综合性能优良的PLLA共混薄膜。

1. PDLA与PLLA-PEG-PLLA的相对分子质量特性

PDLA合成过程中，在D-丙交酯由乙二醇作为引发剂、辛酸亚锡作为催化剂的条件下开环聚合，而PLLA-PEG-PLLA是由PEG作为引发剂、同样用辛酸亚锡作为催化剂的条件下，L-丙交酯开环聚合。PDLA和三嵌段PLLA-PEG-PLLA的分子质量分布（Pd），分子质量由GPC和NMR测得，并列于表3-12中。

第三章 高 CO_2/O_2 选择透过性薄膜的制备及其包装特性

表 3-12　PDLA 和 PLEG 的凝胶色谱法测试结果

样品名称	相对分子质量①	EG/LA①	PEG/%①	M_n②	PDI②
PLLA	—	—	—	$9.2×10^4$	2.12
PLEG	$9.3×10^4$	1:3.7	21.4	$7.8×10^4$	1.35

注：①表示根据 ^{1}HNMR 图谱中 PDMS（DM）（6H，$\delta=0.9$mg/L）重复单元和 PLLA（LA）（3H，$\delta=1.59$mg/L）重复单元的信号获取的数据；②表示根据 GPC 测试结果获取的数据。

2. 立构结构对薄膜气体透过性的影响

表 3-13 是在 10℃、20℃、30℃、40℃下薄膜的 CO_2 透过量，从表中可以看出随着 PDLA 的加入，CO_2 透过量并没有明显变化，这说明加入 PDLA 后，虽然形成了立构结晶结构存在于薄膜中，但是并没有影响 CO_2 的透过。虽然结晶度增加会阻碍 CO_2 透过，但是由于 PEG 链段的存在，PEG 分子链中含有乙氧基单元，它与 CO_2 存在强相互作用，对 CO_2 具有较高的溶解透过能力，此外，PEG 属于柔性链段，它在共聚物中不会增加膜的刚性，共聚物薄膜不会因为结晶度的增加导致气体扩散系数的降低，PEG 在 PLLA 链段形成立构结晶的同时均匀排列，形成了 CO_2 通过的快速通道，从而使 CO_2 透过量没有受到结晶的影响。

表 3-13　PLEG 共混薄膜的 CO_2 透过性能

样品	厚度/μm	CDRT/[cm^3/($m^2 \cdot d$)]			
		10℃	20℃	30℃	40℃
PDLA	41.3±0.9	1320±60	1720±54	2153±156	3100±161
PDLA40/PLEG60	49.6±0.8	2525±379	4140±405	6622±638	9479±1306
PDLA20/PLEG80	50.4±0.4	3121±62	4717±142	7157±326	10580±713
PLEG	50.1±0.2	3250±711	5876±680	7764±1296	9636±1101

3. 立构结构对薄膜的力学性能的影响

图 3-17 为不同材料的拉伸应力-应变曲线图，从中更直观地看出材料拉伸特性的变化趋势。实验测得 PLEG 的拉伸强度为 21.0MPa，杨氏模量为 227.8MPa，而断裂伸长率为 83.7%，这说明 PLEG 的强度低、刚性低，表现出了一种韧性断裂，这一缺点限制了 PLEG 的应用范围。因此，要引入 PDLA 对其进行材料改性。正如实验测试结果表所示，随着 PDLA 组分比的增加，最大拉伸强度增加了 24.3MPa，材料的抗形变能力也在增强。同时，薄膜的断裂伸长率降低到原来的 1/10，PDLA 的加入不但提高了强度和刚性，还将杨氏模量从 227.8MPa 增加至

265.5MPa，使得在刚度增加的同时也保留了一定的韧性。这些力学性能上的改变是因为材料慢慢受到立构结晶引起了结晶变化，逐渐增多的立构结晶的形成作为成核剂引发了大量结晶的发生，在拉伸过程中，起到了不可逆的物理交联网络作用。另一方面，共聚物中的 PEG 几乎处于无定形状态，PEG 作为主链中间嵌段，在材料受拉力影响下，避免了单一 PLLA 链段集中受力的现象。

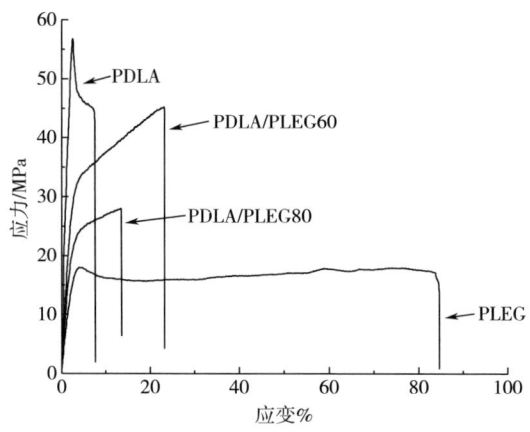

图 3-17　PLEG 与 PDLA 共混薄膜的拉伸曲线

（七）PLLA/PCL 拓扑结构对其包装特性的影响

本研究制备了聚（L-乳酸-d-ε-己内酯）（PLDC）二嵌段共聚物和聚（L-乳酸-g-ε-己内酯）（PLGC）三臂星形共聚物。利用 PLLA 和 PCL 的不相容性，通过微相分离形成富含 PCL 的地方，在 PLLA 膜内部构造了气体渗透通道，有利于 CO_2/O_2 的渗透和分离。研究了聚合物薄膜的拓扑结构对结晶行为、微观结构、力学性能、透气性和选择性的影响。PLLA、PLDC 和 PLGC 聚合物的分子结构，如图 3-18 所示。

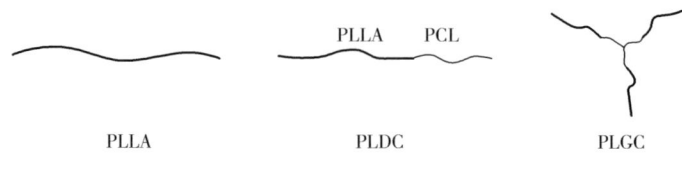

图 3-18　聚合物分子结构

第三章 高 CO_2/O_2 选择透过性薄膜的制备及其包装特性

1. 力学性能分析

通过拉伸试验评价共聚物 PLLA 薄膜的力学性能，研究了 PCL 链段对力学性能的影响。表 3-14 总结了三种薄膜的拉伸强度（σ_t）、断裂伸长率（ε_b）和杨氏模量（E）的特征值。PLLA 的 σ_t 和 E 分别为 58.9MPa 和 1821.3MPa，这表明材料的刚度更大。同时，PLLA 的 ε_b 仅为 8.9%，可以归类为代表性的脆性断裂。根据 MDSC 的分析可以解释，柔性段的引入通过降低其 T_g，降低了 PLLA 的脆性和刚性。共聚后，随着 PCL 链段的加入，σ_t 和 E 均显著下降。相反，ε_b 显著增加。与 PLLA 相比，PLGC 膜的 σ_t 和 E 分别降低了 48.7% 和 59.5%，但膜的 ε_b 增强了 39.8 倍。同样，PLDC 膜也显示出比 PLLA 小的 σ_t（33.4MPa，43.3%），E（1035.3MPa，43.2%）和 ε_b（239.2%，25.9 倍），尽管趋势并不像 PLGC 那样明显。这是由于以下事实：与线性聚合物相比，微相分离时三臂起始拓扑聚合物表现出相对较高的自由体积和链段迁移率，以及更大范围的柔性 PCL 域链段。因此，PCL 相更容易分布在 PLLA 区域之间，导致膜在拉伸过程中具有更大的吸收应变能的能力。另外，PLLA 主链为玻璃态，在 25℃ 的操作条件下为 PLDC 和 PLGC 共聚物提供了部分机械强度。与 PLLA 相比，PLGC 薄膜具有更好的柔韧性，并保持一定的机械强度，并且其增韧机理已通过 SEM 被进一步证明。

表 3-14 共聚物薄膜的力学性能

样品名称	厚度/μm	拉伸强度/MPa	断裂伸长率/%	杨氏模量/MPa
PLLA	30.5±0.7	58.9±1.2	8.9±3.3	1821.3±135.5
PLDC	31.2±0.3	33.4±2.4	239.2±37.6	1035.3±70.5
PLGC	30.4±0.2	30.2±1.5	362.8±56.4	737.6±47.3

2. AFM 分析微相分离机构

众所周知，嵌段共聚物基质中的两相分离对共聚物膜的性能有相当大的影响。据报道，PLLA 和 PCL 在热力学上是不相容的，并形成了多相结构。因此，通过原子力显微镜（AFM）研究了共聚物的微相分离形态，如图 3-19 所示。PLLA 样品的表面相对光滑，结构均匀地分布在整个表面上。将 PCL 片段引入 PLLA 基质后，PLDC 和 PLGC 膜均表现出明显的微相分离形态。

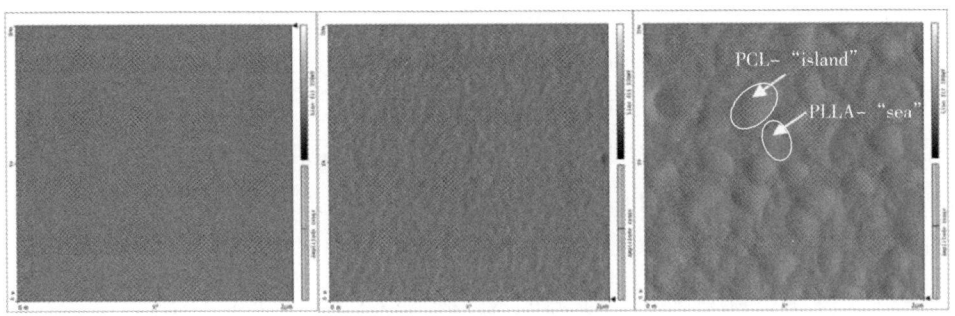

图 3-19　AFM 图像（比例尺 =2μm）

对于 PLDC 样品，分子片段形成与 PCL 区域交织的 PLLA 连续纳米相区域。PLDC 膜内 PLLA 片段的有序排列程度要大于 PLGC，并且系统中存在的 PCL 相尺寸为 50~100nm。在 PLGC 薄膜的情况下，相分离的程度随着中间片段的拓扑结构的增加而增加。因此，拓扑在 PLGC 膜中提供了更多的自由体积，这使 PLLA 域和 PCL 域的密度大大不同。AFM 图像中的高密度区域对应于 PLLA 相，而低密度区域代表 PCL 相。PCL 相的大小为 200~300nm，远大于 PLDC，形成了代表性的海岛结构。这种微相分离的形态使 PLLA 的韧性得以提高，并且还充当了调节气体渗透和 CO_2/O_2 选择性的"闸门"。

3. 拓扑结构对薄膜的气体透过性的影响

如表 3-15 所示，PLLA 样品的 CDTR 和 OTR 分别为 1257.3cm³/（m²·d）和 350.9cm³/（m²·d）。与 PLLA 相比，PLDC 和 PLGC 的 CDTR 值分别增加了 168.4% 和 246.3%，OTR 值也增加了 58.0% 和 70%。由于具有非常高的自由体积和较大的链间间距，包含特殊三臂启动拓扑结构的 PLDC 具有极高的透气性。共聚物膜的热行为也表明 PLGC 具有较高的分子迁移率，因此，具有较低的玻璃化转变温度。通过增加聚合物的自由体积和更高的分子链迁移率，气体渗透更快。此外，材料的固有渗透特性通过 CDP 和 OP（消除厚度效应）反映出来，并且每个膜的增量分别与 CDTR 和 OTR 一致。

表 3-15　共聚物薄膜的 CO_2、O_2 渗透率和渗透系数

样品名称	厚度/μm	CDTR	OTR	CDP	OP	$P_{C/O}$
PLLA	30.6±0.3	1257.3±37.1	350.9±6.3	4.28±0.23	1.16±0.12	3.7

第三章 高 CO_2/O_2 选择透过性薄膜的制备及其包装特性

续表

样品名称	厚度/μm	CDTR	OTR	CDP	OP	$P_{C/O}$
PLDC	30.2±0.5	3375.0±114.0	554.3±14.7	11.69±0.46	1.85±0.35	6.3
PLGC	31.0±0.2	4353.8±137.4	596.5±11.9	15.16±0.69	2.08±0.12	7.3

注：透过率（CDTR，OTR）和透过系数（CDP，OP）单位分别为 $cm^3/(m^2 \cdot d)$ 和 $\times 10^{-10} cm^3 \cdot m/(m^2 \cdot s \cdot Pa)$。

表3-15 还显示了三种膜的 CO_2/O_2 选择性。PCL 加入 PCL 段后，PLDC 和 PLGC 的 $P_{C/O}$ 分别增加至 6.3 和 7.3，分别是 PLLA（3.7）的 1.7 和 2.0 倍。与 PLLA 相比，薄膜内部高的自由体积导致了 PLDC 和 PLGC 较高的 $P_{C/O}$。研究了所有样品中 CO_2 渗透率均高于 O_2 的共聚物膜的气体渗透性能。考虑的第一方面，CO_2 的动力学直径（3.3Å）小于 O_2（3.5Å），因此，可以预料，CO_2 比 O_2 更容易通过膜。另一方面，基于 PCL 的聚合物膜对 CO_2/O_2 的选择性很高。根据 AFM 图像观察结果，PCL 和 PLLA 之间的低相容性在聚合物膜中可引起纳米级的相分离，因此，CO_2 会优先扩散在膜中，进行微相分离，通过所得的富含 PCL 的结构域通过。更重要的是，由于存在特殊的三臂启动拓扑结构，PLGC 的可用空间更大，这使得 PCL 可以更容易聚集在一起，从而产生更大的 PCL 富集。因此，PLGC 中将发生更多的微相分离，这将增加 CO_2/O_2 的选择性。上述这些方面导致 PLGC 共聚物薄膜中 CO_2 的渗透性增加，最终导致 CO_2/O_2 的增加。

4. 拓扑结构对薄膜的水蒸气渗透性的影响

表3-16 中列出了三种共聚物膜的 WVTR 和 WVP。PLDC 和 PLGC 的 WVTR 和 WVP 明显高于 PLLA。具体而言，PLLA 的 WVTR 为 313.7g/$(m^2 \cdot d)$，而 PLDC 和 PLGC 的 WVTR 分别为 561.2g/$(m^2 \cdot d)$ 和 879.1g/$(m^2 \cdot d)$。与 PLLA 相比，PLDC 和 PLGC 的 WVTR 分别增加了 78.9% 和 180.2%。就 WVP 而言，PLDC 和 PLGC 的 WVP 与其相应的 WVTR 增长趋势一致。

表3-16 共聚物薄膜的水蒸气透过率

样品名称	厚度/μm	WVTR/[g/$(m^2 \cdot d)$]	WVP/[$\times 10^{-10}$g·m/$(m^2 \cdot s \cdot Pa)$]
PLLA	29.6±0.6	313.7±23.8	0.60±0.07
PLDC	31.2±0.2	561.2±45.7	1.10±0.09
PLGC	30.4±0.3	879.1±68.5	1.67±0.13

(八) PEG/PLLA 共聚物的拓扑结构对 PLLA 的力学性能、热学性能和水蒸气透过性的影响

本文采用分子链的拓扑结构,提供更多的自由体积的特点着重讨论 PEG 拓扑结构对 PLLA 水蒸气渗透性能的影响,进一步评估其对力学性能和热学性能的影响。详细讨论相同分子质量的 2-PEG、4-PEG、8-PEG 和不同分子质量的 4-PEG 对 PLLA 性能的影响,并通过 DSC、拉伸和水蒸气的测试,研究星型 PEG 对 PLLA 的结晶性能、力学性能和水蒸气透过性能的影响。

1. PEG/PLLA 共聚物的结构分析

实验中合成了两组 PEG/PLLA 共聚物,一组是选用相对分子质量约为 20000 的 2-PEG、4-PEG 和 8-PEG 作为引发剂,合成出总相对分子质量约为 110000 的 PEG/PLLA 共聚物,另外一组是选用 4-PEG 作为引发剂合成出不同 PLLA 臂长的共聚物,具体参数列在表 3-17 中。

表 3-17　PLLA 和 PEG/PLLA 星型共聚物的数均相对分子质量

样品名称	PEG 嵌段 M_n	共聚物 M_n	单臂 PEG 嵌段 M_n	单臂 PLLA 嵌段 M_n	PEG 含量/% (质量分数)
PLLA	—	143251	—	—	—
2-PEG/PLLA11	20000	126993	10000	53466	15.7
4-PEG/PLLA11	19200	115968	4800	24192	16.6
8-PEG/PLLA11	20600	110416	2575	11227	18.7
4-PEG/PLLA7	19200	66048	4800	11712	29.1
4-PEG/PLLA6	19200	57856	4800	9664	33.2
4-PEG/PLLA5	19200	50432	4800	7808	38.1

注:表中共聚物数均相对分子质量由 ^{1}H NMR 测定,根据共聚物中 PEG (EG) 聚合单元 (4H,3.6mg/L) 和 PLLA (LA) 聚合单元 (^{1}H,1.57mg/L) 信号峰面积来计算。

2-PEG/PLLA11、4-PEG/PLLA11、8-PEG/PLLA11 中 PLLA 嵌段的数均相对分子质量分别为 53466、24192、11227,随着臂数的增加,单臂 PLLA 嵌段分子质量减小,但总分子质量约为 110000。PEG 的含量在 15.7%~18.7%,三者之间的 PEG 含量几乎相同。在第二组中的 4 臂共聚物中,调整 PLLA 嵌段分子质量,得到 PEG 含量在 29.1%~38.1% 变化的 PEG/PLLA 共聚物。如图 3-20 所示。

第三章 高 CO_2/O_2 选择透过性薄膜的制备及其包装特性

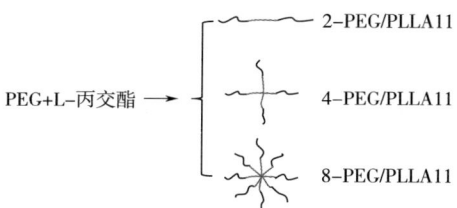

图 3-20 星型聚合物的结构示意图

2. PEG/PLLA 共聚物的力学性能

PLLA 具有较大的拉伸强度和极小的断裂伸长率。随着 PEG 嵌段的加入，拉伸强度呈降低趋势，断裂伸长率则明显增大，薄膜的韧性增强。通过相应公式计算，PLLA 与 PEG/PLLA 共聚物的力学性能参数如表 3-18 所示。

表 3-18 PLLA 和 PEG/PLLA 星型聚合物的力学性能参数

样品名称	杨氏模量/MPa	屈服强度/MPa	断裂伸长率/%
PLLA	1499.9±125.2	59.7±3.4	4.9±0.7
2-PEG/PLLA11	307.6±41.7	25.5±2.1	272.3±61.4
4-PEG/PLLA11	115.5±7.5	11.0±2.7	78.7±15.2
8-PEG/PLLA11	44.3±5.9	5.3±0.2	56.1±8.4
4-PEG/PLLA7	144.7±10.7	9.5±0.8	101.0±10.2
4-PEG/PLLA6	103.1±9.3	8.4±2.6	121.3±19.3
4-PEG/PLLA5	15.6±3.2	3.6±0.3	152.2±12.2

PLLA 的屈服强度为约 59.7MPa，断裂伸长率为 4.9%，是一种硬而脆的材料。2-PEG、4-PEG 或 8-PEG 的嵌入使 PLLA 的断裂伸长率分别提高到 272.3%、78.7% 和 56.1%，而其屈服强度分别从 59.7MPa 降低到 25.5MPa、11.0MPa 和 5.3MPa。2-PEG 由于其线性高分子链的性质，与 PLLA 相容性高，大幅度提高了 PLLA 的韧性。由于 PEG 臂数的增加，聚合物的缠绕结构降低且韧性略低于 2-PEG/PLLA11。PLLA 薄膜的杨氏模量为 1499.9MPa，PLLA 显示刚性。随 PEG 链段的嵌入，共聚物薄膜的杨氏模量都有所降低，分别降低到 307.6MPa、115.5MPa 和 44.3MPa。根据加和原理，共聚体系中 PEG 的存在可以降低材料的强度，提高其韧性。因此，PEG 对 PLLA 起到了良好的增韧效果，改善了 PLLA 的脆性，使材料具有较好的柔韧性。

当 4-PEG 分子质量和臂数恒定时，4-PEG/PLLA7、4-PEG/PLLA6 和 4-PEG/PLLA5 断裂伸长率分别达到 101.0%、121.3% 和 152.2%，显示出随着 PLLA 嵌段的分子质量的降低，其共聚物的韧性有所增加，这说明 4-PEG 的嵌入提高了 PLLA 嵌段的柔韧性。杨氏模量从 PLLA 的 1499.9MPa 降低到 144.7MPa、103.1MPa 和 15.6MPa。但屈服强度却从 9.5MPa 降到 3.6MPa，根据加和原理，4-PEG 会降低材料的刚性，提高其韧性。因此，在 PLLA 中，加入 PEG 可以改善纯 PLLA 的机械性能，使得嵌段共聚物断裂伸长率高于纯 PLLA。对于包装材料来说，要求强度不低于 10MPa，4-PEG/PLLA5 嵌段共聚物的最低强度为 15.6MPa，完全满足包材使用的要求。

3. 水蒸气透过性

纯 PLLA 薄膜的 WVTR 约为 329.2g/（$m^2 \cdot d$），WVP 为 $0.57 \times 10^{-10} g \cdot m$/（$m^2 \cdot s \cdot Pa$）。对于 2-PEG/PLLA11、4-PEG/PLLA11 或 8-PEG/PLLA11 共聚物薄膜，薄膜厚度相同情况下，随着 PEG 臂数的增多聚合物的 WVP 逐渐增大，8-PEG/PLLA11 的 WVP 高达 $1.77 \times 10^{-10} g \cdot m$/（$m^2 \cdot s \cdot Pa$）。这主要是因为随着 PEG 臂数的增加，共聚物中的自由体积在增加，从而增大了水分子在膜中的渗透速度，导致 WVP 的增大。其中，2-PEG/PLLA11、4-PEG/PLLA11 和 8-PEG/PLLA11 的 WVP 分别提高了 1.5 倍、2 倍和 3 倍多。对比果蔬包装常使用的 PE、2-PEG/PLLA11、4-PEG/PLLA11 和 8-PEG/PLLA11 分别提高了 15 倍、16 倍和 30 倍，从以上分析可以看出，不同臂数的 PEG 对 PLLA 的水蒸气改善作用明显。

表3-19 PLLA 和 PEG/PLLA 星型聚合物的水蒸气透过性能

样品名称	厚度/μm	WVTR/[g/（$m^2 \cdot d$）]	WVP/[$\times 10^{-10} g \cdot m$/（$m^2 \cdot s \cdot Pa$）]
PLLA	50.3±3.1	329.2±6.3	0.57±0.01
2-PEG/PLLA11	51.4±1.1	554.3±19.9	0.90±0.08
4-PEG/PLLA11	52.2±1.2	563.2±8.1	0.94±0.07
8-PEG/PLLA11	52.5±0.8	1063.2±8.2	1.77±0.02
4-PEG/PLLA7	53.1±1.4	622.7±14.4	1.05±0.02
4-PEG/PLLA6	52.2±2.0	806.7±4.7	1.33±0.05
4-PEG/PLLA5	54.2±0.5	1095.3±1.5	1.89±0.01

注：测试条件为 23℃，65%RH，即国标对包材透湿要求的条件。

第三章 高 CO_2/O_2 选择透过性薄膜的制备及其包装特性

当 4-PEG 分子质量和臂数不变情况下，4-PEG 的含量从 21.9% 增加到 38.1% 时，水蒸气透过率及水蒸气透过系数较纯的 PLLA 都大幅度提高，这是因为 4-PEG 是亲水基团，增加了水蒸气的透过性。其中，PLLA 的 WVTR 为 329.2g/（m^2·d），比起 PLLA 薄膜 4-PEG/PLLA7 提高了 180%；4-PEG/PLLA6 提高了 240%；4-PEG/PLLA5 提高了 330%。这是由于 PEG 的亲水性，当 4-PEG 含量高的时候，4-PEG/PLLA 共聚物薄膜的水蒸气透过性将得到提高。PEG、PLLA 主要应用于医学，本身的 PLLA 薄膜水蒸气达不到果蔬需求的范围，且其脆性较大不适合果蔬包装。PEG 成膜性较低，且水溶性 PEG 与果蔬接触后会发生迁移。所以，降 PEG 与 PLLA 嵌段共聚并调整分子质量和拓扑结构控制水蒸气透过量，使 PLLA 薄膜更适合用于果蔬包装中。

综上所述，PEG 的嵌入降低 PLLA 的 T_g、T_m 和 PLLA 的结晶能力，提高 PLLA 材料的韧性，通过调整 PEG 的拓扑结构，随着臂数的增加，水蒸气透过系数提高，这表明拓扑结构有利于构筑薄膜内部的自由体积，同时，调整 PEG、PLLA 组分的比例、提高 PEG 含量时，水蒸气透过系数更进一步得到了增加，这说明通过拓扑结构和组分比例可以调节 PLLA 薄膜的水蒸气透过性，使其更加匹配果蔬保鲜包装。

（九）互穿网络结构对包装性能的影响

将 PLLA 与 8 臂-PEG/PLLA（PEL）和交联的 PEL（NET-PLLA/PEG）共混形成互穿网络聚合物，进一步评估其对力学性能和热学性能的影响，重点研究互穿网络体系的大小对 PLLA 性能的影响，并通过 DSC、拉伸和气体渗透性能的测试，研究互穿网络对结晶性能、力学性能和气体渗透性能的影响。

1. 力学性能分析

PLLA 具有较大的拉伸强度和较小的断裂伸长率。随着 PEL 含量的增加，拉伸强度几乎处于不变的状态，断裂伸长率明显增大，薄膜的韧性增强。通过相应公式计算，PLLA 与 PEL 和 NET-PEL 共聚物的力学性能参数如表 3-20 所示。

表 3-20　PLLA、PEL 和 NET-PEL 聚合物材料的力学性能参数

样品名称	杨氏模量/MPa	屈服强度/MPa	断裂伸长率/%
PLLA	1894.9±125.2	56.4±3.4	6.2±0.7
PEL5%	1883.9±51.6	46.6±5.4	16.3±1.5

续表

样品名称	杨氏模量/MPa	屈服强度/MPa	断裂伸长率/%
PEL10%	1871.1±124.3	53.0±1.6	63.0±1.2
PEL20%	1466.5±130.3	41.2±2.8	30.7±3.5
NET-PEL5%	1627.7±68.6	47.5±2.2	38.7±5.0
NET-PEL10%	1764.4±261.8	40.4±5.0	89.3±27.0
NET-PEL20%	1649.9±116.6	41.9±2.7	266.1±18.3

随着 PEL 含量的增加，共混薄膜的杨氏模量和屈服强度略低于 PLLA，这表明材料为脆性断裂，断裂伸长率从 6% 增加到 63%，进而又下降到 30%，这说明 PEL 含量增加到 20% 时，材料内部出现一定程度的相分离现象。从表 3-20 中进一步发现，随着互穿网络结构含量的增加，断裂伸长率从 38.7% 增加到 266.1%。这表明当添加少量的 NET-PEL 时，形成的网络互穿结构不完整，当添加量增加到 10% 和 20% 时，互穿网络结构逐渐形成，但杨氏模量几乎没有受损，这表明互穿网络结构可以增强材料的力学性能。

2. 气体渗透性能分析

对于生鲜果蔬包装材料来说，良好的 CO_2 透过性和选择透过性可以调节包装袋内气氛为低氧高二氧化碳环境，从而降低生鲜果蔬的呼吸作用，延长果蔬的保鲜期。表 3-21 为不同组分比的 PEL 和 NET-PEL 薄膜的 CO_2 透过率，在温度从 5℃ 到 25℃ 的增加过程中，所有薄膜的 CO_2 透过率均呈增大的趋势，这可能是由于温度接近纯 PLLA 的玻璃化转变温度时，分子链的运动性增加，气体更容易通过分子链的运动而溶解透过。在同一个温度下，CO_2 透过率随着 PEL 和 NET-PEL 的含量增加而增加，这是由于 PEL 和 NET-PEL 赋予了材料更多的自由体积，使得 CO_2 透过率增加，但是在同一温度下，NET-PEL 薄膜的 CO_2 透过率高于 PEL，这表明 NET-PEL 材料内部形成的网络结构有利于 CO_2 的透过。

表 3-21　PEL 和 NET-PEL 共聚物薄膜的 CO_2 透过率

单位：$cm^3/(m^2 \cdot d)$

样品名称	厚度/μm	5℃	15℃	25℃
PLLA	36.7±2.7	1058±20.9	1300±25.6	1567±30.7
PEL5%	35.1±1.2	1641.7±5.7	2062.5±10.3	2534.6±7.6
PEL10%	35.4±3.6	1814.6±20.2	2334.3±20.6	2957.5±31.7

第三章 高 CO_2/O_2 选择透过性薄膜的制备及其包装特性

续表

样品名称	厚度/μm	5℃	15℃	25℃
PEL20%	36.7±2.7	2217.0±17.9	3076.6±20.0	3956.4±26.7
NET-PEL5%	37.6±4.3	1773.3±24.6	2460.6±52.3	3461.5±12.2
NET-PEL10%	34.0±3.1	2088.8±40.8	2609.2±65.5	3956.4±49.9
NET-PEL20%	38.9±6.5	2334.3±42.2	3697.7±20.3	4226.3±23.8

综上所述，本实验合成了具有拓扑结构的 PEL 和互穿网络的 NET-PEL，通过调节 PEL 和 NET-PEL 含量，调控共混材料的结晶性能、力学性能和 CO_2 透过性能。结果表明，PEG 的添加改善了 PLLA 的 T_g、T_m 和 PLLA 的结晶能力，提高了 PLLA 材料的韧性且刚度未降低，通过调整互穿网络结构的大小，随着互穿网络结构的增加，PLLA 的热学性能稳定，结晶能力增加，杨氏模量较 PLLA 几乎无变化，但断裂伸长率较 PLLA 提高了 44 倍，CO_2 透过率提高，这表明互穿网络结构较拓扑结构更有利于构筑薄膜内部的自由体积，同时通过调整互穿网络结构的含量，CO_2 透过系数更进一步得到了增加，这说明通过调节互穿网络结构的含量可以调节 PLLA 薄膜的二氧化碳透过性，使其更加匹配果蔬保鲜包装。

（十）PLLA-r-PCL 无规共聚物的结构调控及其热学性能、力学性能和气体阻隔性能

本实验中制备出不同组分比的 PLLA-r-PCL 无规共聚物薄膜，研究其热学性能、力学性能和气体阻隔性能，探讨气体阻隔性能与共聚物结构之间的关系。

1. PLLA-r-PCL 无规程度对薄膜 O_2、CO_2 透过性能的影响

表 3-22 为不同组分比的 PLLA-r-PCL 无规共聚物薄膜的气体透过率，从中可以看到薄膜在一定厚度下的 CO_2、O_2 透过率（CDTR、OTR）的变化情况。在温度从 5~40℃ 的增加过程中，所有薄膜的 CDTR、OTR 均呈增大趋势。PLLA 的 CDTR 由 1055cm³/（m²·d）增加到 2156cm³/（m²·d），增大了 1101cm³/（m²·d），而 PLLA-r-PCL30 由 2758cm³/（m²·d）增加到 20970cm³/（m²·d），增大了 18212cm³/（m²·d），是 PLLA 增加量的 16.5 倍；PLLA 的 OTR 由 291cm³/（m²·d）增加到 818cm³/（m²·d），增大了 527cm³/（m²·d），而 PLLA-r-PCL30 由 361cm³/（m²·d）增加到 5780cm³/（m²·d），增大了 5419cm³/（m²·d），是 PLLA 增加量的 10.3 倍。此外，在同一温度下，随着 PCL 组分的

增大，薄膜的 CDTR、OTR 也呈增大的趋势，但增大的程度却有所不同。在 5℃时，PLLA-r-PCL30 的 CDTR 较 PLLA 增加了 1703cm³/（m²·d），提高了 161.4%；PLLA-r-PCL30 的 OTR 较 PLLA 增加了 70cm³/（m²·d），仅提高了 24.1%。在 40℃时，PLLA-r-PCL30 的 CDTR 较 PLLA 增加了 18814cm³/（m²·d），提高了 872.6%；PLLA-r-PCL30 的 OTR 较 PLLA 增加了 4962cm³/（m²·d），提高了 606.6%。通过对比两种条件下 CDTR、OTR 的增加趋势可以看出，CDTR 的增加趋势明显高于 OTR。正因如此，薄膜的 α（CO_2/O_2）才会明显增大。

结合 MDSC 所测的结果可知，不同组分比的 PLLA-r-PCL 的 T_g 分别为 47.3℃、26.6℃、22.7℃、10.9℃，X_c 分别为 7.0%、11.2%、1.1%、0.4%。在所测温度范围内，PLLA 一直处于 T_g 以下。随着温度的增加，气体分子具有的动能加大，但高分子链仍处于"冻结"状态，所以，PLLA 薄膜传递气体分子的能力还很弱，CO_2、O_2 透过系数增长趋势仍很缓慢。而不同组分比的 PLLA-r-PCL 的 T_g 均在测试的温度范围内，当测试温度达到 T_g 时，高分子链段开始从"冻结"状态复苏；当温度大于 T_g 时，高分子链段运动性能明显增大，加之高温赋予气体分子的动能增大，所以薄膜的气体透过系数随温度的增加呈剧增趋势。同时，不同组分比的 PLLA-r-PCL 共聚物的结晶度均较低，对气体和水蒸气的透过性的影响不大，影响 PLLA-r-PCL 共聚物的阻隔性的主要原因归结于共聚物分子链段的运动性的增加和 PCL 链段本身对气体分子的选择性。综上表明，材料的 T_g 具有调控气体通过薄膜的"开关"作用。在低温时，果蔬呼吸强度较小，"开关"闭合或稍打开就能满足果蔬贮藏所需的气体组成；温度高时，果蔬呼吸旺盛，"开关"随之大幅度开启，薄膜气体透过性能增大，以此来满足果蔬旺盛的呼吸需求。

此外，同种薄膜的 CO_2、O_2 透过系数增大趋势虽然一致，但对 CO_2、O_2 的透过性能具有显著的差别。在 5℃时，PLLA-r-PCL30 的 CDP 较 PLLA 增加 133.3%，而 OP 仅增加 10.9%；40℃时 PLLA-r-PCL30 的 CDP 较 PLLA 增加 809.7.0%，而 OP 却增加 523.1%。气体分子通过高分子薄膜遵循溶解-扩散机理，因此，气体分子的大小和极性对薄膜的气体透过性能有着重要的影响。CO_2 分子直径为 0.33nm，O_2 分子直径为 0.35nm，两者相比较，CO_2 分子更容易通过薄膜。同时，CO_2 和 O_2 均为非极性分子，而 PCL 中含有 5 个非极性的亚甲基，根据相似相容的原理，随着 PCL 组分的不断加大，薄膜的 CO_2、O_2 透过系数均

第三章 高 CO_2/O_2 选择透过性薄膜的制备及其包装特性

在逐渐增大。综合考虑以上两个因素，薄膜 CO_2、O_2 的透过系数随 PCL 组分的增加均增大，但在增加的程度上 CDP 远大于 OP。

薄膜对气体的选择透过性是其重要的参数之一，决定了包装袋内各气体组分的体积分数和浓度的变化，对于气调包装有着重要的意义。同一温度下，随着 PCL 组分的增加，薄膜的 α（CO_2/O_2）逐渐增大，并在低温时增大趋势最为明显。在 5℃时，PLLA 的 α（CO_2/O_2）为 3.3。而 PLLA-r-PCL10 的 α（CO_2/O_2）为 4.0，PLLA-r-PCL20 的 α（CO_2/O_2）为 5.1，PLLA-r-PCL30 的 α（CO_2/O_2）为 7.0，较 PLLA 分别提高了 21.2%、54.5%、112.1%。其中，PLLA-r-PCL30 的 α（CO_2/O_2）值接近果蔬理想气调包装的 α（CO_2/O_2）。此外，随着温度的增加，不同的薄膜的 α（CO_2/O_2）均表现出降低的趋势。在 40℃时，PLLA 组的 α（CO_2/O_2）降低至 2.5，PLLA-r-PCL30 组的 α（CO_2/O_2）低至 3.5。高分子材料薄膜通常存在气体透过性和选择透过性相互制约的 trade-off 现象。薄膜在低温时气体透过系数较小，其透过比较大；反之，在高温时气体透过系数较大，则气体透过率比较小。综合比较，PLLA-r-PCL30 具有良好的气体透过性能和选择透过性能，具有应用于果蔬保鲜的可行性。

表 3-22 PLLA-r-PLLA 无规共聚物薄膜的 CDTR and OTR 参数

单位：$cm^3/(m^2 \cdot d)$

样品名	厚度/μm		5℃	10℃	20℃	30℃	40℃
PLLA	36.2±1.8	CO_2	1055±20	1219±31	1597±40	1846±61	2156±41
		O_2	291±6	326±6	480±11	539±12	818±15
PLLA-r-PCL10	34.9±2.3	CO_2	1415±39	1727±28	2420±109	4021±109	9848±737
		O_2	327±4	410±11	581±8	1108±33	3200±58
PLLA-r-PCL20	36.3±2.9	CO_2	1617±17	1842±86	2904±79	7156±280	14041±296
		O_2	329±3	393±1	599±11	1697±60	3598±74
PLLA-r-PCL30	32.7±1.5	CO_2	2758±102	3069±59	7505±221	9575±801	20970±2696
		O_2	361±8	481±15	1233±30	2730±58	5780±134

2. 水蒸气透过性能分析

图 3-21（1）为不同组分比的 PLLA-r-PCL 无规共聚物薄膜的水蒸气透过率（WVTR）曲线。在 20~40℃升温的过程中，各组薄膜的 WVTR 呈明显递增的趋

势。PLLA 的 WVTR 从 154.4 增加到 458.9g/（m²·d），增加了 304.5g/（m²·d）；PLLA-r-PCL30 的 WVTR 从 700.8 增加到 1587.9g/（m²·d），增加了 887.1g/（m²·d），是 PLLA 增加量的 2.9 倍。在某一确定的温度条件下，随 PCL 组分的增加，WVTR 递增趋势愈发明显。在 20℃、30℃ 和 40℃ 时，PLLA-r-PCL30 较 PLLA 分别提高了 353.9%、269.9% 和 246.0%。

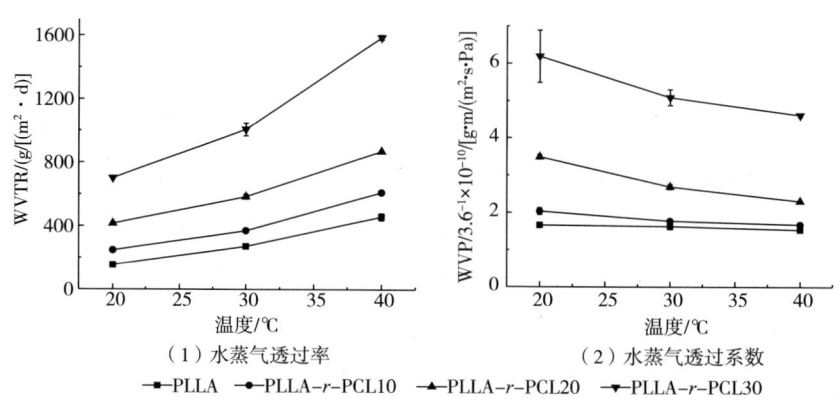

图 3-21　PLLA-r-PLLA 无规共聚物薄膜的水蒸气透过率和透过系数

图 3-21（2）为薄膜的 H_2O 透过系数 WVP 曲线，除去了厚度对材料透过性能的影响。随着温度的增加，PLLA 组的 WVP 值几乎保持恒定。在一个确定的温度下，随 PCL 组分的增加，薄膜的 WVP 增加趋势明显，与 WVTR 曲线的变化趋势相同。在横向上，不同组分比的 PLLA-r-PCL 随温度的增加呈降低趋势。这是由于 PCL 本身就具有一定的疏水性，加之温度的升高，材料的疏水性能增大，抵消了分子链段传递水分子的能力。因此，根据加和原理，薄膜的 WVP 随温度的增加而减小。

总的来说，随着 PCL 的无规嵌入，材料的 X_c、T_g 和 T_m 明显降低，而链段的运动性和柔顺性明显增大。PLLA 链段运动性的增大，加快了高分子链段传递气体分子通过的能力，使得薄膜的 CO_2 和 O_2 透过性能、选择透过性能以及水蒸气透过性能明显增强；链段柔顺性的增大促使 PLLA 薄膜的韧性增强，改善了其作为食品包装材料硬、脆的不足之处。

（十一）端羟基聚二甲基硅氧烷嵌段对聚（L-乳酸）热学、力学和气体透过性的影响

聚二甲基硅氧烷（PDMS）又称二甲基硅油，是一种安全无毒的疏水性材

第三章 高 CO_2/O_2 选择透过性薄膜的制备及其包装特性

料,其导热性良好,黏度随温度变化小。在食品加工领域,PDMS 常被用作消泡剂或上光剂。由于 PDMS 分子链中的 Si—O—Si 键具有高度的链迁移性以及对渗透物快速溶解的响应性,其成膜后的气体扩散系数及自由体积远高于 PLLA,在工业富集氧气方面应用广泛,是最早的气体分离膜材料之一。

将 PDMS 软段引入 PLLA 硬段中,可提高 CO_2/O_2 透过比,将此原理应用于果蔬保鲜的研究仍处于空白状态。本节部分叙述了对 PLLA-聚硅氧烷共聚物进行相结构调控、在薄膜中构建气体分子渗透通道的内容,探讨对比不同的相结构对气体透过与选择性的影响。

1. PLLA-PDMS-PLLA 三嵌段共聚物分子结构

为避免 PLDLn 共聚物上有未参与合成的 PDMS 残留物,使用低温贮藏的正己烷试剂对合成产物进行 2 次沉降处理,这样可排除 PDMS 原料对检测的干扰。从 PLDLn 的 ^{1}H-NMR 图谱中可观测到 PLLA 与 PDMS 的特征峰同时存在,这说明 PDMS 作为软段已成功嵌段到 PLLA 主链中了。根据图谱中 $\delta=0.9$mg/L 处 PDMS 的双 CH_3 核磁信号与 PLLA 在 $\delta=5.19$mg/L 处的 CH_3 积分面积进行比对,得到 PLDL35、PLDL26 主链中 PDMS 的质量分数分别为 5.2% 和 8.5%。由于 PLDLn 的中间 PDMS 链段数均分子质量(M_n)恒固定为 3500,随着 PDMS 含量的增加,两端 PLLA 链段长度在不断缩短。如图 3-22 所示。表 3-23 是关于 PLDLn 的 GPC 测试结果,从表中可以看出除了 PLLA 的 PDI 大于 2 外,其他 2 种改性材料的分子质量分布较窄,且都有较高的 M_n,这说明本实验成功合成出了分子质量分布均匀、质量较好的三嵌段共聚产物,它们都具备良好的成膜性能,可以满足作为包装材料的基本要求。

表 3-23 PLLA 和 PLDLn 的凝胶色谱法测试结果

样品名称	M_n[1]	DM/LA[1]	PDMS/%[1]	M_n[2]	分子质量分布[2]
PLLA	—	—	—	9.2×10^4	2.12
PLDL35	6.7×10^4	1:18.6	5.2	7.3×10^4	1.35
PLDL26	4.1×10^4	1:11.0	8.5	5.7×10^4	1.45

注:[1]表示根据 GPC 测试结果获取的数据。
[2]表示根据 ^{1}H NMR 图谱中 PDMS(DM)(6H,$\delta=0.9$mg/L)重复单元和 PLLA(LA)(6H,$\delta=1.59$mg/L)重复单元的信号获取的数据。

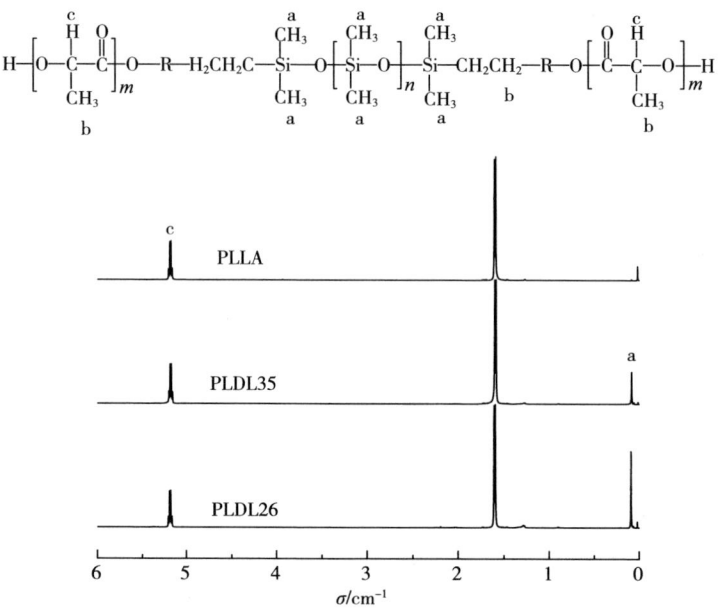

图 3-22　PLLA 与 PLDLn 共聚物的 ^{1}H NMR 图谱

2. 傅里叶变换红外光谱分析

PLLA 和 PLDLn 的红外光谱图如 3-23 所示。在图 3-23（1）、图 3-23（3）中，804cm^{-1}、2851cm^{-1} 和 2924cm^{-1} 处分别出现了 PDMS 特有的红外吸收峰，它们分别是由 PDMS 链段上 Si—C、—CH$_2$—和 C—H 键的伸缩振动引起的吸收峰，并且这些峰的高度随着主链中 PDMS 组分比的增加而明显加强。在 1044cm^{-1}、1080cm^{-1} 和 1179cm^{-1} 附近出现了极强的吸收峰，归于 PLLA 链段上的 C—CH$_3$ 伸缩振动峰及 C—O—C 不对称伸缩振动峰。这些特征峰说明在 PLDLn 共聚物中含有 PDMS 的成分。为了更清楚地观察特征峰的变化，将波数为 1000~1040cm^{-1} 处的红外图谱进行放大，如图 3-23（2）所示。由于 PDMS 是非结晶型聚合物，在其无定形区域内 1021cm^{-1} 附近可以观察到微弱的 Si—O 不对称伸缩振动峰。同时，由于 PLLA 位于 1044cm^{-1} 处的特征峰覆盖影响，导致 Si—O 峰值观测并不明显。在图 3-23（4）中，在 PLLA 和 PLDLn 的红外光谱图中，波数为 1749cm^{-1} 附近出现了 1 个信号较强的吸收峰，这是由 PLLA 链段中的羰基（C=O）在无定形区域内伸缩振动所致，这说明 PLLA 链段几乎处于无定形状态。

第三章 高 CO_2/O_2 选择透过性薄膜的制备及其包装特性

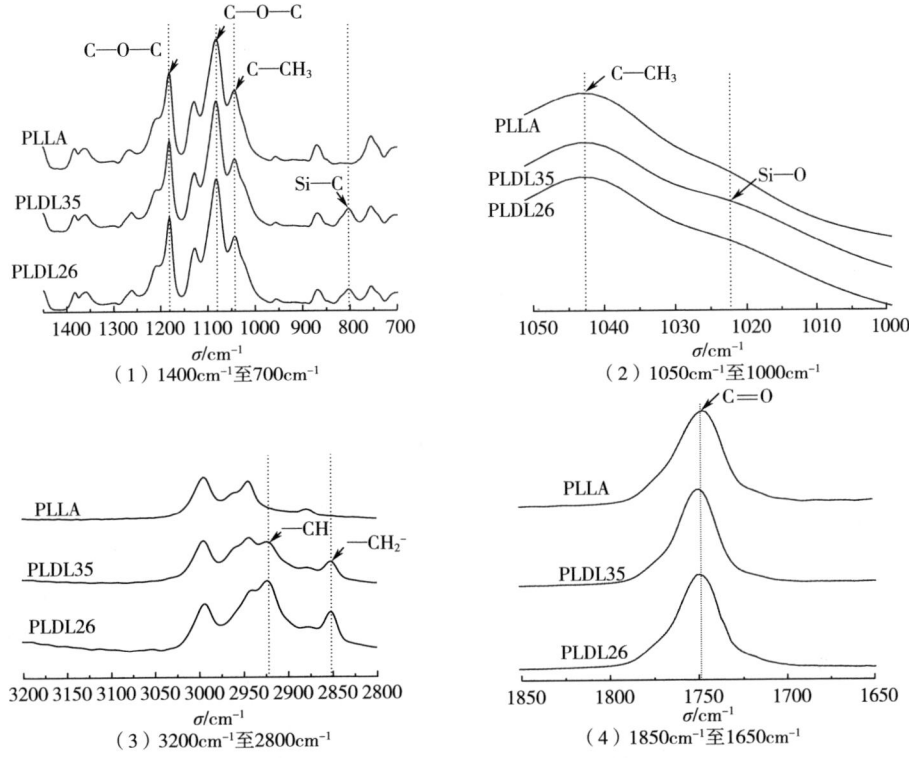

图 3-23　PLLA 和 PLLA-PDMS-PLLA 三嵌段共聚物 FT-IR 图

3. PLLA-PDMS-PLLA 三嵌段共聚物力学性能

图 3-24 为 23℃ 下改性 PLDLn 的应力-应变曲线图。PLLA 断裂伸长率仅为 3.7%，拉伸强度达到 73.4MPa，是一种硬度高、延展性能差的高分子材料，这说明该材料并不能满足包装应用的要求。从表 3-24 可知，PDMS 含量为 8.5% 的 PLDL26 薄膜断裂伸长率为 9.3%，相比较纯 PLLA 提高了 2.5 倍，杨氏模量及最大拉伸强度分别降低了 704MPa、35MPa，这是因为在拉伸过程中，逐渐增多的 PDMS 与 PLLA 能起到可逆的物理交联网络作用，同时，PDMS 的柔韧性能够增强分子链的活动能力，赋予材料良好的韧性、弹性。另一方面，共聚物中的 PDMS 与 PLLA 几乎处于无定形状态，PDMS 的加入降低了 PLLA 链段的结晶度，起到内增塑的作用。同时，PDMS 作为主链中间段，在材料受拉伸力作用下，避免了单一 PLLA 链段的集中受力现象。由此可见，PDMS 的引入具有改善材料力学性能的作用，可使其达到作为包装材料的基本条件。

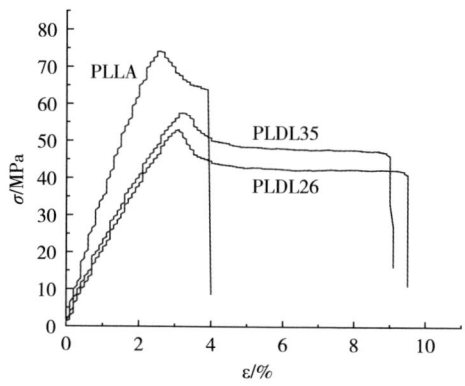

图 3-24 PLLA 与 PLDLn 共聚薄膜的拉伸曲线

表 3-24 PLLA 与 PLDLn 共聚物薄膜的力学性能

样品名称	厚度/μm	拉伸强度/MPa	断裂伸长率/%	杨氏模量/MPa
PLLA	37.3±1.4	73.4±3.7	3.7±0.3	2732.2±195.7
PLDL35	39.3±0.9	56.5±1.0	8.6±1.2	2135.5±78.4
PLDL26	38.4±0.4	53.8±0.8	9.3±0.4	2027.8±79.5

4. PLLA-PDMS-PLLA 薄膜的气体和水蒸气透过性

表 3-25 为 PLDLn 共聚物薄膜在 23℃条件下的气体透过情况。二氧化碳透过系数（CDP）和氧气透过系数（OP）是排除薄膜厚度差异，材料气体透过性能的重要指标。在室温条件下，PLLA 薄膜处于玻璃态，分子链运动并不剧烈。随着 PLDLn 中的 PDMS 含量增长至 8.5%，薄膜的 CDP 及 OP 分别提高了 $9.5\times10^{-12} cm^3 \cdot m/(m^2 \cdot s \cdot Pa)$ 和 $1.64\times10^{-12} cm^3 \cdot m/(m^2 \cdot s \cdot Pa)$，这说明 PDMS 的引入提高了材料的 CO_2 与 O_2 透过性能。这是由于 PDMS 与 O_2、CO_2 同为非极性，根据相似相容原理，非极性分子间会加快溶解扩散速率，同时主链中的 Si—O—Si 键极易内旋，这样不但能提高分子链的柔顺性，还能扩大分子链间的自由体积，使得气体更容易透过。从 MDSC 测试结果上来看，PDMS 的加入降低了材料中 PLLA 链段的结晶度，PLDLn 主链上的 PLLA 几乎处于无定形状态，并且 PDMS 也为非结晶型聚合物，可大大减缓薄膜对气体渗透的阻碍作用。另外，从分子聚合度进行分析，随着 PDMS 含量的升高，分子链两端的 PLLA 链长在不断缩减，可导致材料的聚合度降低，同等条件下的材料聚合度越低透气效果越好。从 MDSC 结果看，PDMS 与 PLLA 完全不相容而且处于微相分离状态，所以

第三章　高 CO_2/O_2 选择透过性薄膜的制备及其包装特性

PDMS 对薄膜提供了很好的气体通过通道的作用。

表 3-25　PLLA 与 PLDLn 的气体透过性

样品	厚度/μm	CDTR/ [cm^3/ ($m^2 \cdot d$)]	CDP/ [$\times 10^{-12} cm^3 \cdot m$/ ($m^2 \cdot s \cdot Pa$)]	OTR/ [cm^3/ ($m^2 \cdot d$)]	OP/ [$\times 10^{-12} cm^3 \cdot m$/ ($m^2 \cdot s \cdot Pa$)]	CDP/OP
PLLA	38.9±0.5	1819±53	8.11±0.17	564±14	2.50±0.08	3.24
PLDL35	41.1±2.0	3046±81	14.33±0.22	821±44	3.86±0.17	3.71
PLDL26	41.9±0.4	3668±179	17.61±0.42	860±30	4.14±0.11	4.26

PLDL26 较 PLLA 的 CDP/OP 由 3.24 增大到 4.26，这说明共聚物随 PDMS 含量的增加，CDP 变化幅度大于 OP，这可能是由于非极性的 CO_2 分子更容易溶解于 PDMS 链段中引起的。另一方面，PDMS 与 PLLA 完全不相容，PLDLn 随着 PDMS 含量的递增，逐渐明显的相分离现象更有利于大分子 CO_2 的渗透。综上所述，PDMS 的引入提高了 CO_2 和 O_2 的透过性能以及透过比。

对于蔬菜而言，改性材料可增大 CO_2、O_2 透过性及透过比，可有效提高包装内容物的容积率，合理利用包装内部空间，从而更节省材料的用量，降低成本。同时可以满足更高呼吸速率果蔬对气体和气体选择透过性的要求，也为后期材料的进一步改性研究创造理论依据。

表 3-26 为约 $40\mu m$ 的 PLDLn 共聚物薄膜在温度为 23℃、湿度为 65%条件下的水蒸气透过情况。随着 PLDLn 中 PDMS 含量的增加，共聚物的 WVP 由 $0.69\times10^{-10} g \cdot m/ (m^2 \cdot s \cdot Pa)$ 降低到 $0.43\times10^{-10} g \cdot m/ (m^2 \cdot s \cdot Pa)$，这是因为 PDMS 是一种硅油，具有极强的疏水性，可抵消部分水分子的溶解能力以及分子间的传递性能。在成膜时，PLDLn 中的 PDMS 软段向薄膜表面迁移富集，形成了一层规整的 Si—CH_3 覆盖，这导致水分子透过外层渗入的速度大大减缓。总体上看，PDMS 的引入降低了材料的透湿性能，但下降幅度并不明显，不会为果蔬保鲜带来显著性影响。

表 3-26　PLLA 与 PLDLn 的水蒸气透过性能

样品名称	厚度/μm	WVTR/ [$g/ (m^2 \cdot d)$]	WVP/ [$\times 10^{-10} g \cdot m/ (m^2 \cdot s \cdot Pa)$]
PLLA	40.6±1.8	269.9±16.6	0.69±0.05
PLDL35	39.6±0.6	231.1±12.2	0.58±0.01
PLDL26	39.2±0.4	171.4±38.4	0.43±0.06

(十二) PLT_nL 共聚物薄膜性能测试与油菜保鲜效果结果与分析

聚三氟丙基甲基硅氧烷（PTFPMS）具有高度的链迁移性，可作为聚合物的软段。本研究利用丙交酯的开环聚合反应将其引入，以合成不同的 PLLA-PTFPMS-PLLA 嵌段共聚物（PLT_nL），旨在制备具有高气体透过性和高选择透过性的柔性 PLLA 可降解共聚物薄膜，使其适用于不同新鲜果蔬的自发气调保鲜包装，从而达到延长果蔬保鲜期的目的。本实验设计合成了三种分子质量的 PLLA-PTFPMS-PLLA 共聚产物固定两端 PLLA 链段（$M_n = 5.0 \times 10^4$）。为方便表达，产物分别进行简称。例如 $PLLA_{50000}$-$PTFPMS_{6820}$-$PLLA_{50000}$ 简写为 $PLT_{0.6}L$。

1. PLT_nL 共聚物的分子及分子质量分布情况

图 3-25 是 PLLA 与中间 PTFPMS 分子质量不同的 PLT_nL 样品的核磁共振谱图，为避免有未反应的 PTFPMS 及 LA 残留在共聚物上，使用经冷藏处理的正己烷试剂对合成产物进行两次沉降。谱图上各峰归属如下，其中 $\delta = 5.2$ 的吸收峰 a 为 PLLA 链段上的次甲基特征峰，$\delta = 1.6$ 的特征峰为 PLLA 的甲基特征峰，$\delta = 1.37$ 处的特征峰对应于 PTFPMS 的亚甲基 d 的特征峰，$\delta = 1.7$ 处的特征峰对应于 PTFPMS 的亚甲基 e 的特征峰。PTFPMS 链段上与 Si 相连的甲基 c 出现在 0.1mg/L 处，且相对高度随着 PLT_nL 样品中 PTFPMS 链段分子质量的增加而增大。将 PLLA 嵌段中的甲基（—CH_3）质子的共振峰的高度归一化后可清楚地看到，在 PLT_nL 的 ^1H NMR 图谱上，同时存在着 PLLA 与 PTFPMS 链段的特征峰，这说明 PTFPMS 作为软段已成功嵌入到 PLLA 主链中，成功合成出具有不同嵌段比例的聚合物。

表 3-27 中所列出的是理论投料比、根据核磁结果计算得到的分子质量以及 PLT_nL 共聚物分子链中 TFPMS/LA 的重量比。从表中可以看到，核磁测得的 PLT_nL 的 TFPMS/LA 比值略低于理论投料比，这说明有少部分的 LA 单体没有完全反应，经正己烷沉降洗脱后，可除去未反应的单体。经核磁计算得 $PLT_{0.6}L$、$PLT_{2.0}L$、$PLT_{5.0}L$ 嵌段共聚物中两端 PLLA 分子质量分别为 91451、88831 和 86763，均在 89000 左右，中间 PTFPMS 链段的含量（质量分数）由 6.9% 增加到 34.2%，总分子质量由 98229 增大到 131860，略低于预期目标，从总体来看，表 3-27 和核磁结果表明成功合成了不同嵌段比例的高相对分子质量的 PLT_nL 共聚物。

第三章 高 CO_2/O_2 选择透过性薄膜的制备及其包装特性

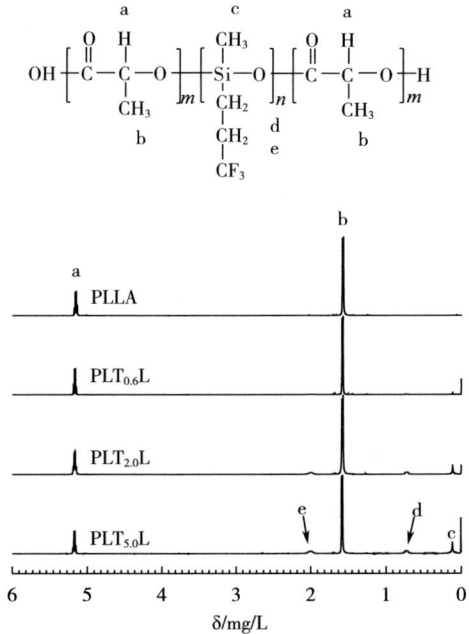

图 3-25　PLLA 和 PLT_nL 共聚物的 $^1H\ NMR$ 图谱

表 3-27　PLT_nL 嵌段共聚物分子质量特性

样品名称	TFPMS/LA（质量比）	PLT_nL	TM/LA[①]（质量比）	TFPMS[①]/%	分子质量[①]
$PLT_{0.6}L$	1/14.66	$(LA)_{635}-(TFPMS)_{44}-(LA)_{635}$	1/13.40	6.9	98229
$PLT_{2.0}L$	1/4.74	$(LA)_{617}-(TFPMS)_{135}-(LA)_{617}$	1/4.22	19.2	109940
$PLT_{5.0}L$	1/2.22	$(LA)_{602}-(TFPMS)_{289}-(LA)_{602}$	1/1.92	34.2	131860

注：①表示根据 ^1HNMR 图谱中 PTFPMS（TFPMS）（$-CH_2-$，$\delta=2.00mg/L$）重复单元和 PLLA（LA）（$-CH_3$，$\delta=1.58mg/L$）重复单元的信号获取的数据。

2. PLT_nL 共聚物薄膜的傅里叶红外光谱分析

图 3-26 所示为 PLLA 与 PLT_nL 三嵌段共聚物的 ATR-FTIR 红外光谱图。从图 3-26（1）可以看出，多数特征峰值分布在 $900\sim2000cm^{-1}$，为更好地观察图谱，如图（2）和（3）所示，我们分别对 $900\sim1400cm^{-1}$，$1700\sim1820cm^{-1}$ 范围内的图

谱进行了放大。从图3-26（2）可以看到，在1044cm^{-1}、1080cm^{-1}及1179cm^{-1}等波数附近出现了信号极强的吸收峰，分别代表了PLLA链段所特有的C—CH$_3$伸缩振动峰及C—O—C不对称伸缩振动峰。波数为900cm^{-1}、1021cm^{-1}和1262cm^{-1}处的吸收峰，分别代表PTFPMS的Si—C伸缩振动、Si—O不对称伸缩振动以及CH$_3$剪式振动峰。在PLT$_n$L聚合物红外图谱中，这些PTFPMS典型的红外特征峰的高度还随着PLT$_n$L中PTFPMS组分比的增加而明显加强，PLLA典型的红外特征峰的高度伴随着PTFPMS特征峰的加强表现出明显的减弱，这表明PLLA主链中含有PTFPMS的成分，结合核磁分析PTFPMS与PLLA确实发生加成反应，即PTFPMS成功嵌入了PLLA主链中。

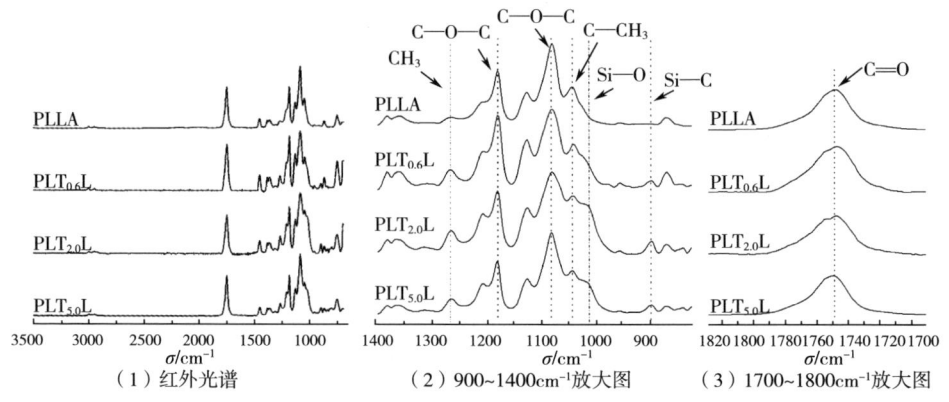

图3-26 PLLA与PLT$_n$L三嵌段共聚物红外光谱图

3. PLT$_n$L共聚物的MDSC分析

图3-27为关于PLLA与PLT$_n$L三嵌段共聚物的MDSC测试曲线图谱。为了更直观地观测出薄膜的热力学性能，将总热流拆分为可逆热流和不可逆热流两种。总热流是所有热转变的总和。通过可逆热流可以表征材料的T_g以及T_m的热学变化规律。不可逆热流则表征材料T_{cc}、固化、挥发等动力学规律。进一步根据图3-27，读取出T_g、T_{cc}、T_m以及由链段含量并计算聚合物的ΔH_{cc}、ΔH_m、X_c，列于表3-28中。从图3-27（1）中可以看出在从-50℃升温到200℃过程中，PLLA在54.4℃时出现了明显的玻璃化转变过程，随后又伴随出现热松弛吸收峰，并在75.8℃、175.7℃时分别出现冷结晶及熔融现象。

第三章 高 CO_2/O_2 选择透过性薄膜的制备及其包装特性

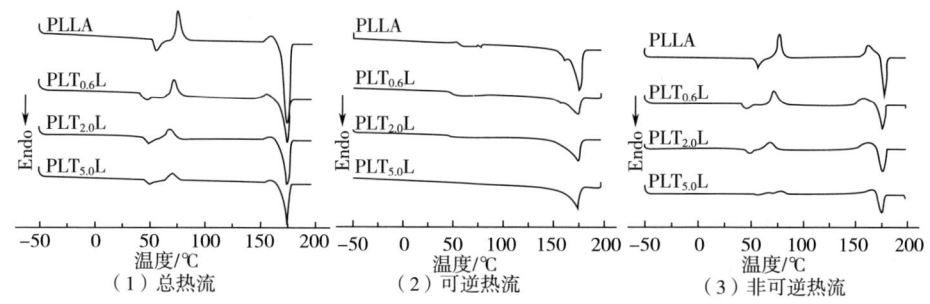

图 3-27 PLLA、PLT_nL 共聚物薄膜的 MDSC 升温曲线

表 3-28 PLLA、PLT_nL 共聚物中 PLLA 链段的热力学性能测试

样品	$T_g^{②}$/℃	$T_{cc}^{③}$/℃	$\Delta H_{cc}^{①}$/ (J/g)	$T_m^{①}$/℃	$\Delta H_m^{①}$/ (J/g)	X_c/%
PLLA	54.4	75.8	45.6	175.7	56.2	11.4
$PLT_{0.6}L$	43.2	71.2	33.2	173.6	42.4	9.9
$PLT_{2.0}L$	46.3	67.9	25.3	173.5	43.4	8.7
$PLT_{5.0}L$	48.3	71.4	36.6	173.8	45.5	9.5

注：①②③分别表示由总热流、可逆热流和不可逆热流曲线获得的数据。ΔH_{cc} 与 ΔH_m 是根据 PLLA 的质量分数计算所得；结晶度（X_c）根据核磁分析出的含量比及公式 $\Delta X_c = (\Delta H_m - \Delta H_c) /\Delta H_o \times 100$ 计算得出（其中 ΔH_o 为理想状态下纯聚合物 100%结晶时的热焓值，PLLA 的 ΔH_o 为 93.6J/g）。

图 3-27 为 PLLA 和 PLT_nL 共聚物的可逆热流 MDSC 图。从图 3-27 和表 3-28 中可以明显观察到，$PLT_{5.0}L$ 中 PLLA 嵌段的 T_g 与 T_m 低于纯 PLLA 的 T_g 与 T_m，分别降低了 6.1℃ 和 1.9℃，这是由于 PTFPMS 的 T_g 与 T_m 均远远低于 PLLA 的 T_g 与 T_m，所以 PTFPMS 的引入降低了 PLLA 链段的 T_g 与 T_m。由图 3-27 和表 3-28 可知，嵌段共聚物中 PLLA 链段的 T_{cc} 随着 PTFPMS 软段的含量的增加而下降，这是由于 PTFPMS 链段与 PLLA 链段并不相容导致的，PLLA 链段的运动受到了阻碍，发生聚集，所以导致材料 T_{cc} 的降低。

4. PLT_nL 共聚物薄膜拉伸性能分析

图 3-28 所示为 PLLA 和 PLT_nL 三嵌段共聚物薄膜的应力-应变曲线，可以直观的体现材料在拉伸过程中拉伸特性的相应变化趋势。不同材料的屈服强度、断裂伸长率和杨氏模量等性能参数列于表 3-29 中。根据这些参数可以判断材料在包装中的适应性能。纯 PLLA 的断裂伸长率仅为 8.2%，屈服强度约为 65MPa，表现为脆性断裂，这一缺点极大的限制了 PLLA 的广泛应用。与纯 PLLA 相比，

$PLT_{0.6}L$ 断裂伸长率增大到 179.5%，而断裂伸长率和杨氏模量分别降低到 41.1% 和 1501MPa。且随着中间 PTFPMS 分子质量的增大，断裂伸长率逐渐增大，拉伸强度和杨氏模量呈现下降趋势。$PLT_{5.0}L$ 断裂生长率高达 298%，约为 PLLA 的 36 倍。而 $PLT_{5.0}L$ 的杨氏模量下降至 937MPa，约为 PLLA 的 1/3；屈服强度为 31.5MPa，约为 PLLA 的 1/2。对于包装材料来说要求强度不低于 17MPa，PLT_nL 嵌段共聚物的最低强度为 31.5MPa，这说明柔性 PTFPMS 链段的嵌入既提高了材料的柔性和延展性，降低了材料的刚性，又维持了材料一定的力学强度，完全满足包装材料的要求。

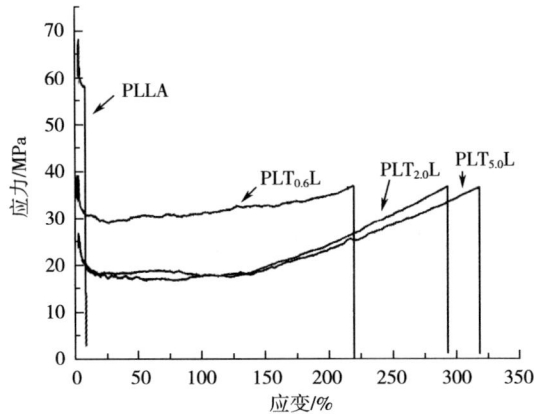

图 3-28　PLLA、PLT_nL 共聚物薄膜的拉伸曲线

表 3-29　PLLA、PLT_nL 共聚薄膜的力学性能

样品名称	厚度/μm	屈服强度/MPa	断裂伸长率/%	杨氏模量/MPa
PLLA	33.6±1.4	64.8±3.7	8.2±0.3	2171±195
$PLT_{0.6}L$	35.1±5.4	41.1±4.8	179.5±19.4	1501±74
$PLT_{2.0}L$	34.2±6.7	33.2±1.8	272.5±67.6	903±122
$PLT_{5.0}L$	32.7±3.6	31.5±5.4	297.8±24.8	937±29

5. PLT_nL 共聚物薄膜 O_2、CO_2 透过性及透过比分析

表 3-30、表 3-31 所示分别为排除厚度影响后 PLLA 和 PLT_nL 在 5℃、10℃、20℃、30℃和 40℃下的 CO_2 和 O_2 透过系数。表 3-32 所示为薄膜的 CO_2 透过系数（CDP）和 O_2 透过系数（OP）的比值，可表征材料的气体选择透过性。所有

第三章 高 CO_2/O_2 选择透过性薄膜的制备及其包装特性

样品的 CO_2 和 O_2 透过系数随着温度的升高呈现逐渐增加的趋势。在5℃，纯 PLLA 膜的 CO_2 的 CDP 和 O_2 的 OP 分别为 $5.53×10^{-12} cm^3·m/(m^2·s·Pa)$ 和 $1.94×10^{-12} cm^3·m/(m^2·s·Pa)$。当温度升高到40℃，PLLA 膜的 CDP 和 OP 分别增大到 $13.5×10^{-12} cm^3·m/(m^2·s·Pa)$ 和 $5.72×10^{-12} cm^3·m/(m^2·s·Pa)$，增大了约3倍。对于 PLT_nL 聚合物，$PLT_{0.6}L$ 膜的5℃下的 CDP 和 OP 分别为 $7.00×10^{-12} cm^3·m/(m^2·s·Pa)$ 和 $1.75×10^{-12} cm^3·m/(m^2·s·Pa)$，OP 略低于纯 PLLA。随着材料中间 PTFPMS 链段分子质量和相对含量的增加，薄膜的 CDP 和 OP 逐渐呈现增加趋势。$PLT_{5.0}L$ 膜在5℃下的 CDP 和 OP 分别增大到 $12.64×10^{-12} cm^3·m/(m^2·s·Pa)$ 和 $2.14×10^{-12} cm^3·m/(m^2·s·Pa)$。

表3-30　PLLA、PLT_nL 聚合物的二氧化碳透过性能

单位：$×10^{-12}/[cm^3·m/(m^2·s·Pa)]$

样品	CDP				
	5℃	10℃	20℃	30℃	40℃
PLLA	5.53±0.17	6.17±0.19	7.58±0.31	9.67±0.53	13.5±0.72
$PLT_{0.6}L$	7.00±1.33	9.67±0.47	9.64±0.25	12.08±0.44	17.97±0.89
$PLT_{2.0}L$	9.11±0.58	9.58±0.53	11.86±0.56	16.14±0.97	20.61±0.64
$PLT_{5.0}L$	12.64±0.42	13.22±0.44	17.00±0.97	21.78±0.58	33.33±1.14

在5℃下，$PLT_{0.6}L$ 膜的 CDP 和 OP 均略低于纯 PLLA，其原因是 PTFPMS 侧链上的 F 极性较大，而 CO_2 和 O_2 均为非极性，F 的存在阻碍了 CO_2 和 O_2 的透过，此时 F 的作用大于 PTFPMS 中 Si—O 键的作用。随着材料中间 PTFPMSF 链段分子质量和相对含量的增加，$PLT_{5.0}L$ 膜在5℃下的 CDP 和 OP 分别增大到 $12.64×10^{-12} cm^3·m/(m^2·s·Pa)$ 和 $2.14×10^{-12} cm^3·m/(m^2·s·Pa)$，这说明随着 PTFPMS 含量、Si—O 含量增多，可大幅度提高主链的柔顺性，并且 PTFPMS 的侧基不对称，高聚物自由空间大，材料的 CO_2 和 O_2 透过性能显著增加，此时 F 的含量也有所增加，但由于 PTFPMS 的侧链较长，F 距主链距离较远，对 CO_2 和 O_2 透过性阻碍减弱，Si—O 起主导作用。当温度升高至40℃时，由于高温下分子键的刚性降低，内聚度下降，自由体积增大，所有样品 CO_2 和 O_2 透过性能均显著增大，另外，气体的平均动能随温度升高而增大，温度越高，气体分子热运动程度越剧烈，也提高了气体分子的透过能力。

表 3-31　PLLA、PLT_nL 聚合物的氧气透过性能

单位：$\times 10^{-12} cm^3 \cdot m/(m^2 \cdot s \cdot Pa)$

样品	OP				
	5℃	10℃	20℃	30℃	40℃
PLLA	1.94±0.25	2.33±0.33	3.03±0.92	4.08±0.97	5.72±1.69
$PLT_{0.6}L$	1.75±0.58	2.00±0.44	2.67±0.56	3.53±0.72	5.17±0.67
$PLT_{2.0}L$	1.89±0.92	2.06±0.64	2.94±0.94	4.08±1.17	5.31±1.47
$PLT_{5.0}L$	2.14±0.17	2.42±0.86	3.25±0.5	4.89±0.97	9.36±1.25

在5℃下，随着PTFPMS的分子质量的增大，材料的CO_2/O_2气体透过比（$P_{C/O}$）升高，这是由于PTFPMS中CO_2渗透率远高于O_2渗透率，因此，PTFPMS与PLLA的共聚反应大幅度提高了CO_2的透过量，随着PTFPMS添加，$P_{C/O}$也得到了提升。当温度升高至40℃时，同种材料的CO_2、O_2气体透过比随温度的升高而降低，在低温时，CO_2渗透性大于O_2的渗透性，当温度升高时，O_2分子平均动能增大，热运动的程度越来越剧烈，O_2分子的透过量大幅度提升，$P_{C/O}$有所降低。

表 3-32　PLLA、PLT_nL 共聚物薄膜的二氧化碳和氧气透过比

样品名称	厚度/μm	CDP/OP				
		5℃	10℃	20℃	30℃	40℃
PLLA	41.2	2.9	2.6	2.5	2.4	2.4
$PLT_{0.6}L$	38.0	4.0	4.8	3.6	3.4	3.4
$PLT_{2.0}L$	37.5	4.8	4.6	4.0	4.0	3.9
$PLT_{5.0}L$	40.9	5.9	5.5	5.2	4.5	3.6

综上所述，改性后的PLT_nL材料相较于纯PLLA薄膜，在5℃时CDP、OP、$P_{C/O}$分别增加了$7.11\times10^{-12} cm^3 \cdot m/(m^2 \cdot s \cdot Pa)$、$0.2\times10^{-12} m^3 \cdot m/(m^2 \cdot s \cdot Pa)$和3.0，为营造良好蔬菜保鲜气体条件奠定基础。

6. PLT_nL 共聚物薄膜水蒸气透过性分析

表3-33为23℃，65% RH下（国标条件）测试所得的不同分子质量的PLT_nL嵌段共聚物薄膜的水蒸气透过数据。从表中可以看出纯PLLA的WVP为$0.95\times10^{-10} g \cdot m/(m^2 \cdot s \cdot Pa)$，随着PTFPMS含量的增加，共聚物薄膜的WVP

第三章 高 CO_2/O_2 选择透过性薄膜的制备及其包装特性

下降至 $0.89×10^{-10}g·m/(m^2·s·Pa)$，是由于 PTFPMS 是疏水性材料，透湿性能较差。PTFPMS 主链为 Si—O—Si 结构，一端侧基为甲基，是非极性基团，当 PTFPMS 与 PLLA 发生聚合反应后，PTFPMS 的 —CH_3 围绕 Si—O—Si 主链朝外排列，使嵌段共聚物表现出较强的憎水性，因此，随着 PTFPMS 的嵌入，共聚物薄膜的透湿性有所下降，但下降程度并不明显，与纯 PLLA 薄膜大体相近，可作为果蔬包装材料使用。

表 3-33 PLLA、PLT_nL 嵌段共聚物薄膜的水蒸气透过性能

样品名称	厚度/μm	WVTR/ [g/ ($m^2·d$)]	WVP/ [$×10^{-10}g·m/(m^2·s·Pa)$]
PLLA	35.7±0.9	418.4±12.2	0.95
$PLT_{0.6}L$	40.5±1.1	332.6±53.6	0.75
$PLT_{2.0}L$	41.4±1.8	277.9±22.9	0.73
$PLT_{5.0}L$	40.3±2.3	349.0±64.6	0.89

注：测试条件为 23℃，$RH=65\%$，饱和蒸汽压（S）为 2810Pa，即国标对包装材料透湿要求的湿度测试条件。

（十三）硅氧烷侧链结构对聚乳酸共聚物的包装特性的影响

PDMS 结构链中含有高度链迁移性的 Si—O—Si 键，所以薄膜有较大的自由体积和气体扩散系数，被广泛用于工业氧气的富集，是最早被应用的气体分离膜材料之一。羟基封端甲基苯基硅氧烷（PMPS）又称苯基硅油，其材料的防水性和导热性较好、表面张力小，具有优良的物理特性。PMPS 由于存在较大体积的苯基，与其他硅油相比，具有更高的黏温系数和更好的耐高低温性、耐辐照性、耐燃性、氧化稳定性等优点。PMPS 广泛被应用于工业上的消泡、脱模工艺，以及被用于涂料、电子电气、化妆品、医药等领域。聚三氟丙基甲基硅氧烷（PTFPMS），又称氟硅油。PTFPMS 结合了有机硅和氟碳化合物的双重性质，含有较大体积的侧基结构，因此具有化学稳定性、耐高低温性和防水防油性。除此之外，聚硅氧烷无毒无害，不会引起人体不良反应，可用于食品工业及医用消泡剂。作为气体分离膜，对聚合物的机械应力及成膜性具有更高的要求。而橡胶态的硅氧烷机械强度低，成膜性较差。因此，大量研究工作都将聚硅氧烷与其他玻璃态或刚性聚合物通过层合、共混或者共聚等方法聚合在一起以改性聚合物的气体渗透性及选择渗透性。

本实验将选用与 PLLA 相容性较低的疏水性嵌段共聚改性 PLLA。通过增大高分子内部的自由体积来增加气体渗透通道，采用三种不同侧基结构的硅氧烷：PDMS、PMPS、PTFPMS，去调整 PLLA 分子主链及侧链结构，以控制 PLLA 嵌段物的微相分离结构，旨在大幅度提高 PLLA 的 O_2 和 CO_2 透过系数，同时保持薄膜良好的机械性能。图 3-29 为不同侧基结构的三嵌段共聚物的合成路线图。

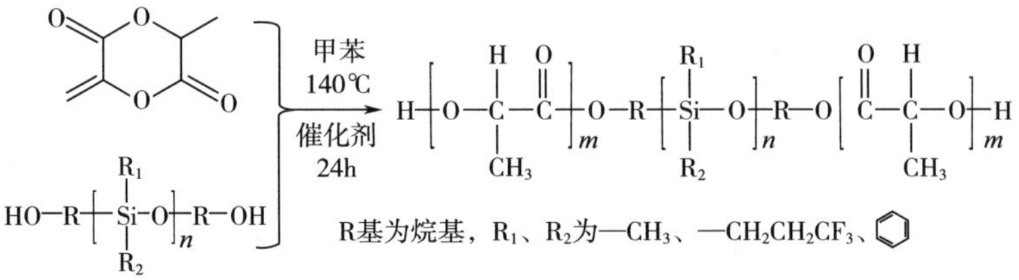

图 3-29　三嵌段共聚物的合成路线图

1. 共聚物的结构分析

图 3-30（1）（2）（3）描绘了采用不同侧基硅氧烷改性后的三嵌段共聚物的氢核磁共振图谱。识别了组成段质子对应的信号，以及结合红外光谱测试和对共聚物的分子及分子质量分布进行表征。为了避免三嵌段共聚物中含有未参与合成的硅氧烷残留物以及分子质量过低的小颗粒共聚物，采用正已烷试剂对共聚产物进行多次沉降处理，排除未参与反应的硅氧烷原料对检测的干扰。

图 3-30（1）所示为 LA-DM 嵌段共聚物的核磁图谱，在 δ = 0.07mg/L、5.08mg/L、1.58mg/L 处，分别为 PDMS 的甲基—Si（CH_3）$_2$—、PLLA 嵌段中的次甲基（—CH—）和甲基（—CH_3），证实了 PDMS 嵌入 PLLA 中，成功制备出了 LA-DM 嵌段共聚物。图 3-30（2）所示为 LA-MP 嵌段共聚物的核磁图谱，在波数 δ = 1.58、5.08mg/L 处出现了 PLLA 链段的甲基和次甲基；在 0.04～0.07mg/L 处出现，PMPS 中间链段的（—CH_3）质子峰，在 δ = 7mg/L 附近出现 PMPS 侧链上的氢［C—H，图 3-30（2）所示 d，d′，d″］的质子峰，这说明 PMPS 也已成功嵌入 PLLA 链段中。同样图 3-30（3）所示为 LA-TFPM 嵌段共聚物的核磁图谱，在波数为 δ = 1.58mg/L、5.08mg/L 处出现了 PLLA 链段的甲基和次甲基；在 0.09mg/L 处出现，PTFPMS 中间链段的（Si—CH_3）的质子峰、δ = 0.75 和 2.0mg/L 处出现 PTFPMS 侧链上的［—CH_2—，图 3-30（3）所示 e、f］等信号出现，这说明 PTFPMS 已成功嵌入到 PLLA 中。

第三章 高 CO_2/O_2 选择透过性薄膜的制备及其包装特性

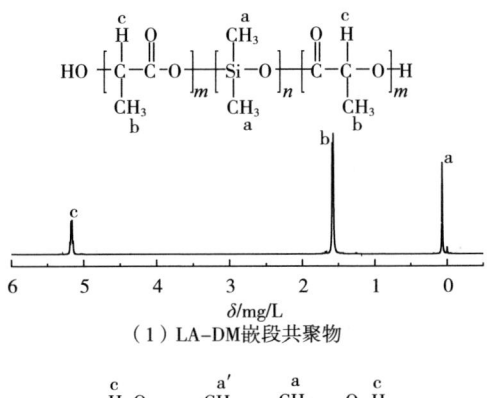

（1）LA-DM嵌段共聚物

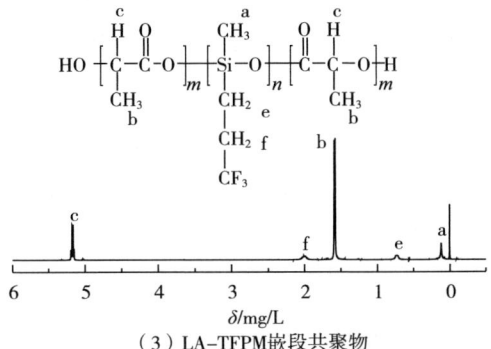

（2）LA-MP嵌段共聚物

（3）LA-TFPM嵌段共聚物

图 3-30 三嵌段共聚物的氢核磁共振谱图

PLLA 和三嵌段共聚物膜的分子特性，如表 3-34 所示。

表 3-34 PLLA 和三嵌段共聚物膜的分子特性

样品	PSi/LA/ （质量比）	PLLA-PSi-PLLA[1]	PSi/LA[1] / Psi[1] 质量分数/ （质量比）	%	分子 质量[1]
PLLA	—	—	—	—	$9.4×10^4$
LA-DM	1/2.8	$(LA)_{469}-(DM)_{334}-(LA)_{469}$	1∶2.7	26.8	$9.2×10^4$

续表

样品	PSi/LA/（质量比）	PLLA-PSi-PLLA[1]	PSi/LA[1]/（质量比）	Psi[1] 质量分数/%	分子质量[1]
LA-MP	1/3.3	$(LA)_{427}-(MP)_{259}-(LA)_{427}$	1:2.9	25.6	$8.3×10^4$
LA-TFPM	1/2.3	$(LA)_{422}-(TFPM)_{194}-(LA)_{422}$	1:2.0	33.2	$9.1×10^4$

注：(1) ^{1}H NMR 结果，根据嵌段共聚物中 PSi 甲基单元和 PLLA（LA）的甲基单元信号峰面积来计算。

2. 傅里叶红外光谱仪测试

红外光谱是分析聚合物的合成情况、分子间作用力及结晶状态变化的有效方法。经过共聚物材料分子时，一定频率的红外线被分子中相同振动频率的键振动吸收，便可观测到特定的红外吸收光谱透过率的曲线。图 3-31 的（1）（2）（3）（4）所示为 PLLA 以及三嵌段共聚物在不同波数处的 ATR-FTIR 红外光谱图。

图 3-31（1）和（2）中可以发现，在 $1044cm^{-1}$、$1080cm^{-1}$ 和 $1179cm^{-1}$ 处出现较强的吸收峰值，分别为 PLLA 链段上的 C—CH_3 和 C—O—C 的不对称伸缩振动特征吸收峰。在波数为 $804cm^{-1}$、$1021cm^{-1}$、$1262cm^{-1}$ 处的振动峰，分别代表 PDMS、PMPS、PTFPMS 三种不同硅氧烷典型的 Si—C、Si—O 和 CH_3 的伸缩震动峰。由于硅氧烷为非结晶型聚合物，在无定形区域内可观察到 $1044cm^{-1}$ 处的微弱 Si—O 伸缩振动峰。在 $1315cm^{-1}$ 处出现的微量吸收峰，为 PTFPMS 侧基链段上—CF_3 的伸缩振动特征峰。波数为 $1429cm^{-1}$、$1529cm^{-1}$ 处出现的吸收峰，为苯环骨架的 C=C 的微量伸缩震动吸收峰。同时在图 3-31（4）中，波数为 $3025cm^{-1}$ 处出现 PMPS 苯环中的 C—H 伸缩振动峰，在波数为 $742cm^{-1}$、$718cm^{-1}$ 处出现苯环上 C—H 的面外变性振动特征吸收峰。这些特征峰进一步验证了反应产物中含有三种硅氧烷的成分，符合预期结果。从图 3-31（3）中可以发现，在波数为 $1749cm^{-1}$ 处可出现信号较强的吸收峰，代表了 PLLA 链段中的羰基（C=O）在无定形区域内的伸缩振动，这说明采用不同侧基结构的硅氧烷改性后的三嵌段共聚物薄膜中，PLLA 段几乎处于无定形状态。

3. 调制式差示扫描量热分析仪分析

MDSC 测试被用来分析两种不同共聚体系的热学性能，将几组样品的 MDSC 曲线图拆分为（1）总热流、（2）可逆热流、（3）不可逆热流三种，并选取与计

第三章 高 CO_2/O_2 选择透过性薄膜的制备及其包装特性

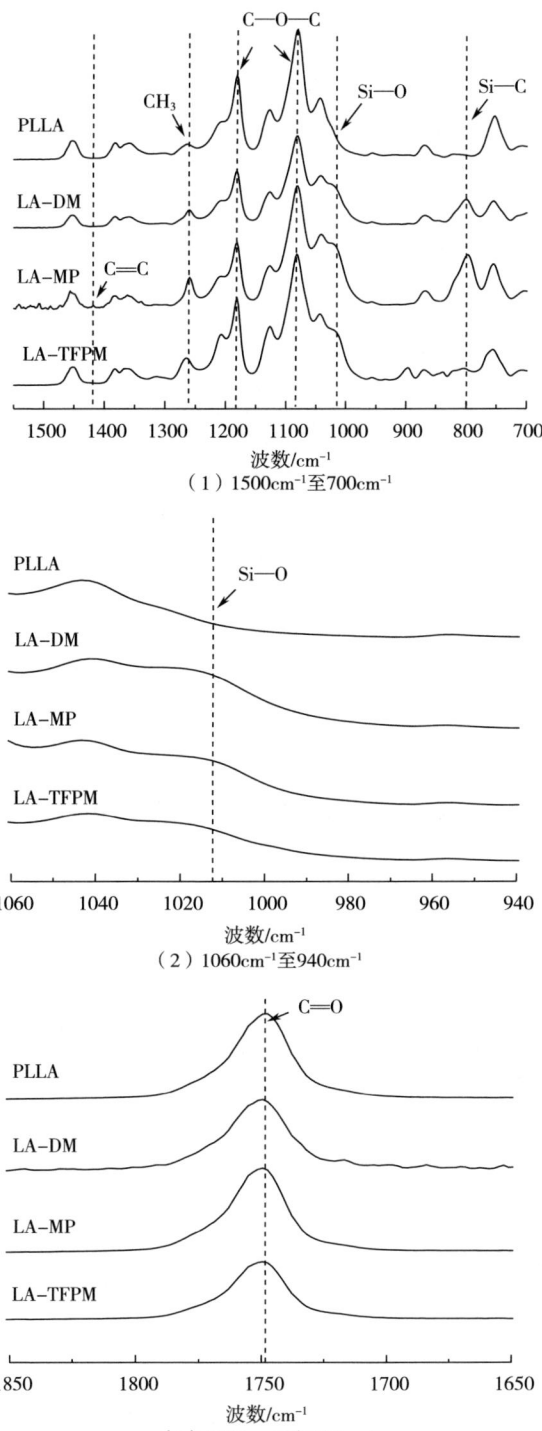

（1）1500cm^{-1}至700cm^{-1}

（2）1060cm^{-1}至940cm^{-1}

（3）1850cm^{-1}至1650cm^{-1}

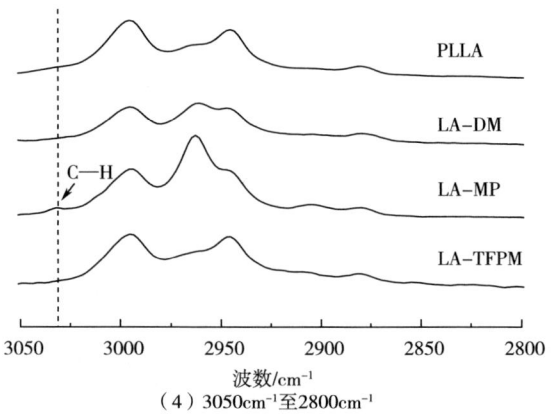

(4) 3050cm^{-1}至2800cm^{-1}

图 3-31　PLLA 和三嵌段共聚物的红外光谱图

算玻璃化转变温度（T_g）、熔点（T_m）、冷结晶温度（T_{cc}）、重结晶温度（T_{rc}）、结晶度（X_c）等参数值列于表 3-35 中。

如图 3-32（1）和表 3-35 所示，纯 PLLA 的 ΔH_c 和 ΔH_m 分别为 45.2J/g 和 51.9J/g，其结晶度为 7.2%。随着不同硅氧烷链段的嵌入，与分子质量相当的纯 PLLA 相比，三嵌段共聚物材料的 ΔH_c 和 ΔH_m 分别出现了降低现象。这说明硅氧烷的嵌入影响了链段的排列规整性，抑制了分子链的排核，最终导致材料的结晶度从 7.2% 下降到 3.5%，链段中的聚乳酸几乎处于无定形状态。

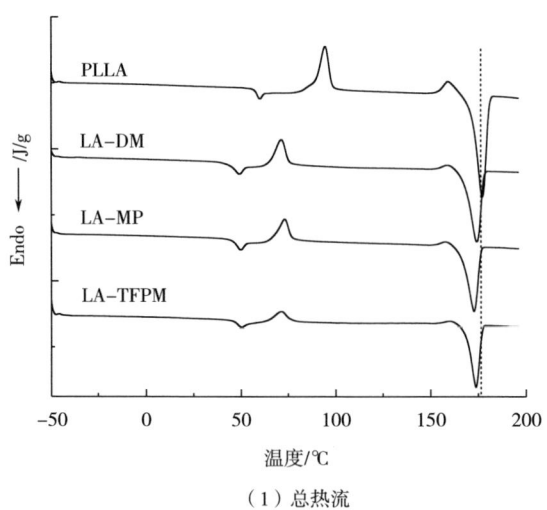

（1）总热流

第三章 高 CO_2/O_2 选择透过性薄膜的制备及其包装特性

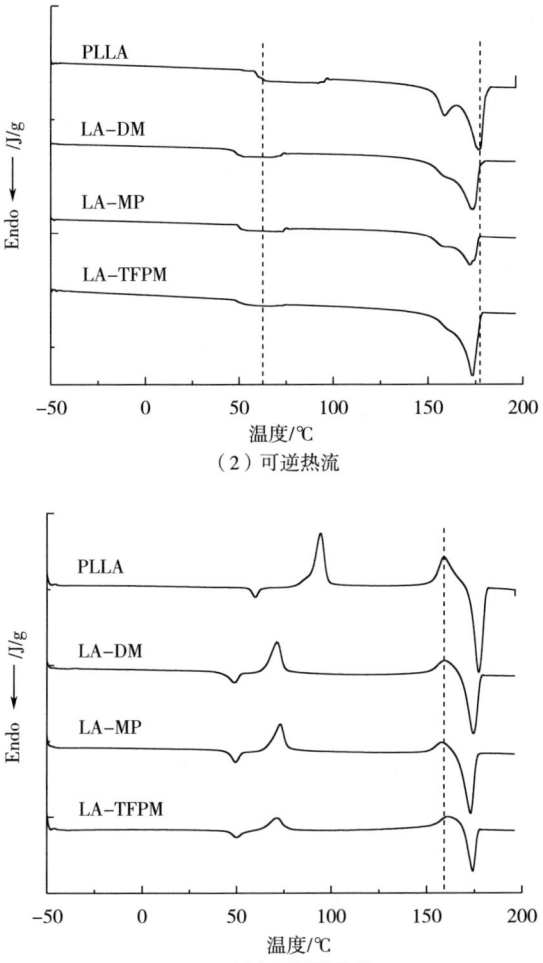

图 3-32 PLLA 与三嵌段共聚物的 MDSC 升温曲线图

表 3-35 PLLA 和三嵌段共聚物的热力学特性

样品	$T_g^{(2)}$/℃	$T_{cc}^{(3)}$/℃	$T_{rc}^{(3)}$/℃	$\Delta H_c^{(1)}$/(J/g)	$T_m^{(1)}$/℃	$\Delta H_m^{(1)}$/(J/g)	X_c/%
PLLA	61.2	89.2	158.6	45.2	176.9	51.9	7.2
LA-DM	47.1	71.4	158.1	44.7	174.2	49.7	5.4
LA-MP	48.0	73.1	157.8	42.2	172.8	47.7	5.9
LA-TFPM	48.1	73.5	158.8	45.8	171.6	49.1	3.5

注：ΔH_c 与 ΔH_m 是根据 PLLA 的质量分数计算所得；结晶度（X_c）根据核磁分析出的含量比及公式计算得出。

如图 3-32（2）和表 3-35 所示，纯 PLLA 在 60℃左右出现了明显的玻璃化转变。与纯聚乳酸相比，三嵌段共聚物对应的 PLLA 段显示出了较低的 T_g。从表 3-35 中可以发现，LA-DM 组的 T_g 为 47.1℃。这是由于 PDMS 的侧基结构较小，对称的侧基结构使材料的极性部分相互抵消，分子链段的柔顺性较好，相对应的 T_g 值也小。对于 LA-MP 和 LA-TFPM 组来说，随着硅氧烷链段的侧基结构变长，其位阻作用越明显，链段的柔顺性下降，T_g 值出现了上升的趋势。从整体上来看，硅氧烷的 Si—O 键赋予了材料良好的柔顺性，增强了共聚物主链的活动能力。此外，这也说明有一小部分 PSi 溶解于 PLLA 的结构域中。

从图 3-32（3）不可逆热流和表 3-35 中得知：纯 PLLA 在 90℃ 和 158.6℃ 左右出现了冷结晶峰和重结晶峰，随着硅氧烷的嵌入，三嵌段共聚物的 T_cc 出现下降趋势，加快了材料的结晶速率。表 3-35 显示，LA-DM 组的 T_cc 由 89.2℃ 下降至 71.4℃，这可能是因为柔性链段的硅氧烷的嵌入，增加了聚合物链段的运动性的原因，从而提高了 PLLA 链段在低温条件下的结晶能力。LA-MP 和 LA-TFPM 两组，由于含有较大体积的侧基结构，相对于 LA-DM 组来说聚合物链段的运动能力较差，相对应的 T_cc 值也略高于 LA-DM 组。

4. 拉伸性能分析

均聚物 PLLA 的拉伸强度为 57.1MPa，杨氏模量为 2711MPa，而断裂伸长率仅为 5.3%，为脆性材料，其材料的强度大、刚性强。因此，可采用柔性嵌段硅氧烷对聚乳酸材料进行材料改性，改善其包装性能。表 3-36 和图 3-33 分别为室温条件下的 PLLA 与三嵌段共聚物的拉伸性能参数（拉伸强度、弹性形变、杨氏模量等）与拉伸应力—应变曲线图。实验测试结果表明，LA-DM 组薄膜显示，因 PDMS 的嵌入，形成了与 PLLA 的微相分离结构，在拉伸过程中该结构起到了可逆的物理交联网络作用，薄膜的断裂伸长率增加了约 10 倍，提高了材料的柔性以及延展性，还将杨氏模量从 1799MPa 降低至 1608MPa，使得材料在刚度降低的同时也展现出了一定的韧性。

表 3-36 PLLA 和三嵌段共聚物的力学性能

样品名称	厚度/μm	屈服强度/%	断裂伸长率/MPa	杨氏模量/MPa
PLLA	37.9±2.1	57.1±3.8	5.3±1.9	1799.9±55.0
LA-DM	36.4±2.8	33.4±7.9	56.1±6.4	1608.7±69.7
LA-MP	39.1±1.7	31.3±6.2	136.2±22.0	946.3±82.6
LA-TFPM	34.7±3.6	29.0±2.8	256.3±29.6	1182.4±74.2

第三章 高 CO_2/O_2 选择透过性薄膜的制备及其包装特性

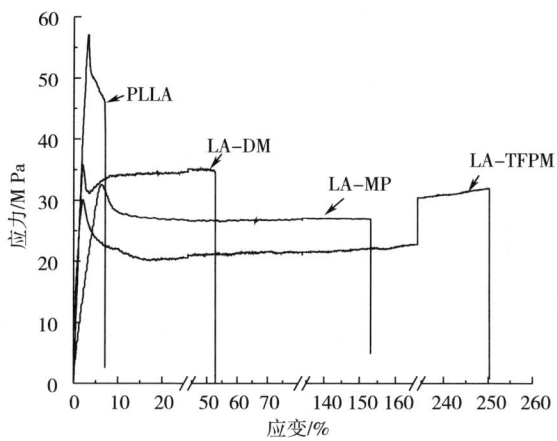

图 3-33　PLLA 和三嵌段共聚物薄膜的拉伸曲线

共聚物的力学性能与材料的分子极性、主链结构、侧链结构都有关系。采用苯基硅油改性的 LA-MP 组薄膜显示，由于改性后的共聚物薄膜中的 PMPS 与 PLLA 几乎处于无定形状态，在一定的外界拉力条件下，受硅氧烷软嵌段的影响，可避免 PLLA 链段出现集中受力的情况。所以，其断裂伸长率可达到 136MPa，相比聚乳酸材料断裂伸长率增加了约 27 倍。衡量材料变形能力的重要参数是杨氏模量，LA-MP 薄膜的杨氏模量降低至 946MPa，对 PLLA 起到了增韧的效果，使材料富有较好的韧性。

采用氟硅油（PTFPMS）改性的 LA-TFPM 组薄膜显示，由于氟硅油具备了有机硅和有机氟的综合性能，具有优异的机械强度，可提高 PLLA 的柔韧性。聚合物材料的杨氏模量从 1799MPa 降到 1182MPa，断裂伸长率可达 256MPa，约为纯聚乳酸薄膜的 50 倍。但是 LA-DM、LA-MP、LA-TFPM 的抗拉强度下降，是由于 Si—O—Si 键的自由转动造成的。

5. 原子力显微镜测试

采用 AFM 对 PLLA 和 LA-MP 嵌段共聚物进行结构观测。图 3-34 中薄膜（1）PLLA 和（2）LA-MP 是在原子力显微镜 $5\mu m \times 5\mu m$ 下的微观结构图。从图 3-34（1）中可以观测到，纯 PLLA 薄膜的微观结构与 LA-MP 相比表面分布平整光滑。图 3-34（2）所示，采用苯基硅油改性后的嵌段共聚物出现了典型的岛屿结构，其平面为 PLLA 相；凸面为 PMPS 相。这是由于共聚物中的 PLLA 与 PMPS 是互不相容的体系所导致的。如图 3-34（2）所示，共聚物材料的相分离结构能建立起气体的渗透通道,能够有效地提高材料的透气性能。

　　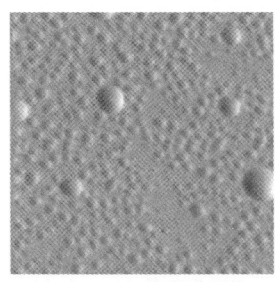

（1）PLLA　　　　　　　　　（2）LA-MP嵌段共聚物

图 3-34　PLLA 和 LA-MP 嵌段共聚物薄膜的 AFM 图像

6. 氧气、二氧化碳气体透过性及透过比

表 3-37 所示为 PLLA 和三嵌段共聚物薄膜系列在 23℃温度条件下的二氧化碳透过系数（CDP）、氧气透过系数（OP）。在排除薄膜厚度差异的条件下,纯 PLLA 薄膜的 CDP 为 $6.86\times10^{-12}\,cm^3\cdot m/(m^2\cdot s\cdot Pa)$，OP 为 $2.39\times10^{-12}\,cm^3\cdot m/(m^2\cdot s\cdot Pa)$。各组共聚改性薄膜的 CDP 和 OP 可大大提高。

表 3-37　PLLA 和三嵌段共聚物的气体透过性能

样品	厚度/μm	CDTR/ [cm³/(m²·d)]	CDP/ [×10⁻¹²cm³·m/(m²·s·Pa)]	OTR/ [cm³/(m²·d)]	OP/ [×10⁻¹²cm³·m/(m²·s·Pa)]	$P_{C/O}$
PLLA	37.3±0.4	1576±42	6.86±0.11	524.3±4.9	2.39±0.03	2.87
LA-DM	38.4±0.6	3385±39	14.75±0.06	926.0±35.0	3.72±0.11	3.96
LA-MP	39.0±0.4	4713±56	21.61±0.11	993.8±48.0	4.17±0.14	5.19
LA-TFPM	38.2±0.7	4630±26	21.22±0.08	1084.7±20.2	4.97±0.08	4.27

从表 3-37 中可发现,采用 PDMS 改性后的共聚物材料（LA-DM）的透气性能得到了较好的改善。薄膜的 CDP 和 OP 分别提升至 $14.75\times10^{-12}\,cm^3\cdot m/(m^2\cdot s\cdot Pa)$ 和 $3.72\times10^{-12}\,cm^3\cdot m/(m^2\cdot s\cdot Pa)$，$P_{C/O}$ 值也提升至 3.96。当采用含有较大侧基结构的 PMPS 和 PTFPMS 对材料改性时,材料的透气性能得到了进一步的改善。其中,采用苯基硅油改性后的薄膜（LA-MP）的气体透过率变化较大,CDP 和 OP 分别提高至 $21.61\times10^{-12}\,cm^3\cdot m/(m^2\cdot s\cdot Pa)$ 和 $4.17\times10^{-12}\,cm^3\cdot$

第三章 高 CO_2/O_2 选择透过性薄膜的制备及其包装特性

m/($m^2 \cdot s \cdot Pa$); $P_{C/O}$ 达到 5.19。这更接近草莓理想气调包装条件。这是因为采用较大侧基结构的 PMPS 对 PLLA 进行改性,材料可出现相分离现象,改变了材料分子之间的空隙体积,从而增加了材料的气体渗透通道。这与 AFM 的分析结构一致。虽然改性过程中共聚物的聚合度增大,分子链变长,对整个分子链的运动有影响,但是聚合物材料主链中的 Si—O—Si 键能有效提高分子链的柔顺性,增加分子链之间的自由体积,有效提高气体在共聚物薄膜中的扩散程度。材料的透气性能检测结果表明,采用 PMPS 改性的共聚物薄膜在氧气、二氧化碳的透过性以及选择透过性方面具有明显的优越性。

7. 水蒸气透过性测试

包装材料的水蒸气透过性能,对包装袋内草莓的新鲜度、口感、味道具有很重要的影响。草莓采摘后因蒸腾作用可产生水蒸气,如果薄膜的水蒸气透过率小,便会在包装内壁产生结露现象,容易滋生细菌,加速草莓果实的腐烂速率。如果薄膜的水蒸气透过率过大,袋内果实会因失水而萎蔫,失重率明显上升。因此,要根据草莓的呼吸类型等因素选择具有适宜水蒸气透过的薄膜。一般使用水蒸气渗透率(WVTR)和水蒸气透过系数(WVP)等指标去表征、评估共聚物材料的水蒸气透过性能。

表 3-38 列出了 PLLA、三嵌段共聚物和溶剂处理薄膜在测试温度 38℃、相对湿度 90% 条件下的水蒸气透过情况。纯 PLLA 薄膜的 WVTR 和 WVP 为 394g/($m^2 \cdot d$) 和 0.94×10^{-10} g·m/($m^2 \cdot s \cdot Pa$)。采用 PDMS 改性的共聚物薄膜(LA-DM)的 WVP 下降到 0.66×10^{-10} g·m/($m^2 \cdot s \cdot Pa$)。这是由于硅氧烷嵌段具有疏水性能,在一定程度上减缓了水分子的渗入,这导致材料的水蒸气透过性能降低。采用 PMPS 和 PTFPMS 改性的两组共聚物薄膜的组水蒸气透过量分别增长到 842g/($m^2 \cdot d$) 和 612g/($m^2 \cdot d$),这可能是由于这两组硅氧烷中含有较大的侧基结构,其空间位阻较大,因此相分离效果较为严重,也导致了水分子透过渗透率有所增加。

表 3-38 PLLA 和三嵌段共聚物薄膜的水蒸气透过性能

样品	厚度/μm	WVTR/[g/($m^2 \cdot d$)]	WVP/[$\times 10^{-10}$ g·m/($m^2 \cdot s \cdot Pa$)]
PLLA	38.6±2.5	394±16.1	0.94±0.02
LA-DM	41.3±1.6	348.5±24.9	0.66±0.05
LA-MP	36.5±2.2	842.0±15.8	1.37±0.02
LA-TFPM	37.1±0.6	612.5±18.2	1.04±0.01

四、聚己二酸/对苯二甲酸丁二酯改性薄膜

聚己二酸/对苯二甲酸丁二酯（PBAT）是生物可降解材料，是一种半结晶型聚合物，通常结晶温度在110℃附近，而熔点在130℃左右，结晶度在30%左右。PBAT是脂肪族和芳香族的共聚物，综合具有脂肪PBAT分子链族聚酯的优异降解性能和芳香族聚酯的良好力学性能。PBAT的加工性能与LDPE非常相似，可用LDPE的加工设备吹膜。

（一）PBAT/PBS共混薄膜的包装特性

1. PBAT/PBS薄膜的力学及阻隔性能

通过双螺杆挤出流延机制备的试样为单轴拉伸薄膜，具有一定的取向度，因此，拉伸测试分别在垂直于拉伸方向（横向）与沿拉伸方向（纵向）进行。图3-35为不同配比的PBS/PBAT共混薄膜的力学性能。在横向拉伸组中，随着PBAT含量的增加，PBS/PBAT共混薄膜出现了明显的脆韧转变。其中，当PBAT含量为30%时，共混膜的断裂伸长率由纯PBS膜的59.4%提升至380.7%，提高了6.4倍，这说明PBAT的加入，对PBS材料起到了良好的增韧效果。而拉伸强度则从19.89MPa（纯PBS）下降至14.49MPa。这是由于PBS与PBAT共混后，其结晶能力变差，从而导致了材料的拉伸强度下降。弹性模量则随着PBAT含量的增加呈下降趋势，这主要是由于随着共混体系结晶度的降低，材料的刚性会相应减小。

另外，在纵向拉伸组中，共混薄膜的力学性能与横向拉伸时的整体变化趋势保持一致。随着PBAT含量的增加，共混薄膜断裂伸长率的变化幅度相对较小，其中当PBAT含量为30%时，共混膜的断裂伸长率由纯PBS膜的213.1%提升至324.4%，仅提高了1.5倍。这是由于在薄膜加工过程中，其分子链段沿拉伸方向已有了一定程度的舒展，所以，使得试样在拉伸测试过程中所能承受的形变量相对变小。从图3-35中还可看出，共混薄膜的纵向拉伸强度高于横向拉伸强度，这可能是由于取向后的分子沿受力方向有序排列，其断裂多为主键断裂，从而使共混物的强度有所提高。综上可知，尽管PBAT的加入降低了PBS材料的力学强度和刚性，但材料的韧性显著增强了。

2. PBAT/PBS薄膜的CO_2和O_2透过性及选择透过性分析

表3-39为PBS/PBAT共混薄膜的O_2和CO_2透过性能。纯PBS的O_2透过率

第三章 高 CO_2/O_2 选择透过性薄膜的制备及其包装特性

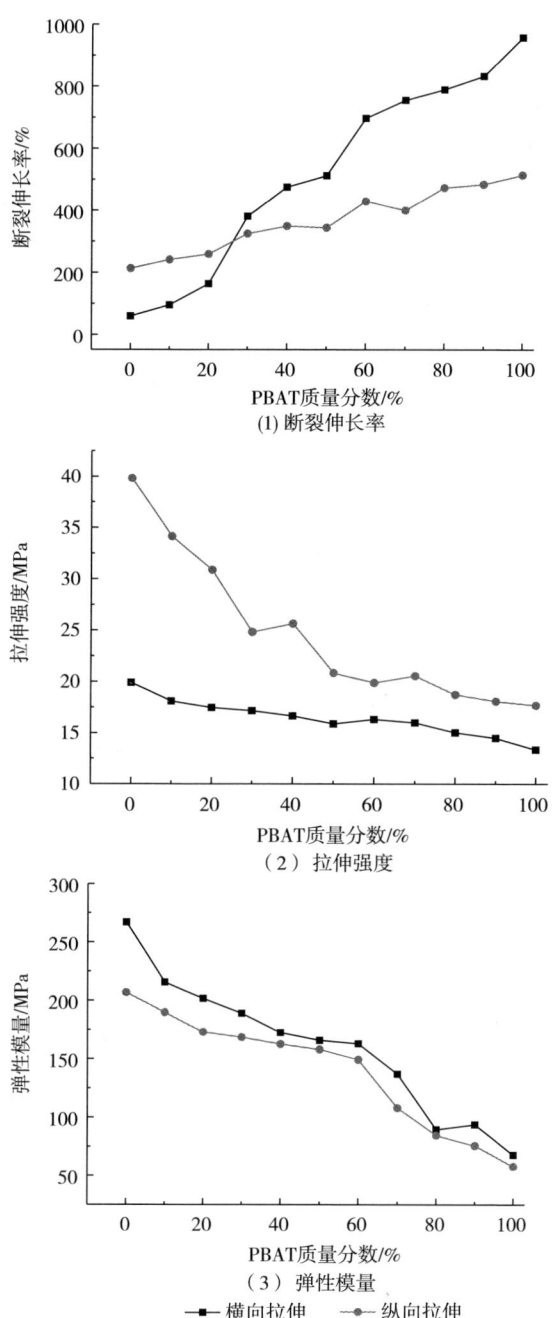

图 3-35 不同配比 PBS/PBAT 共混薄膜的力学性能

(OTR)为1994cm³/(m²·d)，O_2透过系数（OP）仅为4.88×10^{-12}cm³·m/(m²·s·Pa)；CO_2透过率（CDTR）为10184cm³/(m²·d)，CO_2透过系数（CDP）为24.98×10^{-12}cm³·m/(m²·s·Pa)；CO_2/O_2选择透过比（$P_{C/O}$）为5.11。以上数据表明，纯PBS膜的透气性不佳，这限制了其在包装领域中的应用。而将PBS与PBAT共混后，薄膜的OTR值有所增大，但其OP值仅略有提高，而CDTR及CDP则得到大幅提升，这说明PBAT对CO_2具有较好的渗透吸附能力。这是由于气体在渗透的过程中，高分子薄膜就像一个筛网，只允许一部分的分子（如CO_2）通过而阻止其他分子（如O_2）通过。此外，不同材料具有不同的透气性能，其气体透过系数一般与该材料的结构疏松程度和瞬时晶格孔穴数目有关。共混体系的结晶和加工过程中的取向均会对薄膜的物理结构、形态和渗透性产生影响，而几乎所有的渗透过程均发生在薄膜的非晶区。因此，随着PBAT质量分数的增加，共混体系的结晶度下降，$P_{C/O}$从5.11提高至7.04。

表3-39 PBS/PBAT共混薄膜的透CO_2和O_2性能

样品名称	厚度/μm	CDTR/[cm³/(m²·d)]	CDP/[$\times10^{-12}$cm³·m/(m²·s·Pa)]	OTR/[cm³/(m²·d)]	OP/[$\times10^{-12}$cm³·m/(m²·s·Pa)]	$P_{C/O}$
PBS	21.4±2.3	10184±87	24.98	1994±76	4.88	5.11
PBS/10%PBAT	22.4±1.1	12497±75	32.08	2133±96	5.47	5.86
PBS/20%PBAT	21.7±2.1	14284±93	35.52	2324±81	5.78	6.15
PBS/30%PBAT	21.8±1.5	16702±69	41.72	2597±60	6.49	6.43
PBS/40%PBAT	21.4±1.6	17009±81	41.71	2620±75	6.42	6.49
PBS/50%PBAT	22.8±0.8	19139±94	50.00	2793±93	7.29	6.85
PBS/60%PBAT	23.8±1.7	19375±67	52.85	2799±91	7.64	6.92
PBS/70%PBAT	23.2±1.3	19913±91	52.94	2885±84	7.67	6.90
PBS/80%PBAT	22.0±1.4	21529±83	54.27	3084±62	7.78	6.98
PBS/90%PBAT	20.8±2.4	23164±89	55.21	3289±59	7.84	7.04
PBAT	21.8±1.9	25864±93	64.62	3628±87	9.06	7.13

注：测试温度为23℃，相对湿度为0。

3. PBS/PBAT薄膜的水蒸气透过性分析

表3-40为PBS/PBAT共混薄膜的水蒸气透过率（WVTR）以及水蒸气透过

第三章 高 CO_2/O_2 选择透过性薄膜的制备及其包装特性

系数（WVP）。由表3-40可知，纯PBS膜的WVTR为1222g/（$m^2 \cdot d$），WVP为1.47×10^{-10} g·m/（$m^2 \cdot d \cdot Pa$）。而将PBS与PBAT共混后，薄膜的WVTR与WVP值均有所提升，这说明PBAT对水分子具有较好的扩散透过能力。这是由于水蒸气透过结晶型高分子薄膜所需要的渗透能量比非结晶型高分子薄膜高，因此薄膜结晶度越低，其表现出来的水蒸气透过性能就越好[28-29]。此外，由于水分子是极性分子，这使得水蒸气在极性高分子薄膜中的扩散和渗透速度较快，而PBAT中含有苯环，其分子链的极性较强，因此随着PBAT添加量的增加，共混薄膜的水蒸气透过性能逐渐提高。

表3-40　PBS/PBAT共混薄膜的水蒸气透过率和透过系数

样品名称	厚度/μm	WVTR/[g/（$m^2 \cdot d$）]	WVP/[$\times 10^{-10}$g·m/（$m^2 \cdot d \cdot Pa$）]
PBS	21.6±2.4	1222±13	1.47±0.03
PBS/10%PBAT	19.3±3.1	1430±15	1.54±0.02
PBS/20%PBAT	22.7±2.2	1415±21	1.79±0.02
PBS/30%PBAT	21.1±2.1	1526±19	1.81±0.03
PBS/40%PBAT	21.9±3.2	1492±20	1.83±0.06
PBS/50%PBAT	21.7±2.7	1519±18	1.85±0.05
PBS/60%PBAT	20.9±2.6	1558±13	1.83±0.02
PBS/70%PBAT	21.8±2.3	1527±11	1.86±0.08
PBS/80%PBAT	21.9±2.1	1578±28	1.93±0.03
PBS/90%PBAT	21.1±1.5	1680±19	1.99±0.05
PBAT	19.9±1.7	1981±13	2.21±0.07

注：测试温度为23℃，相对湿度65%。

（二）PCL对PBAT薄膜气体透过率的影响

将PBAT/PCL母料于40℃在真空干燥箱中干燥24h，将干燥后的母料以质量比为9∶1，8∶2，7∶3（PBAT∶PCL）混匀，再加入双螺杆挤出流延拉伸机，入料口温度设定为150℃，将螺杆温度设定为180℃，模头挤出温度为210℃，经熔融加热后再流延辊上形成铸片，经预热辊和固定辊的拉伸后，逐渐形成薄膜，调整调节移动辊和固定辊的转速，从而得到厚度为（55±5）μm的共混薄膜。PBAT/10%PCL表示质量比为9（PBAT）∶1（PCL），同理PBAT/20%PCL表示质量比为8（PBAT）∶2（PCL），PBAT/30%PCL表示质量比为7（PBAT）∶3（PCL）。

表3-41为PBAT/PCL共混薄膜在恒湿（50%RH）变温条件下的O_2透过系

数（OP）。随着PCL用量的增加，共混薄膜的氧气透过性能会减弱，且与PCL用量呈负相关，如在温度为20℃时，PCL用量为20%的共混薄膜的OP相对于PCL用量为10%时下降了$0.34\times10^{-12}\mathrm{cm}^3\cdot\mathrm{m}/(\mathrm{m}^2\cdot\mathrm{s}\cdot\mathrm{Pa})$（7%），而PCL用量为30%的共混薄膜的OP相对于PCL用量为20%时下降了$0.16\times10^{-12}\mathrm{cm}^3\cdot\mathrm{m}/(\mathrm{m}^2\cdot\mathrm{s}\cdot\mathrm{Pa})$（6.6%）。这是由于PCL本身的$O_2$阻隔性相较于PBAT而言较好，且随着其用量的增加，可以减弱共混薄膜的O_2透过性能；另一方面，共混薄膜在其分子结构排列上是机械相容性，不同材料之间有着较好的包容性，分子间结合较紧密，所以使得其OP减小了。

表3-41 共混薄膜在恒湿（50% RH）变温条件下的OP值

单位：$\times10^{-12}\mathrm{cm}^3\cdot\mathrm{m}/(\mathrm{m}^2\cdot\mathrm{s}\cdot\mathrm{Pa})$

样品名称	OP		
	20℃	30℃	40℃
PBAT	4.64±0.02	11.37±0.13	20.64±1.85
PBAT/10%PCL	2.94±0.93	7.89±0.17	13.77±0.57
PBAT/20%PCL	2.60±0.31	6.41±0.67	11.41±1.26
PBAT/30%PCL	2.44±0.16	5.56±0.25	10.90±0.07

从温度、湿度变化条件出发，PBAT及不同比例混合的薄膜在湿度为50% RH的条件下，随着温度的升高，其OP均在增大，这说明随着温度的升高，共混薄膜的氧气透过性能在增大。这是因为随着温度的升高，气体的热运动加剧，气体分子具有较大的动能，会更容易在膜表面溶解，气体分子溶解量增多并进一步扩散，当扩散到一定程度时会进行解离进而穿透薄膜，所以导致其氧气阻隔性下降了；另一方面，温度升高可以使分子链运动加剧，使其自由体积变大，气体分子遇到的阻力较小，导致共混薄膜的氧气透过性能增大。

表3-42为PBAT/PCL共混薄膜在恒温（20℃）变湿条件下的氧气透过系数。从表中也可看出，随着PCL用量的增加，薄膜的氧气透过性能有所下降。与表不同的是，表中的数据是在相同温度下得到的，随着湿度的增加，其氧气透过性能有所提高，这是因为水分子在高分子链中充当了"润滑剂"的角色，随着相对湿度的增大，高分子链间的摩擦力会降低，分子间运动阻力会减小，会提高分子链的运动能力，导致分子链对氧气分子的阻力在减小，使得氧气的透过性能增加了。

第三章 高 CO_2/O_2 选择透过性薄膜的制备及其包装特性

表 3-42 共混薄膜在恒温（20℃）变湿条件下的氧气透过系数

单位：$\times 10^{-12} cm^3 \cdot m/(m^2 \cdot s \cdot Pa)$

样品名称	OP		
	50% RH	60% RH	70% RH
PBAT	4.64±0.02	4.87±0.13	5.23±0.63
PBAT/10%PCL	2.94±0.93	2.97±0.19	3.15±0.15
PBAT/20%PCL	2.60±0.31	2.70±0.61	2.86±0.2
PBAT/30%PCL	2.44±0.16	2.47±0.13	2.59±0.13

表 3-43 是 PBAT/PCL 共混薄膜在恒温（23℃）变湿条件下的水蒸气透过系数。从表中可以看出，随着 PCL 用量的增加，共混薄膜的水蒸气透过性能在减弱，且与 PCL 用量呈负相关，如在湿度为 50% RH 时，20%PCL 的水蒸气透过系数相对于 10%PCL 下降了 $1.09\times10^{-5}g \cdot m/(m^2 \cdot s \cdot Pa)$（17%），而 30%PCL 的氧气透过系数相对于 20%PCL 时下降了 $0.46\times10^{-5}g \cdot m/(m^2 \cdot s \cdot Pa)$（8.6%）。这是因为 PCL 本身的水蒸气阻隔性能相较于 PBAT 而言更好，而随着其含量的增加，可以减弱共混薄膜的水蒸气透过性能；共混薄膜在其分子结构排列上是机械相容的，不同材料之间有着较好的包容性，分子间结合较紧密，所以使得其水蒸气透过系数在减小。

表 3-43 共混薄膜在恒温（23℃）变湿条件下的水蒸气透过系数

单位：$\times 10^{-5}g \cdot m/(m^2 \cdot s \cdot Pa)$

样品名称	WVP		
	50% RH	60% RH	70% RH
PBAT	6.67 ±0.65	7.61 ±0.76	7.33 ±0.89
PBAT/10%PCL	6.40 ±0.37	6.87 ±0.75	7.07 ±1.05
PBAT/20%PCL	5.31 ±0.51	6.71 ±0.83	5.82 ±0.54
PBAT/30%PCL	4.85 ±0.74	6.43 ±1.47	5.57 ±0.21

从温度湿度变化条件出发，PBAT 及不同比例混合的薄膜在相对湿度为 50% 的条件下，随着温度的升高，其水蒸气透过系数均在增大，这说明随着温度的升高，共混薄膜的水蒸气阻隔性能在降低，这是因为随着温度的升高，水蒸气分子的热运动加剧，使其具有较大的动能，更容易在膜表面溶解，水蒸气分子溶解量

增多并进一步扩散,当扩散到一定程度时则进行解离进而穿透薄膜,所以导致其水蒸气透过性能增强;另一方面,温度增高可以使分子链运动加剧,使其自由体积变大,水蒸气分子遇到的阻力较小,导致共混薄膜的水蒸气透过性能增强。

表3-44为PBAT/PCL共混薄膜在恒湿(50%RH)变温条件下的水蒸气透过系数。从表也可看出,随着PCL用量的增加,薄膜的水蒸气透过性能在减弱,且PBAT薄膜的水蒸气透过系数较大。不同的是,表3-44中的数据是在相同湿度下得出的,随着相对湿度的增加,其水蒸气阻隔性能有所下降,这是因为水分子在高分子链中充当了"润滑剂"的角色,随着相对湿度的增大,高分子链间的摩擦力降低了,分子间运动阻力减小了,提高了分子链的运动能力,导致分子链对水分子的阻力减小,从而使得水蒸气的透过性增加。

表3-44 共混薄膜在恒湿(50%RH)变温条件下的水蒸气透过系数

单位:$\times 10^{-5} g \cdot m/(m^2 \cdot s \cdot Pa)$

样品名称	WVP		
	23℃	30℃	40℃
PBAT	6.67 ±0.65	8.11 ±1.48	12.22 ±0.38
PBAT/10%PCL	6.40 ±0.37	8.17 ±2.17	14.18 ±3.16
PBAT/20%PCL	5.31 ±0.51	7.58 ±0.38	12.81 ±1.23
PBAT/30%PCL	4.85 ±0.74	7.24 ±0.68	10.67 ±0.29

表3-45是共混薄膜在4℃、80%RH下的CO_2/O_2的选择透过比。气体分子本身的大小对其渗透速率有较大影响,大分子在通过时会受到更大的阻力,所以对相同条件下的一种薄膜而言,其O_2的透过率小于CO_2的透过率。可以发现随着PCL添加量的增加,其CO_2/O_2的选择透过比在逐渐减少,任发政在《食品包装学》书中指出,当包装的CO_2/O_2的选择透过比在8~10时适用于果蔬包装,从本教研组前期的研究中发现,当PCL的添加量在30%时,薄膜的力学性能最优。

表3-45 共混薄膜在4℃、80%RH下的CO_2/O_2的选择透过比

参数	PBAT/10%PCL	PBAT/20%PCL	PBAT/30%PCL
CDP/OP(4℃)	9.30	9.46	8.10

第三章 高 CO_2/O_2 选择透过性薄膜的制备及其包装特性

(三) PBAT/PCL30 共混薄膜的性能测试与分析

在上一部分中 PBAT/PCL30 的基础上,通过调节移动辊和固定辊的转速,对模头挤出的熔融铸片再次进行不同程度的拉伸,从而可得到不同厚度的薄膜,分别可得到 20μm,40μm 和 60μm 的薄膜,简记为:20PBAT/PCL、40PBAT/PCL、60PBAT/PCL,其中 20、40、60 分别代表薄膜厚度。

1. PBAT/PCL30 共混薄膜的热学性能分析

从图 3-36 和表 3-46 和 3-47 中可以看出,随着 30% 共混薄膜厚度的减少,PBAT 的玻璃化转变温度(T_g)从 −28.7℃ 提高到 −24.8℃,熔融温度(T_m)从 112.2℃ 提升到 118.9℃,而熔融焓(ΔH_m)也从 10.7J/g 增加到 14.8J/g;这是由于,随着拉伸程度的加大和进一步的拉伸取向,导致了薄膜内形成分子链致密排序,从结晶度角度出发,人们发现,结晶度随着取向的加剧提高了 3%,这说明进一步的拉伸取向有助于提高结晶度(X_c),从而使得破坏分子链和结晶需要更高的温度和吸收更多的热量,从而提高了薄膜的阻隔性;而 PCL 的现象同理,但 PCL 的结晶在晶粒和晶片间都存在,其结晶度提高了约 10%。以上结论与这三种膜在氧气透过系数上的规律一致。

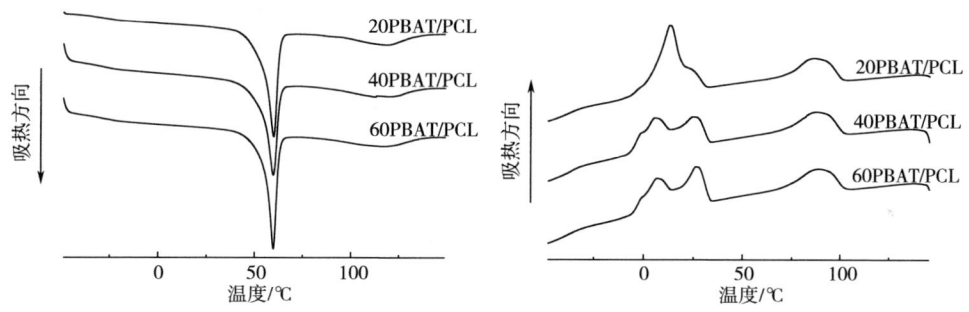

图 3-36 不同厚度 PBAT/PCL30 共混薄膜的 DSC 曲线

表 3-46 不同厚度 PBAT/PCL30 共混薄膜中 PBAT 的 DSC 特征参数

样品名称	T_g/℃	T_m/℃	结晶温度 T_c/℃	ΔH_m/(J/g)	结晶焓 ΔH_c/(J/g)	X_c/%
60PBAT/PCL	−28.7	112.2	—	10.7	0	9.3%
40PBAT/PCL	−27.7	117.7	—	11.8	0	10.4%
20PBAT/PCL	−24.8	118.9	—	14.8	0	12.9%

表 3-47　不同厚度 PBAT/PCL30 共混薄膜中 PCL 的 DSC 特征参数

样品名称	T_m/℃	T_c/℃	ΔH_m/(J/g)	结晶焓 ΔH_c/(J/g)	X_c/%
60PBAT/PCL	59.85	—	77.53	0	55.78
40PBAT/PCL	59.72	—	80.1	0	57.62
20PBAT/PCL	59.88	—	90.9	0	65.4

2. PBAT/PCL30 共混薄膜的力学性能分析

从纵向拉伸来看，其屈服强度随薄膜厚度的减少而增大，从 6.8MPa 上升到 66.14MPa，由于薄膜相较于厚膜，具有进一步的拉伸取向和分子链的排序；而断裂伸长率则随取向的增加反而减小，60PBAT/PCL 约是 20PBAT/PCL 的 10 倍，因为较厚的膜具有更好的韧性。而横向拉伸由于没有进行拉伸取向，所以厚膜能表现出更好的韧性。杨氏模量随拉伸取向的增大而略有 2 倍的提高，进一步的拉伸取向提高了材料的结晶度。从横向、纵向比较发现，纵向拉伸的屈服强度高于横向而断裂伸长率低于横向，这是由于相对于横向的样品，纵向样品在制作过程中已有一定程度的取向，导致分子链排序，所以破坏分子链需要更大的力；同样由于横向的分子排列没有取向，所以拥有更好的韧性。横向和纵向的杨氏模量基本一致。

表 3-48　PBAT/PCL30 共混薄膜的力学性能

	样品名称	杨氏模量/MPa	屈服强度/MPa	断裂伸长率/%
横向	20PBAT/PCL	198.67±9.58	7.45±0.59	276.50±0.71
	40PBAT/PCL	156.60±9.86	8.29±0.17	502.50±7.78
	60PBAT/PCL	93.11±12.50	9.49±0.72	702.33±28.57
纵向	20PBAT/PCL	177.44±11.49	66.14±5.51	77.03±4.43
	40PBAT/PCL	110.42±16.74	21.98±2.71	292.50±14.85
	60PBAT/PCL	77.40±5.83	6.80±0.79	779±4.24

3. PBAT/PCL30 共混薄膜的阻隔性能分析

表 3-49 反映了不同厚度 PBAT/PCL30 薄膜的氧气阻隔性，从表 3-49 中可以看出，随着薄膜厚度的增加，其氧气的透过率在逐渐减少，在 23℃、65%RH 时，20PBAT/PCL 的氧气透过量是 60PBAT/PCL 的 3 倍多，这说明，薄膜的阻氧性随其厚度的增大而增大。而氧气透过系数与厚度无关，所以只能研究其在相同

温度下随湿度的变化，OP 随相对湿度的增大而增大。

表 3-49　不同厚度 PBAT/PCL30 薄膜 23℃的氧气阻隔性

参数	材料	0%RH	65%RH	80%RH
OTR/ [cm^3/($m^2 \cdot d$)]	20PBAT/PCL	962.75±17.32	1054.75±11.67	1118±9.19
	40PBAT/PCL	406.25±6.72	427.50±0.71	458±8.49
	60PBAT/PCL	299.50±9.19	319.50±7.78	334.50±2.12
OP/ [$\times 10^{-12} cm^3 \cdot m/(m^2 \cdot s \cdot Pa)$]	PBAT/PCL30	2.12±0.31	2.25±0.37	2.36±0.38

表 3-50 反映了不同厚度 PBAT/PCL30 薄膜的水蒸气阻隔性，从表中可以看出，随着薄膜厚度的增加，其水蒸气透过率在逐渐减少，以 20PBAT/PCL 为例，在 RH 为 80%时的水蒸气透过率是 RH 为 40%时的 4 倍多，这说明，薄膜的阻湿性随其厚度的增大而增大。而水蒸气透过系数同样随相对湿度的增大而增大。

表 3-50　不同厚度 PBAT/PCL30 薄膜的 23℃的氧气阻隔性

参数	材料	40%RH	65%RH	80%RH
WVTR/ [g/($m^2 \cdot d$)]	20PBAT/PCL	592.2±18.7	1941±262	2477.6±318.8
	40PBAT/PCL	453.5±14.1	786.7±30.1	972.3±61.8
	60PBAT/PCL	375.8±39.8	530.8±96.3	711.5±37.1
WVP/ $\times 10^{-10}$ [$g \cdot m/(m^2 \cdot s \cdot Pa)$]	PBAT/PCL30	4.98±0.58	7.41±1.74	7.75±0.93

五、聚己内酯改性薄膜

近年来，可降解材料在食品包装中的应用备受关注。PCL 是以己酸为重复单元的脂肪族聚酯，它具有良好生物降解性和机械性能，已被应用在很多领域，如支架、组织工程和药物输送系统、包装材料黏合剂等，但因为其熔点较低不利于成型加工等，还未在食品包装中得到应用。然而，对于生鲜食品来说，储存和运输往往结合低温冷链系统。因此，PCL 作为一种完全可降解生物材料在生鲜食品包装应用方面具有巨大潜力。

（一）单轴拉伸聚己内酯薄膜的制备

在本研究中，通过双螺杆挤出流延系统制备了两种不同厚度的 PCL 单轴拉伸薄膜（PCL1、PCL2），通过气体渗透性测试和拉伸测试评估材料的包装性能，与尼龙6/聚乙烯（PA/PE）和PE薄膜进行了对比。

1. 薄膜的机械性能

对于PCL单轴拉伸薄膜，制备过程中材料有一定的取向度，所以拉伸试验分别在沿拉伸方向和垂直于拉伸方向进行。表3-51中"V"表示材料取向方向的参数，而"C"则表示垂直于拉伸取向方向的参数。一般来说，聚合物材料经过取向后，垂直于拉伸方向的抗撕裂性能在下降。V和C方向有着相近的杨氏模量分别为482MPa和425MPa，这说明取向后的PCL薄膜在两个方向上均保持较好的抗形变能力。从材料刚性角度来说，完全可以替代市场广泛使用的PA/PE和PE等不可降解包装材料。

表3-51　PCL1、PCL2、PA/PE和PE薄膜拉伸性能

样品名称	薄膜厚度/μm		杨氏模量/MPa	屈服强度/MPa	断裂伸长率/%
PCL1	27.0±1.0	V	459.4±28.2	92.4.0±9.4	178.3±31.1
		C	427.2±28.2	18.5±1.4	802.0±37.0
PCL2	45.7±3.4	V	482.5±25.0	100.0±6.3	171.0±47.8
		C	425.7±44.7	20.0±3.6	887.8±79.8
PA/PE	81.5±1.5		439.9±40.2	35.3±4.3	56.8±16.4
PE	31.8±0.6		120.4±34.2	15.6±4.3	207.2±78.8

注：表中"V"表示材料定向取向方向，"C"表示垂直于取向方向。

PA/PE薄膜的屈服强度为35.3MPa，PE薄膜的屈服强度较小，约为15.6MPa。然而，PCL1和PCL2拉伸薄膜V方向的屈服强度都在100MPa左右，大约是PA/PE和PE薄膜的3～6倍。但是PCL薄膜的V方向的屈服强度仅为20MPa，这一强度接近于PE的屈服强度。总体来看，与广泛使用的PA/PE、PE等食品包装材料相比，单抽拉伸PCL薄膜两个方向均具有良好的机械强度，满足食品包装对材料强度的要求。

断裂伸长率也是评估包装材料的重要力学性能标准之一。如表3-51所示，柔性PE具有良好的延展性和抗撕裂能力，断裂伸长率高达207%，而PA/PE复合膜的断裂伸长率仅为56.8%。对于PCL1和PCL2薄膜，材料拉伸取向方向的断裂伸长率约为180%，而垂直于拉伸取向方向的断裂伸长率高达800%。这一结

第三章　高 CO_2/O_2 选择透过性薄膜的制备及其包装特性

果说明取向后的材料在两个方向均未出现脆性断裂，PCL 薄膜具有良好的韧性。与其他可降解材料相比，如聚乳酸（PLLA），其断裂伸长率只有 5%，聚碳酸亚丙脂（PPC）的屈服强度仅为 4MPa，较差的机械性能严重限制了这些材料的广泛应用。与 PLLA 和 PPC 相比，PCL 具有较好的机械性能，能满足食品包装对材料力学性能的要求。

2. 薄膜的 CO_2 和 O_2 渗透性能

图 3-37 所示为模拟冷鲜柜和室内温度条件下 PCL1、PCL2、PA/PE 和 PE 薄膜的 CO_2 和 O_2 透过率（CDTR 和 OTR）。PA/PE 薄膜在 5℃低温条件下的 CDTR 为 191cm³/（m²·d），CDTR 随着测试温度的升高而增大，23℃时 CTR 增大到 468cm³/（m²·d）。与 PA/PE 薄膜相比，PE 薄膜具有相对高的 CDTR，PE 在低温条件下的 CDTR 约为 PA/PE 薄膜的 50 倍，高达 9402cm³/（m²·d）。且随着温度升高到 23℃，PE 的 CDTR 继续增大到 26330cm³/（m²·d）。

对于 PCL 薄膜来说，薄 PCL1 薄膜在 5℃时的 CDTR 约为 15000cm³/（m²·d），远远大于 PE 和 PA/PE 的 CDTR。与 PCL_1 相比，PCL2 薄膜的 CDTR 相对较小，5℃时约为 5029cm³/（m²·d）。PCL2 的 CDTR 约为 PA/PE 薄膜的 26 倍，但仅为 PE 的一半。也就是相同温度条件下，PCL2 的 CDTR 介于 PE 和 PA/PE 复合膜之间。

图 3-37（2）所示为薄膜的氧气透过率，薄膜的氧气透过率呈现出和二氧化碳相似的趋势。PA/PE 薄膜在 23℃时的 OTR 仅为 92cm³/（m²·d），这说明 PA/PE 的氧气通透性较差。而对于 PE 薄膜来说，OTR 在 5℃时就达到 2048cm³/（m²·d）。在 5℃测试条件下，PCL1 和 PCL2 薄膜的 OTR 分别为 1409cm³/（m²·d）和 547cm³/（m²·d）。总体来看，PCL 薄膜的 OTR 约为 PE 薄膜的一半，但远高于 PA/PE 薄膜。导致这样的差异的原因一方面是薄膜厚度不同，另一方面要归于材料自身性能的差异。

生鲜果蔬包装内建立起相对高 CO_2 低 O_2 浓度的气氛环境，在满足生命体基本代谢基础上，可以抑制果蔬强烈的有氧呼吸作用，从而起到对果蔬保鲜的效果。大部分薄膜都具有一个较低的 CO_2/O_2 选择透过比。例如，PLLA 的 CO_2/O_2 选择透过比仅为 3.0 左右。

本实验中所用的包装薄膜的 CO_2/O_2 选择透过比如图 3-37（3）所示，从图中可以看出随着温度从 5℃升高到 23℃，PA/PE 和 PE 薄膜的 CO_2/O_2 选择透过比几乎没发生变化，保持在 4.4~5.3 的范围内。PCL1 和 PCL2 薄膜的 CO_2/O_2 选择透过比在 5℃时约为 10.0，但随着温度的升高这一数值在下降，但仍保持在 7.4~9.6 范围内。PCL 薄膜的 CO_2/O_2 选择透过比在 5℃时约为 PA/PE、PE 薄膜的两倍，稍高温度时约为 1.5 倍。高 CO_2/O_2 选择透过比有利于生鲜果蔬的包装内达到最佳贮藏气氛，达到保鲜的目的。PCL 薄膜表现出较高的 O_2 和 CO_2 通透性且具有较高的 CO_2/O_2 选择透过比。但在透过量过大的情况下，包装内外气体交换速度快，在压差作用下，不利于包装内高 CO_2 低 O_2 浓度气氛环境的营造。因此，综合考虑薄膜的气体通透性和选择透过性，PCL2 薄膜相对更适宜于高呼吸速率果蔬的包装。

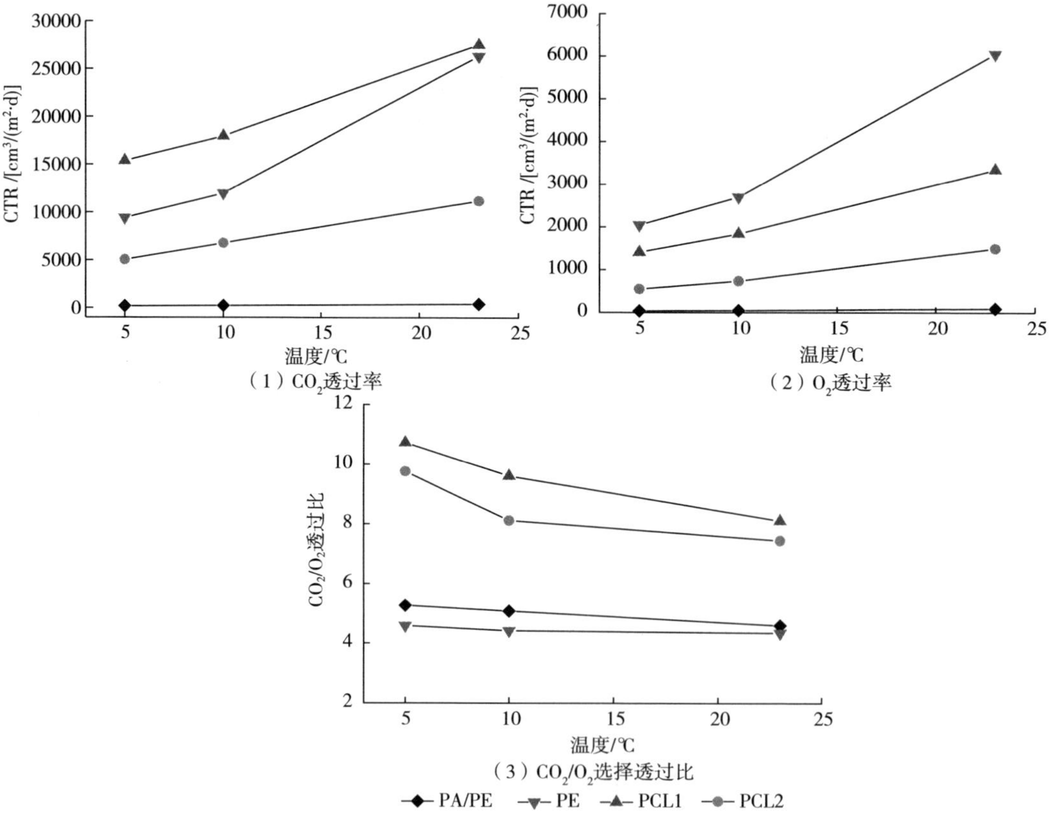

图 3-37　PCL1、PCL2、PA/PE 和 PE 薄膜的气体渗透性能

3. 薄膜的水蒸气渗透性能

调节控制包装内的湿度环境对于新鲜果蔬的气调包装尤为重要。塑料薄膜水

第三章 高 CO_2/O_2 选择透过性薄膜的制备及其包装特性

蒸气渗透性能较差会导致生鲜食品包装内出现结露现象，加速甚至导致果蔬的腐败。相反，较大的水蒸气通透性起不到阻止新鲜食品水分流失的效果，果蔬会因为萎蔫、黄化等失去食用价值或者商品价值。市场常用包装薄膜水蒸气通透性较差，一般通过打孔或者在包装内放置干燥剂等手段调节包装内湿度，避免结露现象的产生。自制 PCL1 薄膜的 WVTR 高达 322g/（$m^2 \cdot d$），而较厚的 PCL2 薄膜的 WVTR 约为 775g/（$m^2 \cdot d$）。然而，PA/PE 和 PE 薄膜水蒸气通透性较差，WVTR 分别仅为 2.21g/（$m^2 \cdot d$）和 5.74g/（$m^2 \cdot d$）。薄膜适宜的水蒸气渗透性有助于果蔬新鲜度的保持，可避免出现结露现象和微生物的大量繁殖，但过高的水蒸气透过率又会导致果蔬失水严重。综合来看，PA/PE、PE 薄膜的极差的水蒸气通透性不适宜于果蔬包装，而 PCL2 薄膜比较水蒸气透过率较大的 PCL1 薄膜来说更有助于果蔬水分的保持，而且可以避免因包装内水分大量积累造成结露现象。

（二）聚己内酯 α-环糊精络合物薄膜的性能研究

称取 1g、2g、2.5g、3g 和 3.5g 的 PCL 分别溶在 100mL 丙酮溶液中，同时在 40℃下，用恒温磁力搅拌器搅拌 3h；称取 1.0g 的 α 环糊精（α-CD）分别溶于 10mL 蒸馏水中；然后用移液枪将 α-CD 慢慢滴入 PCL 溶液中，如图 3-38 所示。将混合溶液在常温下连续不断搅拌 5h 产生白色沉淀物。将沉淀物过滤，并分别用丙酮和蒸馏水漂洗数次，将未络合的 PCL 和 α-CD 分子洗出，得到 PCL 络合物（PCLIC）白色粉末，在 30℃真空干燥箱中干燥 1 个星期以上。用热压机将 PCLIC 和纯 PCL（作为对照组）在 100℃，30MPa 压力下，热压 5min，获得图 3-38（3）中透明的薄膜。再放置于室温干燥环境中 1 个星期以上。

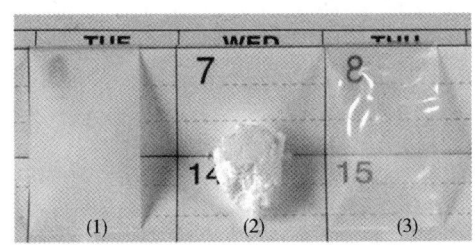

图 3-38 聚己内酯 α-环糊精络合物薄膜
(1) —PCL 薄膜　(2) —PCLIC-11.8 粉末　(3) —PCLIC-11.8 薄膜

不同PCL和α-CD溶液的物质的量比如表3-52所示。PCLIC的产量随着PCL/丙酮浓度的增加而增加，其PCL循环单元/α-CD的比值也随着PCL/丙酮浓度的增加而增加。将制备的不同物质的量比的样品分别命名为PCLIC-11.8、PCLIC-23.1、PCLIC-31.4、PCLIC-37.6、PCLIC-48.2，后面的数字表示PCL循环单元与α-CD分子的物质的量比，由 ^{1}HNMR测定，其数字越大说明PCLIC中的α-CD含量少。

表3-52 PCL和α-CD的物质的量比

样品名称	PCL/丙酮/(g/mL)	α-CD/水/(g/mL)	PCL/α-CD（物质的量比）	得率/g
PCLIC-11.8	1.0/100	1.0/10	11.8	1.7
PCLIC-23.1	2.0/100	1.0/10	23.1	2.4
PCLIC-31.4	2.5/100	1.0/10	31.4	3.2
PCLIC-37.6	3.0/100	1.0/10	37.6	3.8
PCLIC-48.2	3.5/100	1.0/10	48.2	4.1

1. PCL/α-CD络合物的力学性能结果分析

PCL和PCLIC样品的拉伸强度、断裂伸长率、杨氏模量总结在表3-53中。PCL的拉伸强度是30.8MPa，断裂伸长率达到450%，弹性模量为267MPa，属于韧性材料。相比之下，PCLIC样品的拉伸强度和断裂伸长率都明显减小，而弹性模量则明显增大，而且随着PCL/α-CD物质的量比增大，PCLIC膜的拉伸强度和断裂伸长率增大，弹性模量则下降。当PCL和α-CD的投料物质的量比为11.8时，拉伸强度降低到23.0MPa，断裂伸长率减小到15%，而其弹性模量增大到376MPa。这主要是由于PCL穿插在α-CD空洞以后，PCL的链段运动受到了环糊精空腔限制而分子间的流动性减小造成的，从而使得PCLIC膜的挺度和强度都显著降低。

表3-53 α-CD，PCL薄膜和PCLIC薄膜的机械性能参数和机械性能参数

样品名称	拉伸强度/MPa	断裂伸长率/%	弹性模量/MPa
PCL	30.8	450	267
PCLIC-11.8	23.0	15	376

续表

样品名称	拉伸强度/MPa	断裂伸长率/%	弹性模量/MPa
PCLIC-23.1	23.4	130	325
PCLIC-31.4	23.7	150	296
PCLIC-37.6	29.0	230	288
PCLIC-48.2	29.5	280	273
α-CD	—	—	—

2. PCL/α-CD 络合物的阻隔性能结果分析

PCL 和 PCLIC 的氧气透过系数（OP）和水蒸气透过系数（WVP）分别如图 3-39 和图 3-40 所示。所有 PCLIC 膜的阻氧性能和阻湿性能随 α-CD 含量的增加而表现出明显减小的趋势。PCL 的 OP 为 $7.29\times10^{-12}\,\text{cm}^3\cdot\text{m}/(\text{m}^2\cdot\text{s}\cdot\text{Pa})$，PCLIC-48.2 的 OP 为 $5.81\times10^{-12}\,\text{cm}^3\cdot\text{m}/(\text{m}^2\cdot\text{s}\cdot\text{Pa})$，明显低于纯 PCL。PCLIC-11.8 薄膜 OP 下降到 $4.28\times10^{-12}\,\text{cm}^3\cdot\text{m}/(\text{m}^2\cdot\text{s}\cdot\text{Pa})$，其阻氧性能最佳。在图 3-40 中，PCL 的 WVP 为 $4.29\times10^{-10}\,\text{g}\cdot\text{m}/(\text{m}^2\cdot\text{s}\cdot\text{Pa})$，与 α-CD 络合后的样品的 WVP 值均明显低于纯 PCL，当 PCL 和 α-CD 的投料物质的量比为 11.8 时，PCLIC 的 WVP 减小到 $3.59\times10^{-10}\,\text{g}\cdot\text{m}/(\text{m}^2\cdot\text{s}\cdot\text{Pa})$。

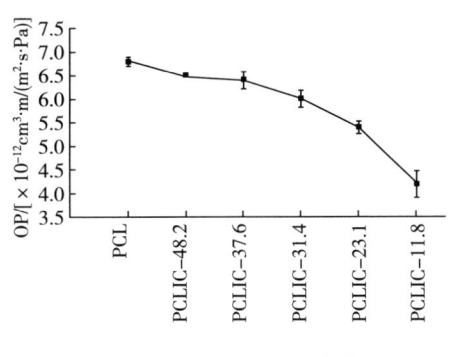

图 3-39 PCL/α-CD 复合薄膜的氧气透过系数

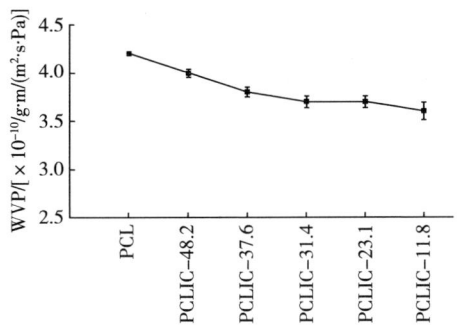

图 3-40 PCL/α-CD 复合薄膜的水蒸气透过系数

试验结果表明，PCL/α-CD 的络合作用可以有效地提高 PCL 的阻隔性能。由 DSC 结果得知，在 PCLIC 中 PCL 的结晶度随着 α-CD 含量的增加而减小，有利于小分子的透过，因此氧气和水蒸气透过率应该增大，可实际结果却相反。这

主要是因为 α-CD 含有羟基，属于极性分子，当与 PCL 络合以后，PCL 的极性在提高，对非极性氧气分子溶解透过率起到阻碍作用。随着 α-CD 的增加，PCLIC 的极性越来越大，其阻氧性也得到大幅度的提高。综合结果来看，α-CD 的极性作用对氧气的阻隔性起主要作用。而 PCL 的极性增加，对极性水分子来说，其阻隔性的增加并不明显。

（三）PCL/PPC 复合膜的阻隔性能分析

将 PCL 和 PPC 用双螺杆挤出机按不同质量比混合挤出造粒。双螺杆的温度设置：进料口温度为 60℃，螺杆温度为 100℃，出料口温度为 105℃，转速为 27.5r/min。挤出造粒后在热压机上热压成膜，热压温度设置为 105℃，压力为 30MPa。

1. PCL/PPC 复合膜的透湿性能分析

图 3-41 是 PCL、PPC 及其复合膜的水蒸气透过系数示意图，横轴表示 PPC 的含量，纵轴表示水蒸气透过系数。PPC 对水蒸气的阻隔性较好，WVPR 为 56.4g/($m^2 \cdot d$)，而 PCL 的水蒸气透过率远远大于 PPC，经过共混后，复合膜的水蒸气透过率随着 PPC 比例的增加有一定程度的降低。PCL 的水蒸气透过系数为 $0.88×10^{-10}$g·m/($m^2 \cdot s \cdot Pa$)，PPC 的水蒸气透过系数为 $0.43×10^{-10}$g·m/($m^2 \cdot s \cdot Pa$)，PPC 比 PCL 有较好的阻湿性能。PCL/PPC 复合薄膜的水蒸气透过系数是随着 PPC 含量的增加而呈线性降低的。因为 PPC 具有较好的阻湿性，当 PCL 与 PPC 进行共混

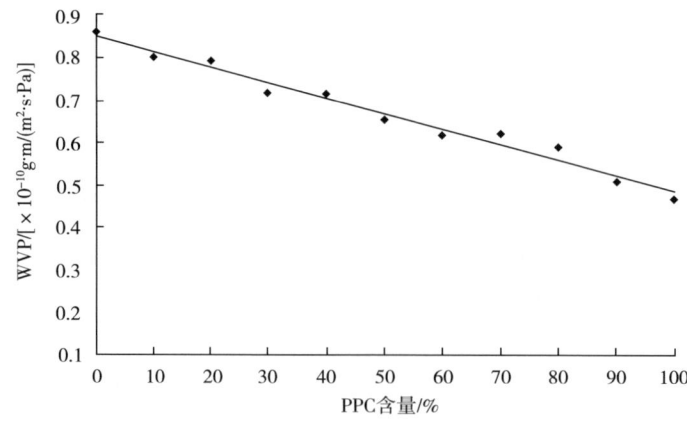

图 3-41　PCL/PPC 复合膜的水蒸气透过系数

第三章 高 CO_2/O_2 选择透过性薄膜的制备及其包装特性

后,由于 PPC 含量的增加,降低了水蒸气透过薄膜的能力,水蒸气透过率在降低,可使水蒸气的透过系数减小。实验结果表明,PCL 与 PPC 共混,改善了 PCL 对水蒸气的阻隔能力,扩大了 PCL 的使用范围,也使 PCL 在食品包装中的应用范围更加广泛。

2. PCL/PPC 复合膜的透氧性能分析

图 3-42 是 PPC 含量与氧气透过系数的关系图,横轴表示 PPC 含量,纵轴表示氧气透过系数。PPC 对氧气的阻隔性较好,其 OTR 值为 $10.5\text{cm}^3/(\text{m}^2 \cdot \text{d})$,而 PCL 的氧气透过率远远大于 PPC,经过共混后,复合膜的氧气透过率与 PCL 单膜相比有一定程度上的降低。图 3-42 显示氧气透过系数是随着 PPC 含量的增加而呈线性降低的。从实验结果得出,PPC 的加入很好地提高了薄膜的阻氧性能。

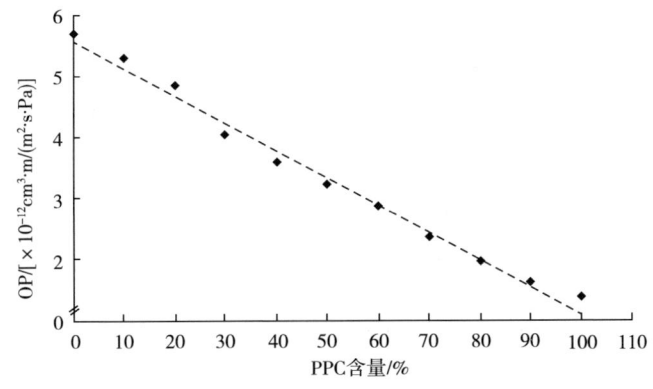

图 3-42　PCL/PPC 复合膜的氧气透过系数

表 3-54、表 3-55、表 3-56、表 3-57 是相对湿度分别为 0%、50%、60% 和 70%,不同温度下的氧气透过率表。在同一湿度条件下,温度变化范围为 25℃、35℃ 和 45℃,PCL、PCL-PPC50 复合膜、PPC 的氧气透过率随着温度的升高而增大。其中,PCL 薄膜的氧气透过率变化范围最大,其原因是 PCL 的熔点为 60℃,当温度升高到 45℃ 时,是高于 PPC 的 T_g 温度,而且已经接近 PCL 的熔点温度,分子运动加快,氧气透过薄膜的速度变快,氧气透过率变大。

表 3-54　0%RH 不同温度的氧气透过率　单位：cm³/（m²·d）

样品名称	25℃	35℃	45℃
PCL	127.0±2.8	238.5±2.1	413.5±0.7
PCL-PPC50	66.3±4.1	120.0±1.4	219.5±4.9
PPC	10.5±0.5	33.5±0.8	75.8±2.1

表 3-55　50%RH 不同温度的氧气透过率

单位：cm³/（m²·d）

样品名称	25℃	35℃	45℃
PCL	127.0±0	216.0±0	372.5±3.5
PCL-PPC50	57.9±1.2	110.0±1.4	203.0±1.4
PPC	14.9±0.8	39.4±2.1	89.7±4.2

表 3-56　60%RH 不同温度的氧气透过率

单位：cm³/（m²·d）

样品名称	25℃	35℃	45℃
PCL	132.0±0	223.5±0.7	369.0±1.4
PCL-PPC50	60.3±0.4	112.5±0.7	204.5±2.1
PPC	15.7±0.8	40.7±2.2	91.4±4.6

表 3-57　70%RH 不同温度的氧气透过率

单位：cm³/（m²·d）

样品名称	25℃	35℃	45℃
PCL	137.0±0	230.5±2.1	377.5±0.7
PCL-PPC50	61.3±1.2	115.0±1.4	208.5±2.1
PPC	15.0±0.4	39.8±1.4	88.8±5.2

在同一温度条件下，湿度范围是 0%、50%、60% 和 70%，PCL、PCL-PPC50 复合膜、PPC 的氧气透过率基本无变化。PCL 与 PPC 均属于疏水性材料，对湿度不敏感，所以其氧气透过率变化不大。材料置于高湿环境中，不影响材料的氧气透过率，这种属性是食品包装材料的一个很好的性能，能够更好地保证食品的品质。

第三章 高 CO_2/O_2 选择透过性薄膜的制备及其包装特性

第三节 小结

本章主要针对生鲜果蔬保鲜包装材料的需求，采用物理共混和化学合成两种手段通过调控材料的组成、聚集态结构及分子质量等调控 PLLA、PCL 和 PBAT 三种生物可降解材料的 CO_2、O_2 和 CO_2/O_2 选择透过性，建立微观结构和渗透性通道的联系，为后续制备生鲜果蔬呼吸交换包装膜奠定基础。

（1）以 PLLA 为基材，采用物理共混引入不同性质纳米 SiO_2、不同比例的 PBAT 制备共混薄膜。发现 0.5% 疏水性 SiO_2 颗粒发生少量团聚时，出现微小空腔，材料的氧气通透性最大。然而，超过 0.5% 添加会增大气体位阻效应，薄膜透过性下降。PBAT 添加后，相对于纯 PLLA，O_2 透过性能影响不大，CO_2 透过性能大幅度提升，CO_2/O_2 选择透过比可以增大到 7.6 左右，更加有利于果蔬的贮藏。

（2）在 PLLA 中引入不同比例、不同分子质量的 PDMS、线形亲水性 PEG、星型 PEG 和疏水性 PCL 软段，发现在大大改善 PLLA 脆性的同时，共聚物呈现无定形的两相分离结构，其中 PEG 由于自身对 CO_2 吸附特性，可以将 PLLA 的 CO_2 透过性能显著提高，但对 O_2 透过性能影响不大，通过调整嵌段比例、分子质量、分子链结构可以改变聚合物聚集态结构和自由体积，以柔性链段为气体渗透"闸门"，CO_2/O_2 选择透过比可以在 4~17.5 范围内进行调控。PDMS 的引入可以一定程度上提高薄膜的 O_2 透过性能，但整体 CO_2/O_2 选择透过比低于其他共聚物。

第四章
冷鲜肉包装

第一节　冷鲜肉包装概述

我国的肉类产量在1990年就超过了美国，居世界首位（FAO，1990），我国消费者消费的肉中，未经加工的生肉占90%以上，但这其中绝大多数是热鲜肉和冷冻肉。冷鲜肉被称为肉中"贵族"，冷鲜肉的出现曾被称为"肉类消费的革命"。这主要因为冷鲜肉结合了热鲜肉和冷冻肉两者的优点。冷鲜肉从原料检疫、屠宰、快冷分割到剔骨、包装、运输、贮藏、销售的全过程始终处于严格监控下。屠宰后，产品一直处于低温条件下，大大降低了初始菌数。冷鲜肉相对其他两种鲜肉（热鲜肉、冷冻肉）在安全卫生、风味、营养方面都是最佳的。

肉的腐败是指肉类在受到外界因素作用，特别是微生物污染的情况下，肉的感官形状和成分发生变化，并产生对人体有害物质的过程。引起肉品腐败变质的因素可分为生物、化学、物理三类，具体来说主要有以下几种：

（1）微生物的生长活动，主要有细菌、霉菌、酵母菌。

（2）肉中酶的活动和其他化学反应。

（3）寄生虫、昆虫等动物的浸染。

（4）食品温度控制不当。

(5) 肉品失水或吸水。

(6) 氧化反应。

(7) 光照。

(8) 物理作用。

(9) 时间。

其中，微生物引起的腐败最为普遍，危害最大，大量研究表明微生物污染是导致肉类腐败变质的根源。

选择合适的包装材料和包装技术可以在很大程度上延长冷鲜肉的保质期，欧美发达国家对于鲜肉包装技术的主要形式有气调包装和真空包装。气调包装就是将一定比例 CO_2、O_2 和 N_2 填充到包装材料内的包装技术，包装内一定量的 O_2 使得肉品肌红蛋白得以维持在氧合状态下，肉品品质和色泽都优于普通包装。CO_2 的存在可以抑制一些微生物。N_2 作为一种惰性气体，可以抑制氧化作用，而且可以减少包装成本。此外，方便运输的真空包装也越来越多地应用在肉品包装中，真空包装材料紧贴肉品，抑制肉品中的水分渗透，包装使其与外界隔绝且包装体系内处于低氧状态，可隔绝外部水分。气调包装技术和真空包装技术这两种技术都要求包装材料有很高的阻隔性，才能防止外界空气和细菌的侵入、内部水分散失等，以提高肉品的卫生性和安全性。肉类食品包装是最早应用阻隔包装的产业部门，选用适宜的包装材料是确保包鲜效果的关键，它们共同的特点是选用了高阻隔包装材料。

本章的研究中将选用本课题中制备的完全可降解性的包装材料对冷鲜肉进行包装，采用自发性气调包装、气调包装、真空包装以及抑菌包装形式，通过冷鲜肉的菌落总数、pH、挥发性盐基氮、色差和汁液流失率等作为保鲜效果的检测指标，研究制备的包装薄膜对冷鲜肉具有保鲜、护色作用。

第二节 生物可降解薄膜在冷鲜肉包装中的应用

一、PLLA/SiO_x 薄膜对冷鲜肉的自发气调保鲜作用

自发气调包装区别于被动气调包装的一点是，对新鲜食品进行封闭包装时无须事先充气，可通过薄膜的气体透过性和选择透过性能来达到包装内部的气体

平衡，达到高二氧化碳浓度和低氧气浓度而起到抑菌和护色作用。本研究中选择 PLLA/SiO$_x$ 薄膜和 PCL/SiO$_x$ 薄膜分别对冷鲜肉进行保鲜包装，利用其适宜的气体阻隔性和 CO$_2$/O$_2$ 选择透过性以达到保鲜的目的。如图 4-1 所示。

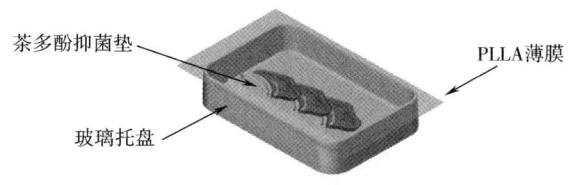

图 4-1 生鲜肉包装示意图

对于 PLLA/SiO$_x$ 薄膜的制备及其性能在第三章里已经提到。总的看来，PLLA/SiO$_x$ 薄膜的阻隔性和气体选择透过性比起纯 PLLA 薄膜有所提高，这适合冷鲜肉包装时内部气氛与外界进行交换，并达到内部气氛的理想化条件，在高 CO$_2$ 浓度下起到抑菌作用，低氧气浓度下起到护色作用，延长了冷鲜肉货架期达到 50d 以上。如图 4-2 所示。

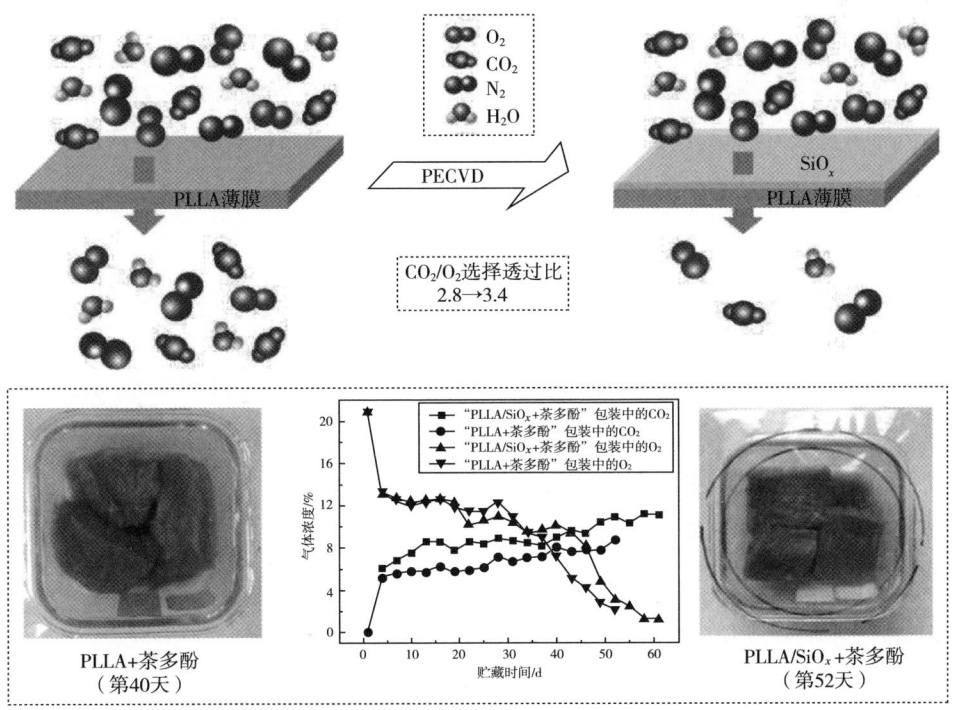

图 4-2 PLLA/SiO$_x$ 薄膜的生鲜肉保鲜原理图

实验中选用玻璃容器,将冷鲜肉放进玻璃容器中,部分容器中放置吸收茶多酚的滤纸(TP)作为衬垫,并用 PLLA 和 PLLA/SiO_x 薄膜进行密闭封装,冷藏在 4~5℃的冷藏箱中观察包装内部的顶空气体成分及肉质各项指标,评估其货架期。

(一)包装内部顶空气体组分的变化

从包装内部的顶空气体组分测试结果看,在第一阶段,CO_2 浓度迅速升高、O_2 浓度迅速下降。这是由于好氧菌在迅速增殖,其呼吸作用消耗了大量 O_2 生成大量 CO_2。第二阶段,CO_2 浓度缓慢升高、O_2 浓度平稳下降。这是由于好氧菌的呼吸作用受到高浓度 CO_2 的抑制,消耗 O_2 和生成 CO_2 的速率下降。同时,包装内高浓度 CO_2 通过薄膜逸出,而外界 O_2 通过薄膜补充进入包装,使包装内的 O_2 和 CO_2 浓度达成动态平衡。第三阶段,CO_2 浓度依然在缓慢升高,而 O_2 浓度迅速下降。这是由于肉中的脂肪、蛋白质开始迅速腐败并氧化消耗 O_2,并且越来越多的微生物将消耗更多的 O_2,使得气体平衡被打破。如图 4-3 所示。

同等情况下,含 PLLA/SiO_x 和不含茶多酚滤纸的包装中的 CO_2 浓度较高,含 PLLA/SiO_x 和含茶多酚滤纸的包装中的 O_2 浓度较高。这归功于 PLLA/SiO_x 薄膜的高阻隔性和茶多酚的抗氧化、抑菌功能。CO_2 和 O_2 浓度长时间的稳定有利于冷鲜肉的保鲜。从图 4-3(3)可知,PLLA/SiO_x+TP 包装内的 CO_2 和 O_2 浓度比值 CO_2/O_2 (≤1)保持了最长时间(46d)的稳定,其他包装依次是 PLLA+TP(37d),PLLA/SiO_x(31d)和 PLLA(25d)。

(二)细菌菌落总数(TVC)的变化

实验所用的鲜肉初始菌落总数是 2.34lg CFU/g,说明初始卫生条件良好。到第 4 天时裸露在空气中的肉达到其最大的 TVC,然后一直下降,直到腐败。滤纸是否含有茶多酚对结果没有显著影响。前 4d 的 TVC 增大是因为微生物在初始阶段快速繁殖导致的。随着时间的延长,裸露的肉被流动的空气风干,肉的水分活度(A_w)急剧下降,而干燥缺水的环境不利于微生物的生存,所以 TVC 一直下降。尽管裸露的肉的 TVC 分别减小到 2.44lg CFU/g(含茶多酚的滤纸)和 2.46lg CFU/g(不含茶多酚的滤纸),远远低于腐败指标,但是其感官属性早已不可接受。

MAP 包装中的肉的货架期普遍比裸露的肉长,这是因为密封膜可以在包装内形成相对稳定的环境。图 4-4 中 MAP 包装的 TVC 随着时间逐渐增大,增长速

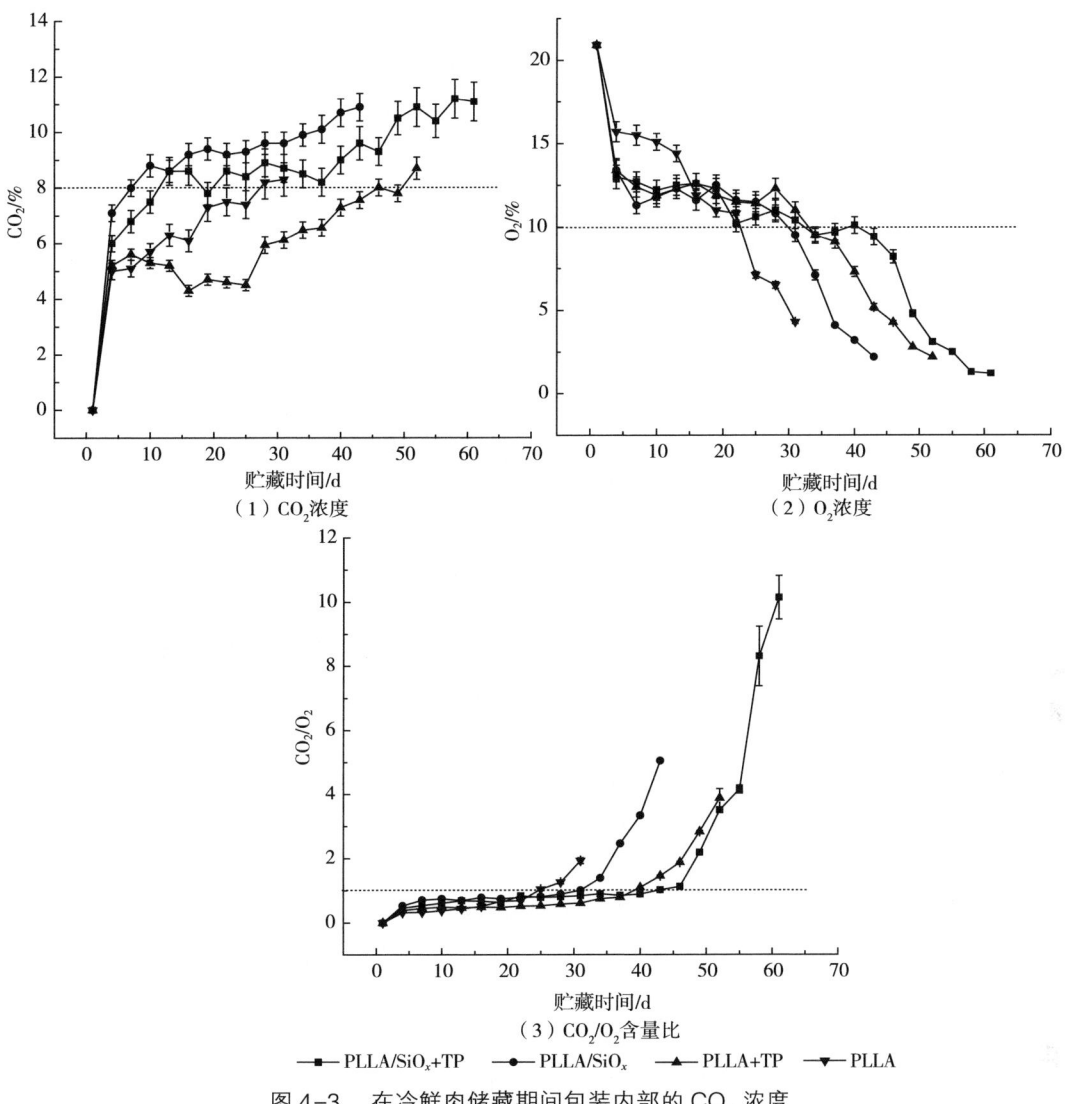

图4-3 在冷鲜肉储藏期间包装内部的CO_2浓度
O_2浓度及包装内部CO_2/O_2含量比的变化

率依次为PLLA>PLLA/SiO_x>PLLA+TP>PLLA/SiO_x+TP。PLLA/SiO_x+TP的增长速率最小，这归功于茶多酚的抑菌功能和PLLA/SiO_x薄膜对CO_2和O_2浓度的有效调节。

TVC值大于7lg CFU/g时，表明肉不再适合食用。鉴于此，可以得出4种包装的货架期依次为：PLLA/SiO_x+TP（55~58d）>PLLA/SiO_x（40~43d）>PLLA+TP（49~52d）>PLLA（31d）。值得指出的是，即便PLLA包装的肉已经腐败，但其TVC仍未超过7lg CFU/g。因此，仅从TVC判断肉的新鲜度是不够的，还要结合其他指标。

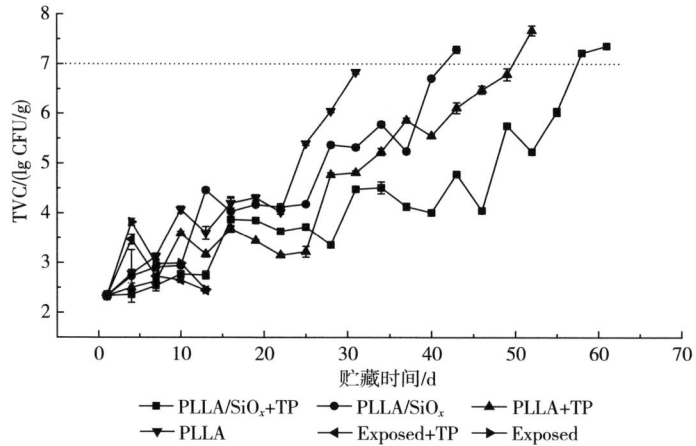

图 4-4　在 4℃环境下储藏期间冷鲜肉的菌落总数（lg CFU/g）的变化

（三）感官评价及色差分析

裸露的肉样在初始 4d 就被风干，其感官评分随即降低到不可接受的水平（<15 分）。其他四种包装的感官随着时间的延长都不同程度地降低。感官评分保持在 15 分以上的最长时间即货架期。不同包装的肉样货架期依次为：PLLA（25d）< PLLA/SiO_x（37d）<PLLA+TP（40d）<PLLA/SiO_x+TP（55d），这表明 PLLA/SiO_x+TP 的包装效果最佳。如前所述，PLLA/SiO_x+TP 包装在控制气体组分和微生物生长方面都表现良好，所以其货架期最长。如图 4-5 所示。

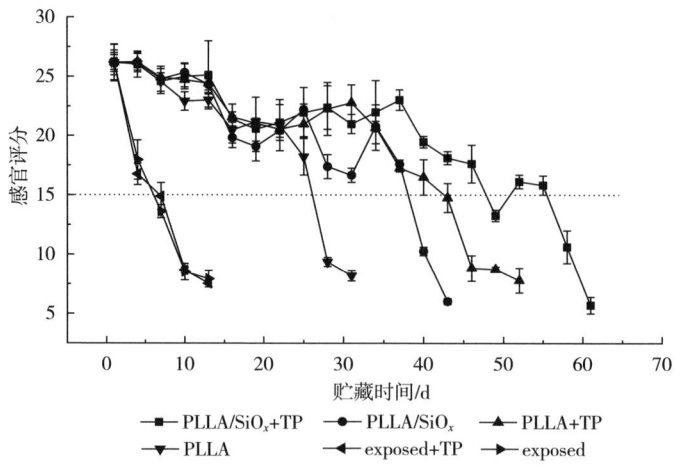

图 4-5　在 4℃环境下贮藏期间冷鲜肉的感官评价分值变化

肉的色泽直观反映了肉的新鲜度，直接影响消费者的购买欲望。贮藏初期L^*（白度）初始值是40.46±1.14。裸露的肉的L^*值短期上升后随即下降，直至贮藏终点。其余4种样品L^*值在前4d内增大，之后保持平稳，直到贮藏末期。a^*（红度）初始值是13.41±0.76。所有肉样的a^*值短期增大后开始下降，到贮藏终点时低于起始值。b^*（黄度）初始值是6.65±0.7。裸露肉样的b^*值快速增大后随即快速降低，且降低的幅度很大。而其他4种包装的b^*值前期增大后略有下降，之后保持稳定，直到贮藏终点。如图4-6~图4-8所示。

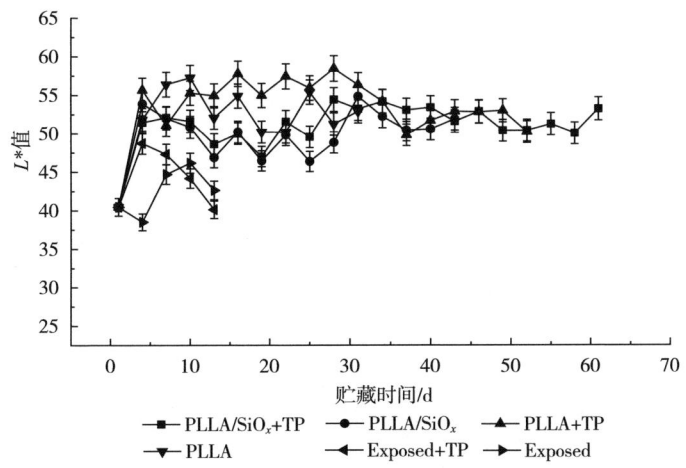

图4-6　贮藏期间的6种MAP包装中的L^*值变化

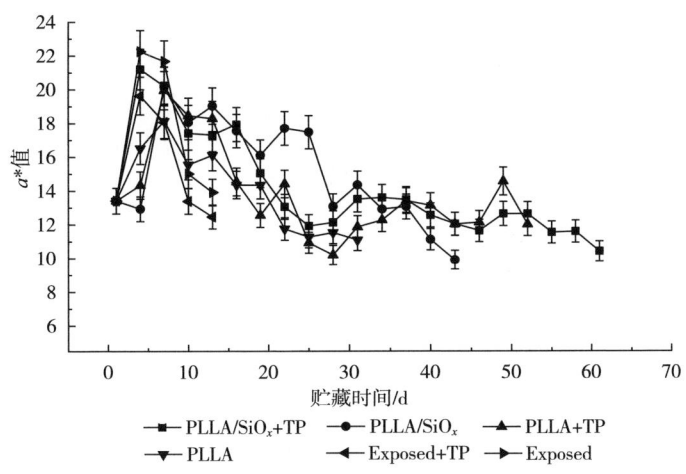

图4-7　贮藏期间的6种MAP包装中的a^*值变化

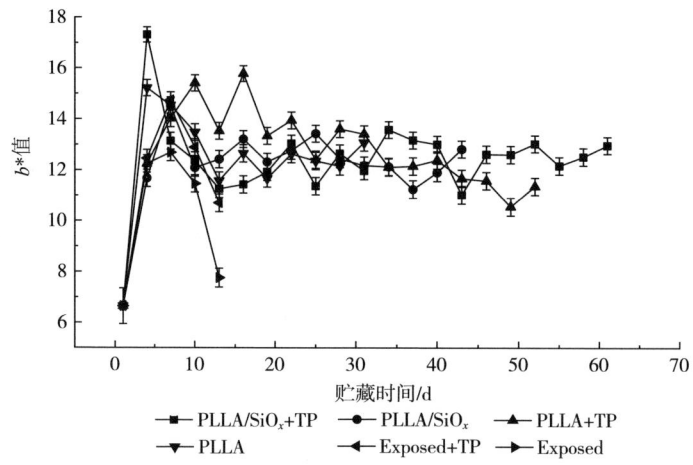

图 4-8　贮藏期间的 6 种 MAP 包装中的 b^* 值变化

在储藏期间的冷鲜肉保藏效果图及新鲜程度描述如图 4-9~图 4-14 所示。第 1 天时 6 种包装中的肉样均新鲜（图 4-9）。

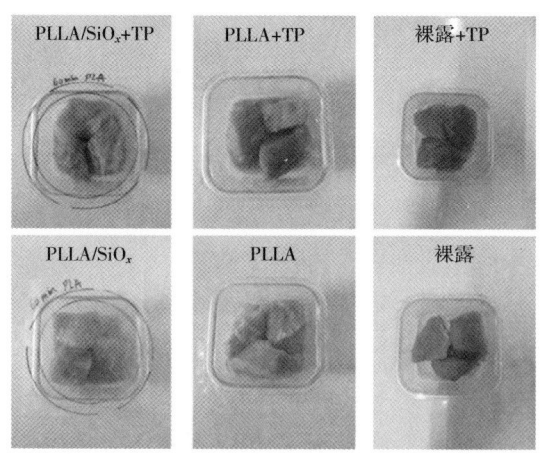

图 4-9　第 1 天的包装肉品感官照片

第 10 天时裸露的肉样表面风干，其他包装的肉样感官良好。如图 4-10 所示。

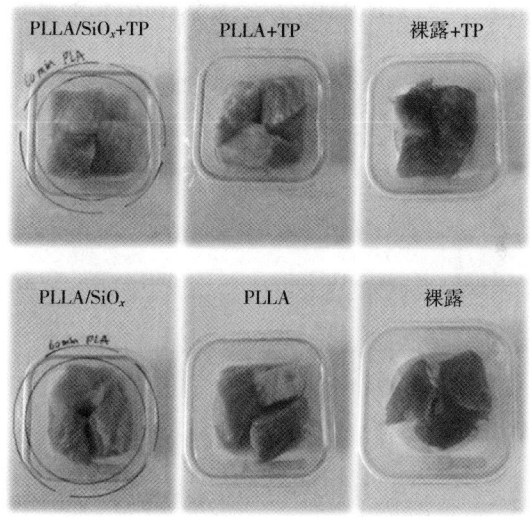

图 4-10　第 10 天的包装肉品感官照片

第 20 天裸露的肉样已经腐败,其他包装的肉样稍有褪色,但感官仍良好。如图 4-11 所示。

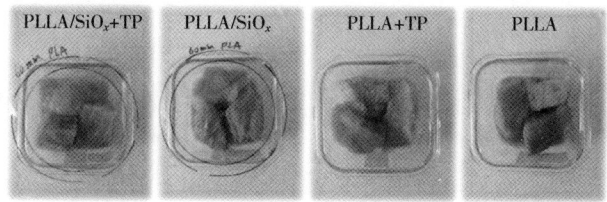

图 4-11　第 20 天的包装肉品感官照片

第 30 天 PLLA 包装中肉开始腐败,PLLA/SiO_x 包装中的部分肉颜色灰暗,其他包装的肉样感官仍良好。如图 4-12 所示。

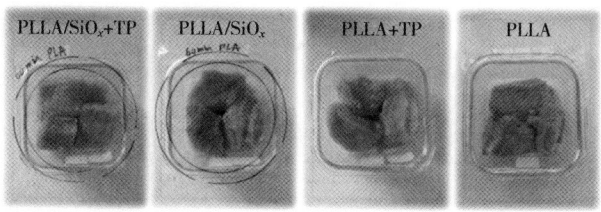

图 4-12　第 30 天的包装肉品感官照片

第 40 天 PLLA 包装中肉已经腐败。PLLA/SiO$_x$ 包装中的肉开始腐败，其他包装的肉样感官仍良好。如图 4-13 所示。

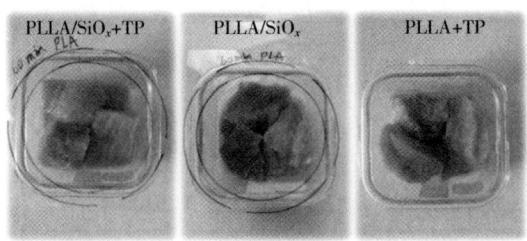

图 4-13　第 40 天的包装肉品感官照片

第 50 天 PLLA/SiO$_x$ 包装中的肉已经腐败。PLLA+TP 包装中的肉开始腐败，PLLA/SiO$_x$+TP 包装的肉样感官仍良好。如图 4-14 所示。

第 60 天 PLLA+TP 包装中的肉已经腐败。PLLA/SiO$_x$+TP 包装的肉样也已经腐败。如图 4-15 所示。

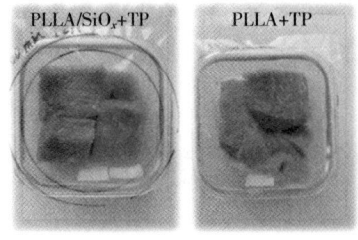
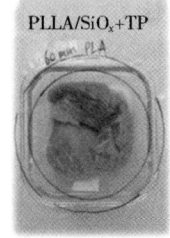

图 4-14　第 50 天的包装肉品感官照片　　图 4-15　第 60 天的包装肉品感官照片

（四）挥发性盐基总氮（TVBN）的变化

TVBN 值被用于评估肉的腐败程度。TVBN 值高于 20mg/100g 就说明肉已经腐败。在贮藏初期，TVBN 值是 10.36mg/100g，反映了良好的新鲜度。裸露的肉样在前 4d 的 TVBN 值就超过了 0mg/100g（这里不会改），之后反而下降。这是因为挥发性盐基氮在腐败初期快速积累，之后由于没有薄膜密封，逸散在流动的空气中。其他的四种包装中，肉的 TVBN 随时间有不同程度的增加，以此判断得出其货架期依次为：PLLA（22d）<PLLA/SiO$_x$（31d）<PLLA+TP（43d）<PLLA/SiO$_x$+TP（52d）。这表明相对于其他三种包装，PLLA/SiO$_x$+TP 的包装方式可以

较好地保护肉中的蛋白质。

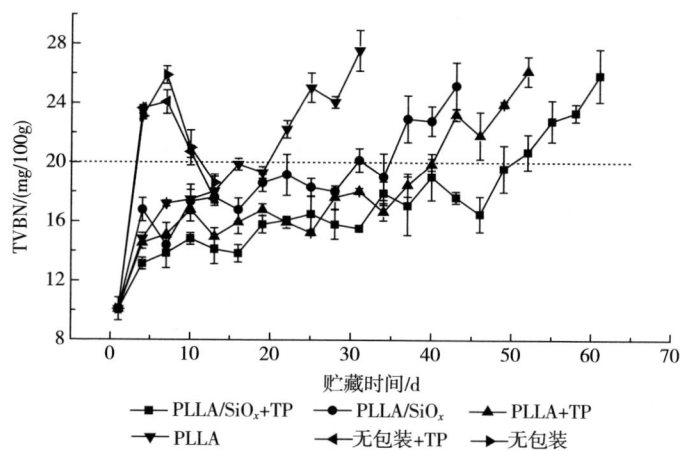

图 4-16　在 4℃ 环境下贮藏期间冷鲜肉的挥发性盐基总氮含量的变化

（五）硫代巴比妥酸反应物（TBARS）的变化

很长时间以来，脂肪的氧化被视为肉类贮藏中品质变化关键的一部分。TBARS 值大于 2 时，说明肉已经腐败。初始 TBARS 值是 0.52±0.13mg/kg。所有包装中的 TBARS 值均随着时间增加而增加，以此判断其货架期，依次为：Exposed（10d）= Exposed+TP（10d）<PLLA（22d）<PLLA/SiO_x（34d）<PLLA+TP（40d）<PLLA/SiO_x+TP（55d）。这表明 PLLA/SiO_x+TP 可以最长时间地保护肉中的脂肪。

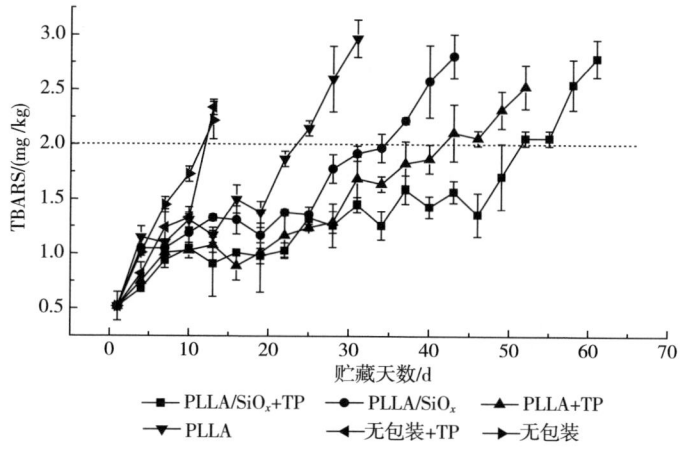

图 4-17　贮藏期间的 6 种 MAP 包装中的 TBARS 变化

二、高阻隔性 PLLA/SiO$_x$/PVA 薄膜对冷鲜肉的真空包装效果

气调包装是利用高阻隔性薄膜对食品进行充气的包装，充气的比例由食品本身的保鲜条件来决定，一般来说利用 CO_2、O_2 和 N_2 的混合气体来充气。严格意义上来说，真空包装是气调包装的一个特殊的例子，真空包装内部气氛尽量达到无氧气环境。这些包装均使用高阻隔性包装材料来进行，所以本研究中我们将利用本课题中制备的高阻隔性包装薄膜来进行对冷鲜肉的货架期的评定。

将 PLLA/SiO$_x$ 薄膜与 PVA 进行复合时 PLLA 的阻隔性会进一步提高，氧气阻隔性提高 221 倍，水蒸气阻隔性提高 5 倍。SiO$_x$ 层有效提高了 PLLA 的阻隔性，同时有效地提高 PLLA 与 PVA 的层合性能。对冷鲜肉进行真空包装时具有良好的保鲜作用。

（一）冷鲜肉贮藏期间感官品质的变化

如表 4-1 所示，4 种材料包装下冷鲜肉的感官评分均随着贮藏时间的延长而下降。在第 5 天时，PE 保鲜膜包裹的冷鲜肉感官开始低于其他三组，这主要是因为 PE 组冷鲜肉与空气接触充分，汁液蒸发较快，肉表面出现干涸迹象，导致感官状态不佳。在第 17 天时，PE 组率先腐败，感官评分低至 4.3 分，其迅速腐败主要是由于此组冷鲜肉接触空气，为微生物的繁殖提供了充足的氧气，再加上肉本身具有充足的养分，微生物生长繁殖条件优越，从而致使微生物数量迅速增加，冷鲜肉加速腐败。PLLA 膜由于其阻隔性小于 PA/PE、PLLA/SiO$_x$/PVA 膜，氧气阻隔效果较差，微生物在后期迅速繁殖，在第 20 天时腐败，感官状态严重下降。PA/PE 和 PLLA/SiO$_x$/PVA 膜包装组冷鲜肉的感官状态变化差异不明显，在第 27 天时同时腐败。PLLA 经过蒸镀 SiO$_x$ 和复合 PVA 后阻隔性能得到提升，阻隔性能与 PA/PE 膜相当，很好的抑制了微生物的生长繁殖及冷鲜肉水分的散失。在冷鲜肉的感官保护上取得了与 PA/PE 膜相当的效果。

表 4-1　冷鲜肉感官品质评分

贮藏时间/d	PLLA/SiO$_x$/PVA 包装	PA/PE 包装	PLLA 包装	PE 保鲜膜包装
1	9.9±0.2	9.9±0.2	9.9±0.2	9.9±0.2
5	9.2±0.5	9.4±0.4	9.6±0.2	8.8±0.4
9	9.4±0.8	9.1±0.2	8.2±0.7	6.8±0.7
13	8.5±0.2	7.9±0.2	7.1±0.3	5.6±0.3
17	8.1±0.4	7.6±0.7	5.6±0.5	4.3±0.7

续表

贮藏时间/d	PLLA/SiO$_x$/PVA 包装	PA/PE 包装	PLLA 包装	PE 保鲜膜包装
20	7.5±0.6	6.8±0.5	4.1±0.6	—
23	6.7±0.3	6.1±0.3	—	—
25	5.1±0.2	4.8±0.6	—	—
27	4.4±0.2	3.7±0.3	—	—

（二）冷鲜肉贮藏期间菌落总数的变化

4 种材料包装下的冷鲜肉菌落总数变化如表 4-2 所示，均随着贮藏时间的延长而增大。在冷鲜肉贮藏中，氧气是决定微生物繁殖的主要因素。PE 保鲜膜包装组由于只是简单包裹，对氧气几乎无任何阻隔作用，微生物生长繁殖不受任何约束，故其菌落总数在贮藏期间持续上升，在第 17 天时超标。PLLA 膜对氧气虽有一定的阻隔性，但与 PA/PE 和 PLLA/SiO$_x$/PVA 膜相比仍然差别较大。在第 9 天时增到 4.93lg CFU/g，9~13d 维持稳定，13d 后继续上升直到第 20 天超标。PA/PE 和 PLLA/SiO$_x$/PVA 膜包装的冷鲜肉在整个贮藏期间菌落总数呈先增加后下降又增加的趋势。在贮藏初期，真空包装中仍有少量氧气残留，利于微生物的生长繁殖，菌落总数上升。随着微生物的繁殖，包装袋中的氧气消耗殆尽，好氧菌失去生长优势，故在贮藏期间出现菌落数下降或稳定的现象。贮藏后期，在无氧的环境下厌氧菌开始生长繁殖，菌落数继续增加，直至超标。

表 4-2 冷鲜肉的菌落总数 单位：lg CFU/g

贮藏时间/d	PLLA/SiO$_x$/PVA	PLLA	PA/PE	PE 保鲜膜
1	3.22	3.22	3.22	3.22
5	3.88	3.96	3.78	4.31
9	3.98	4.93	3.87	4.92
13	4.37	4.76	3.98	5.67
17	5.77	5.97	5.82	7.65
20	4.96	7.17	5.44	—
23	5.68	—	5.17	—
25	6.85	—	6.71	—
27	7.73	—	7.14	—

(三) 冷鲜肉贮藏期间汁液流失率的变化

在整个贮藏期间汁液流失率始终呈上升趋势。冷鲜肉的汁液流失主要是由于水分蒸发和微生物作用下组织结构破坏，保水能力下降而引起的，因此，包装材料的阻隔性与冷鲜肉的汁液流失率存在相关关系。阻氧性强的包装材料可以抑制微生物的繁殖，减缓微生物对冷鲜肉组织结构的破坏，从而减缓汁液的流失。阻湿性高的材料直接通过阻挡水分的散失来抑制汁液的流失。从图4-18中可以看出，贮藏期间 PLLA 组的汁液流失率一直呈上升趋势，而 PLLA/SiO$_x$/PVA 和 PA/PE 组的汁液流失率呈先上升后平稳又上升的趋势。这主要是因为 PLLA 的阻隔性较差，微生物繁殖对冷鲜肉组织结构的破坏逐步加剧，肌肉组织持水性下降，及阻湿性差而引起的水分流失，进而汁液流失率持续增大。其他两组由于阻隔性较强，微生物繁殖速率呈先增大后下降又增大的趋势，故对冷鲜肉肌肉组织的破坏作用也呈相同趋势，汁液流失率出现了上述类型的增长趋势。

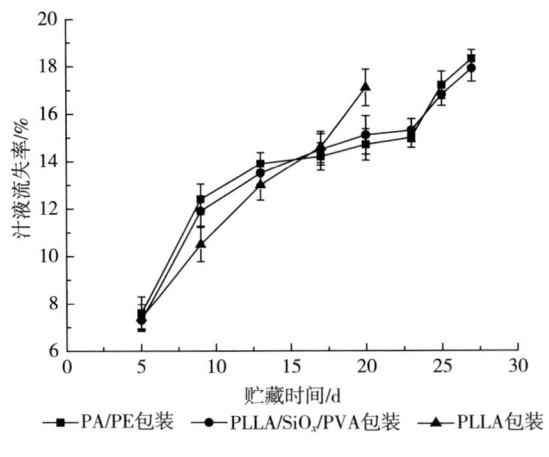

图 4-18　冷鲜肉的汁液流失率

(四) 冷鲜肉贮藏期间挥发性盐基氮 (TVB-N) 的变化

在整个贮藏期间始终保持上升趋势。PE 保鲜膜包装下的冷鲜肉其微生物繁殖不受抑制，蛋白质分解速率最快，13d 时已达到二级变质标准，17d 已经大于 20mg/100g，属于变质肉。其次，从图4-19可以看出，阻隔性高的材料 TVB-N 值增加较缓，这说明阻隔性高的材料可以很好地抑制微生物的繁殖，减缓微生物对肌肉组织的分解作用，延长冷鲜肉的保质期。

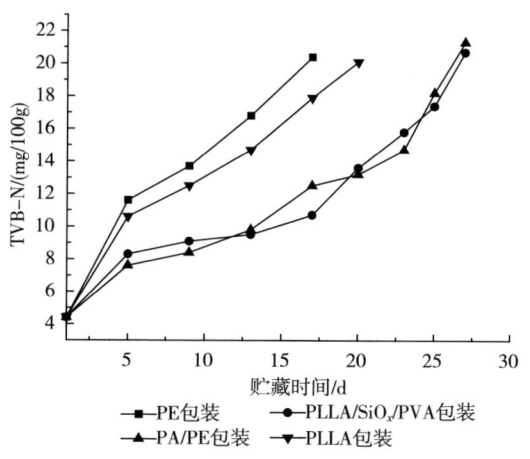

图 4-19　冷鲜肉的挥发性盐基总氮

三、高阻隔性 PPC/PVA/PPC 薄膜对冷鲜肉的真空包装效果

经过对 PPC/PVA/PPC 复合膜材料的力学、阻隔性能评估，选用 PPC/PVA20/PPC 高阻隔性复合膜用于冷鲜肉的包装当中，PPC 单膜包装组和空白组作为对照。将经 4℃冷却 24h 后的 2cm 厚的新鲜猪肉去除筋键和肥肉，将肉块分成多个样品。所有的分割操作均在经紫外杀菌处理的无菌操作台里进行。一组样品用 PPC 单膜和 PPC/PVA20/PPC 复合膜真空包装热封。空白对照组用 PE 简单缠绕，两端保持与外界环境相通，在 4℃ 条件下贮藏。包装保鲜效果如图 4-20 所示。

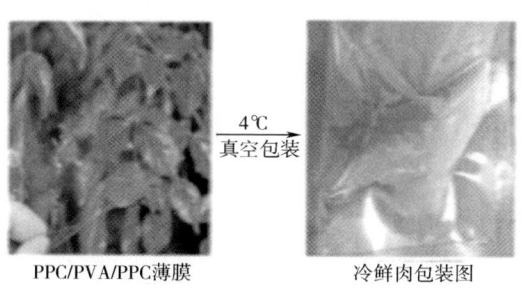

图 4-20　PPC/PVA/PPC 薄膜及冷鲜肉包装图

（一）感官评定

空白对照组的感官得分在贮藏的前 2d 高于 PPC/PVA20/PPC 复合膜包装组。这是因为复合膜组采用真空包装方式，包装袋内缺少氧气，肉色呈现暗红色，而空白组与环境相通，氧气充足，肉色明亮。PPC 单膜包装组的感官得分在前三天高于复合膜组但低于空白对照组，这是因为 PPC 组采用真空包装方式，肉色不如空白组鲜艳，但随着时间的推移，氧气可以进入包装使肉色稍微改善而优于高阻隔的复合膜组，所以感官得分优于复合膜组。尽管贮藏前期空白对照组因肉色鲜艳感官得分高于其与包装组，空白对照组的感官得分从第 5 天开始显著下降，11d 时感官无法接受，14d 时完全腐败。而对于高阻隔 PPC/PVA20/PPC 复合膜组，18d 内感官得分恒定不变，贮藏第 19 天肉样感官无法接受，20d 时完全腐败。结果表明高阻隔性 PPC/PVA20/PPC 复合膜的使用有效抑制了肉品细菌的生长和肉样蛋白质的分解，大大延长了冷鲜肉的保质期，完全可以作为一种新型完全可降解包装材料应用在冷鲜肉的包装中。如表 4-3 所示。

表 4-3　贮藏期间冷鲜肉的感官得分

贮藏时间/d	PPC	PPC/PVA20/PPC	空白对照组
1	14.7±0.6^a	14.5±0.4^a	14.9±0.3^a
3	13.9±0.8^a	13.6±0.5^a	14.2±0.5^a
5	13.3±0.5^a	13.2±0.6^b	13.1±0.8^b
7	11.7±0.5^a	12.3±0.5^b	10.3±0.7^b
9	10.1±0.7^b	12.0±0.7^a	9.7±0.7^c
11	9.4±0.8^b	11.6±0.7^a	7.5±0.8^c
14	7.3±0.4^b	10.2±0.8^a	4.3±0.9^c
16	4.8±0.9^b	8.2±0.7^a	3.2±0.4^c
19	3.5±0.7	6.2±0.5	—
21	—	4.3±0.3	—

注：同行肩标小写字母不同表示差异显著（$P<0.05$）；同行肩标小写字母相同表示差异不显著（$P>0.05$）。

（二）菌落总数

贮藏前 5d 三组的菌落总数均低于 7lg CFU/g。在贮藏期第 9~11 天时，PPC 组合空白对照组的菌落总数超过了可食用标准。第 9 天时，三组菌落总数差异显著（$P<0.05$）。但高阻隔性 PPC/PVA20/PPC 复合膜包装组的菌落总数在第 11 天内保持在 3.5~5.8lg CFU/g 范围内。直到贮藏期的第 19 天，菌落总数达到

7.2lg CFU/g,超过可食用标准。结果表明,高阻隔性的 PPC/PVA20/PPC 复合膜大大延长了冷鲜肉的货架期,更适于冷鲜肉的包装。如图 4-21 所示。

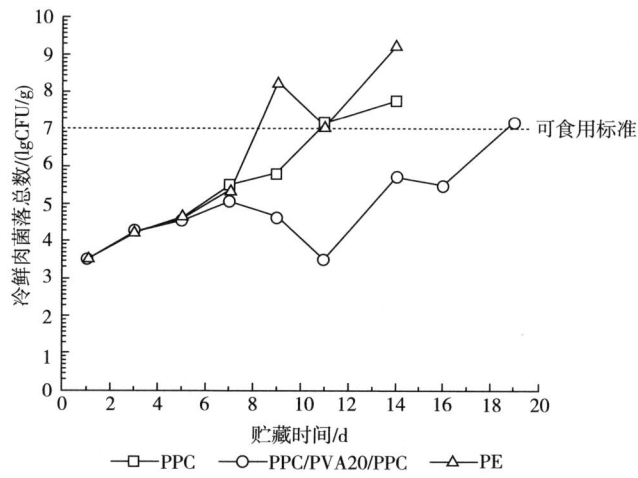

图 4-21　PPC、PE 和 PPC/PVA20/PPC 包装组贮藏期间菌落总数的变化

(三) 挥发性盐基氮 (TVB-N)

在贮藏期前 5d,三组样品的 TVB-N 值无显著差异 ($P>0.05$)。但从第 7 天起,PPC 组合空白组与 PE 组的 TVB-N 值迅速升高,分别在第 11 天和第 9 天超过标准。而 PPC/PVA20/PPC 复合膜包装的肉样的 TVB-N 在贮藏期间呈缓慢上升趋势,直到贮藏期 13d 后才超过标准,肉样腐败。如图 4-22 所示。

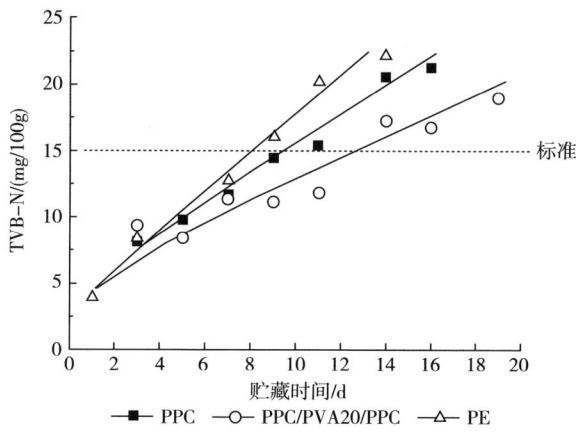

图 4-22　PPC、PE 和 PPC/PVA20/PPC 包装组贮藏期间挥发性盐基氮的变化

四、高阻隔性 PPC/PVA/PPC 薄膜对冷鲜肉的充气包装效果

本研究中使用高阻隔性 PPC/PVA/PPC 复合膜对冷鲜肉进行充气包装，充气时 O_2 为 50%，CO_2 为 25%，N_2 为 25%。通过对感官评定、pH、汁液流失率、挥发性盐基氮和菌落总数等指标的测定来确定冷鲜肉的货架期。

（一）不同包装材料对充气包装冷鲜肉菌落总数的影响

PPC/PVA/PPC 包装以及 PA/PE 包装的冷鲜肉贮藏期至少可达到 23d，第 23 天时菌落总数分别为 5.94lg CFU/g 和 5.97lg CFU/g，均小于 6lg CFU/g；第 25 天时肉虽然不新鲜，但还未超标。由普通 PE 保鲜膜包装的冷鲜肉在第 15 天时菌落总数达到 6.94lg CFU/g，已经超标。贮藏初期，冷鲜肉表面上的一些细菌从适宜生长的自然环境中转移到氧含量少的封闭环境中，所以，第 3 天到第 9 天与第 1 天相比菌落总数有下降的趋势，随着贮藏时间的延长，肉表面的优势菌不断变化，厌氧菌成为优势菌，菌落总数呈上升趋势。用 PE 保鲜膜包裹的冷鲜肉由于保鲜膜的阻隔性差，对外界氧气阻隔性低，冷鲜肉过多接触氧气后会加快其腐败的速度，在第 9 天到第 15 天时会发出氨味，肉样已经腐败变质，不能食用。

表 4-4 不同包装材料对充气包装冷鲜肉菌落总数的影响

单位：lg CFU/g

时间/d	PPC/PVA/PPC	PA/PE	PE 保鲜膜
1	$3.84^a \pm 0.07$	$3.84^a \pm 0.07$	$3.84^a \pm 0.07$
3	$3.31^c \pm 0.03$	$3.81^a \pm 0.03$	$3.54^b \pm 0.02$
9	$3.59^b \pm 0.04$	$3.69^a \pm 0.07$	$3.15^c \pm 0.01$
13	$4.21^b \pm 0.01$	$4.23^b \pm 0.02$	$4.25^a \pm 0.01$
15	$4.30^b \pm 0.10$	$4.31^b \pm 0.01$	$6.94^a \pm 0.06$
17	$4.63^b \pm 0.00$	$4.66^a \pm 0.02$	—
19	$5.11^b \pm 0.01$	$5.13^a \pm 0.01$	—
21	$5.43^b \pm 0.02$	$5.54^a \pm 0.02$	—
23	$5.94^b \pm 0.02$	$5.97^a \pm 0.02$	—
25	$6.12^b \pm 0.01$	$6.23^a \pm 0.02$	—

注：同行肩标小写字母不同表示差异显著（$P<0.05$）；同行肩标小写字母相同表示差异不显著（$P>0.05$）。

第四章 冷鲜肉包装

（二）不同包装材料对冷鲜肉汁液流失率的影响

随贮藏时间的延长，不同阻隔性的包装材料中的冷鲜肉汁液流失率的变化如表4-5所示，可以看出，汁液流失率随贮藏时间的延长呈逐渐上升趋势，用PPC/PVA/PPC和PA/PE包装的冷鲜肉比PE保鲜膜包裹的冷鲜肉的汁液流失率小，原因可能是PE保鲜膜相对于另外两种材料其阻隔性差，这导致水蒸气和其他气体进入包装使冷鲜肉汁液增多。

表4-5 充气包装冷鲜肉汁液流失率的变化 单位:%

时间/d	PPC/PVA/PPC	PA/PE	PE保鲜膜
1	—	—	—
3	$1.673^a \pm 0.03$	$1.519^b \pm 0.03$	$1.242^c \pm 0.05$
5	$1.960^c \pm 0.04$	$2.634^b \pm 0.05$	$4.144^a \pm 0.03$
7	$1.963^c \pm 0.05$	$3.601^b \pm 0.02$	$4.145^a \pm 0.03$
9	$2.267^c \pm 0.02$	$3.512^b \pm 0.01$	$4.723^a \pm 0.02$
11	$2.378^c \pm 0.03$	$3.765^b \pm 0.05$	$6.820^a \pm 0.02$
13	$3.837^c \pm 0.03$	$4.071^b \pm 0.03$	$6.590^a \pm 0.05$
15	$3.250^c \pm 0.01$	$4.456^b \pm 0.05$	$6.986^a \pm 0.02$
17	$3.547^b \pm 0.03$	$4.331^a \pm 0.02$	—
19	$3.605^b \pm 0.03$	$5.465^a \pm 0.02$	—
21	$3.820^b \pm 0.03$	$5.815^a \pm 0.02$	—
23	$4.012^b \pm 0.02$	$5.991^a \pm 0.02$	—
25	$4.112^b \pm 0.01$	$6.225^a \pm 0.01$	—

注：同行肩标小写字母不同表示差异显著（$P<0.05$）；同行肩标小写字母相同表示差异不显著（$P>0.05$）。

（三）不同包装材料对冷鲜肉TVB-N的影响

随着贮藏时间的延长，挥发性盐基氮呈上升的趋势（表4-6），用PPC/PVA/PPC包装的肉样在第15天时挥发性盐基氮达到21.22mg/100g，大于20mg/100g，已经属于变质肉。用PA/PE膜包装的肉样在第15天时达到19.54mg/100g，第17天时达到21.67mg/100g，也已经超标。用PE保鲜膜包裹的肉样在第9天时达到19.38mg/100g，也即将超标。它与由菌落总数判断的贮藏天数有偏差，MAP包装相对于低氧和真空包装的冷鲜肉TVB-N值偏大，是因为高氧条件适合假单胞菌属和肠杆菌属的生长，它们利用氨基酸作为生长基，产生带有异味的含硫化合物和胺类等，造成了 TVB-N 值的升高。由此可见，这与细菌的种类有关系，而不是与细菌的数量有关系。

表 4-6　充气包装冷鲜肉 TVB-N 的变化　　　单位：mg/100g

时间/d	PPC/PVA/PPC	PA/PE	PE 保鲜膜
1	11.39^a±0.02	11.73^a±0.01	11.73^b±0.01
3	12.94^a±0.03	11.69^a±0.02	12.83^a±0.04
5	11.58^c±0.02	12.87^b±0.04	14.52^a±0.02
7	14.33^b±0.04	13.93^c±0.02	15.44^a±0.06
9	15.33^b±0.01	14.91^c±0.01	19.74^a±0.04
11	16.25^c±0.04	17.14^b±0.03	28.57^a±0.05
13	17.29^c±0.01	18.80^b±0.06	29.05^a±0.03
15	21.17^b±0.07	19.56^c±0.04	30.03^a±0.02
17	22.19^b±0.08	21.64^a±0.04	—
19	23.94^a±0.07	22.07^b±0.05	—
21	23.08^a±0.04	22.94^b±0.07	—
23	24.03^a±0.03	23.13^b±0.03	—
25	24.95^a±0.09	24.56^b±0.04	—

注：同行肩标小写字母不同表示差异显著（$P<0.05$）；同行肩标小写字母相同表示差异不显著（$P>0.05$）。

五、含有海藻糖的生物可降解薄膜对冷鲜肉保鲜与护色作用

　　冷鲜肉营养丰富，水分活度高，为微生物的生长繁殖提供了适宜的环境，导致其保质期缩短。原料肉表面的初始菌落总数和防腐保鲜处理方式是影响冷鲜肉保质期的两个重要因素。对于冷鲜肉进行包装处理将有效地控制微生物的繁殖并可抵御二次污染，在包装材料中复合抗菌剂时冷鲜肉的货架期将进一步得到延长。本研究中，制备高阻隔性包装薄膜，并在内层材料中嵌入天然抑菌剂并对冷鲜肉进行真空包装，通过菌落总数、pH、挥发性盐基氮、色差和汁液流失率作为保鲜效果的检测指标，研究生物可降解复合保鲜膜对冷鲜肉的保鲜、护色作用。

　　为了探究含有海藻糖的生物可降解薄膜对冷鲜肉的保鲜与护色作用，本研究选用完全可降解性聚碳酸亚丙酯（PPC）、聚乙烯醇（PVA）和海藻糖（TH）为制膜材料，制备 PPC/PVA/PPC 及 PPC/PVA/PPC-TH 复合膜。经过测定试验组中 TH 的添加量为 0g、0.06g、0.1g 和 0.2g 时，薄膜的 O_2 透过率分别为 1.21cm^3/（m^2·d）、1.15cm^3/（m^2·d）、1.06cm^3/（m^2·d）和 0.78cm^3/

(m²·d)，复合膜的透氧率达到了高阻氧性包装材料的标准。用复合膜对冷鲜肉进行真空包装后，定期对冷鲜肉的感官、理化及微生物指标进行检测，同时选用常用的 PA/PE 复合膜和 PE 保鲜膜作对照，确定复合膜包装冷鲜肉的货架期。

(一) 冷鲜肉菌落总数的变化

贮藏过程中，随贮藏时间的延长，菌落总数呈增加趋势。在初始菌落总数相同的条件下，试验组中含有 TH 的复合膜包装的样品的菌落总数在第 32 天时超标。而试验组中的 PPC/PVA/PPC 和对照组中的 PA/PE 这两种复合膜包装的样品在第 20 天时的菌落总数分别为 6.97 和 6.81，已超标。对照组中 PE 保鲜膜包裹的肉样在第 12 天时菌落总数已经达到 7.36，严重超标。其中，4~12d，在图 4-23（2）中，对照组的肉样与试验组中由 PPC/PVA/PPC 包装的肉样的菌落总数差异显著（$P<0.05$），可能因为对照组的包装材料的阻隔性低于 PPC/PVA/PPC 复合膜的阻隔性，使氧气进入包装，加快了肉表面细菌的繁殖。而在图 4-23 中 PPC/PVA/PPC 包装的样品与含有 TH 的膜包装的样品差异不显著（$P>0.05$），这可能是由于在贮藏初期微生物繁殖较慢以及膜中的海藻糖渗出不充分造成的海藻糖保鲜效果不明显；16~20d，对照组与试验组中由 PPC/PVA/PPC 包装的样品差异不显著（$P>0.05$），这一阶段肉样菌落总数都已接近超标。图 4-23（1）中 PPC/PVA/PPC 包装的样品与含有 TH 的膜包装的样品差异显著（$P<0.05$），这是由于 TH 溶解到肉中起到了抑菌作用；24~32d，试验组间不同 TH 含量的膜包装的样品差异显著（$P<0.05$），这可能是由于抑菌效果与 TH 的添加量有关。总之，试验组的菌落总数显著小于对照组的菌落总数，且海藻糖的添加也明显影响菌落总数的变化，因此试验组中含有 TH 的包装能显著延长冷鲜肉的货架期。

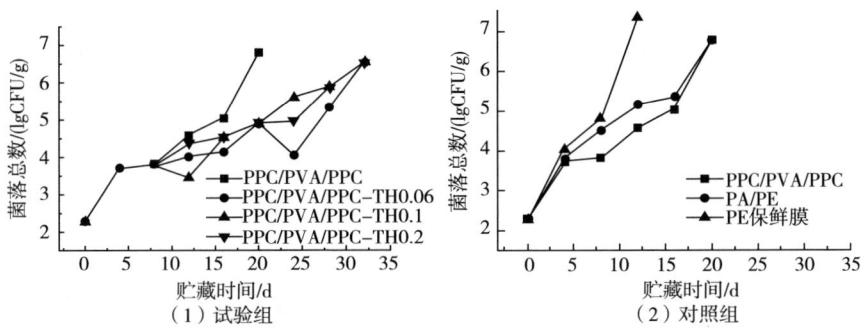

图 4-23 各类复合膜包装的冷鲜肉的菌落总数

(二) 冷鲜肉色泽的变化

贮藏前期 L^* 值呈增加趋势，随时间的延长，L^* 值逐渐降低，到 16d 时，L^* 值又增大，亮度回升，到末期 L^* 值又开始下降。在 20d 时其菌落总数已超标，测试只停留在第 20 天。图 4-24（2）中冷鲜肉的 L^* 值与图 4-24（1）中冷鲜肉的 L^* 值相比差异显著（$P<0.05$），即试验组的 L^* 值显著大于对照组的 L^* 值。

色差仪中 L^*、a^*、b^* 是代表物体颜色的色度值，其中 L^* 代表明暗度（黑白）；a^* 代表红绿色；b^* 代表黄蓝色。

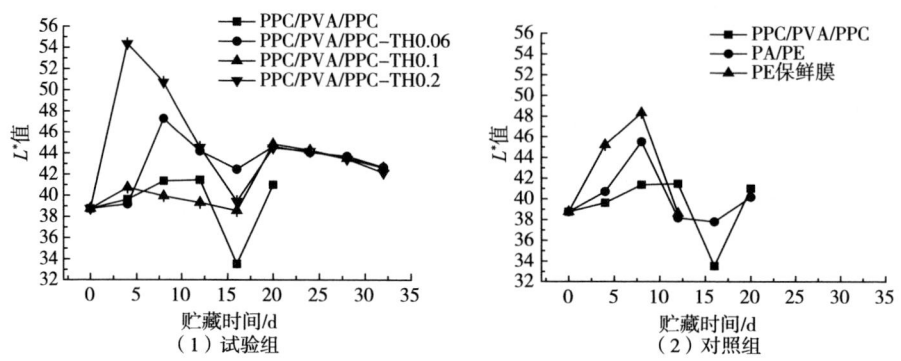

图 4-24　各类保鲜膜包装的冷鲜肉的 L^* 值

0~4d 时，a^* 值呈下降趋势，这是由于色泽的测定是打开包装后立即进行的，在包装袋内因缺乏氧气，肉色呈现的是肌红蛋白的紫红色，颜色较暗，从而使 a^* 值下降。4~8d 时，a^* 值增加，L^* 值也增加，这可能是因为有微量氧气透过包装袋进入，使肉色有所回升的原因。在贮藏后期，a^* 值迅速下降，L^* 值也呈下降趋势，这主要是因为冷鲜肉自身存在高铁肌红蛋白还原酶，将肉中的高铁肌红蛋白还原成二价的肌红蛋白，但是随着贮藏时间的延长，肉中 pH 下降以及微生物生长的作用，还原系统减弱，这导致高铁肌红蛋白含量在后期不断增加，a^* 值下降。

图 4-25 中的左右两图相比较，在初始值相同的情况下，4~8d，试验组与对照组差异不显著（$P>0.05$），贮藏初期微生物繁殖较慢，肉品还比较新鲜，颜色相差不大；第 12 天，对照组与试验组中 PPC/PVA/PPC 包装的样品差异不显著（$P>0.05$），图 4-25 中试验组间 PPC/PVA/PPC 包装的样品与含有 TH 的膜包装的样品有显著差异（$P<0.05$），这是由于 TH 对肉样起到了护色作用；16~20d，

对照组与试验组中 PPC/PVA/PPC 和 TH 含量为 0.06 的膜包装的样品各指标差异不显著（$P>0.05$），试验组间 PPC/PVA/PPC 和 TH 含量为 0.06 的膜包装的样品与 TH 含量为 0.1 和 0.2 的膜包装的样品差异显著（$P<0.05$），因此，对照组与试验组中 TH 含量为 0.1 和 0.2 的膜包装的样品差异显著（$P<0.05$），这说明 TH 含量的增加有助于保护肉品的鲜红色；第 24 天，试验组中 TH 含量为 0.06 的膜包装的样品与 TH 含量为 0.1 和 0.2 的膜包装的样品差异显著（$P<0.05$）；第 32 天，试验组间差异不显著（$P>0.05$）。总之，随贮藏时间的延长，试验组的 a^* 值显著高于对照组的 a^* 值，这可能是由于 TH 对冷鲜肉起到护色保鲜的作用，使冷鲜肉能较长时间的维持其鲜红色。

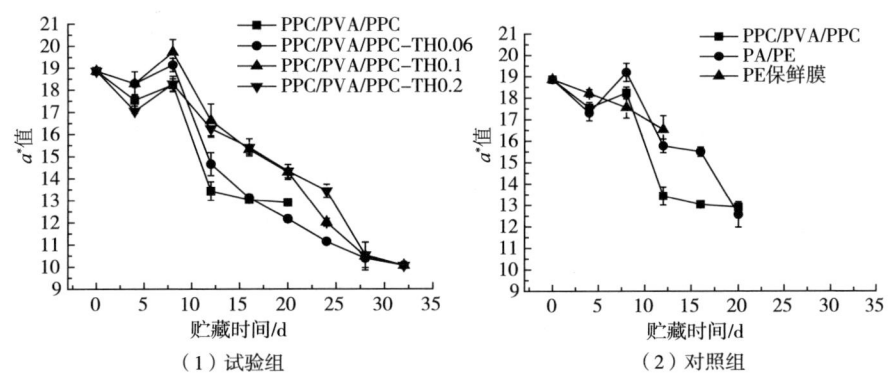

图 4-25　各类保鲜膜包装的冷鲜肉的 a^* 值

随贮藏时间的延长，b^* 值呈先上升后下降再上升的趋势，试验组复合膜包装的样品在第 35 天时 b^* 值接近 15，而对照组 PE 保鲜膜包裹的样品在第 12 天时 b^* 值就接近 17，PPC/PVA/PPC 和 PA/PE 膜包装的样品在第 20 天时 b^* 值接近 15。通过统计分析知，试验组的 b^* 值与对照组的 b^* 值差异显著（$P<0.05$），从而得知试验组的复合膜包装的样品比对照组复合膜包装的样品的黄度要小。

（三）冷鲜肉 TVB-N 的变化

试验组中 PPC/PVA/PPC 和对照组中 PA/PE 这两种膜包装的样品在第 20 天时 TVB-N 分别为 18.9mg/100g 和 19.99mg/100g，接近超标。对照组中 PE 保鲜膜包裹的肉样中 TVB-N 在第 12 天时已达到 20.07mg/100g，超标。而试验组中 PPC/PVA/PPC-TH0.2、PPC/PVA/PPC-TH0.1 和 PPC/PVA/PPC-TH0.06 复合

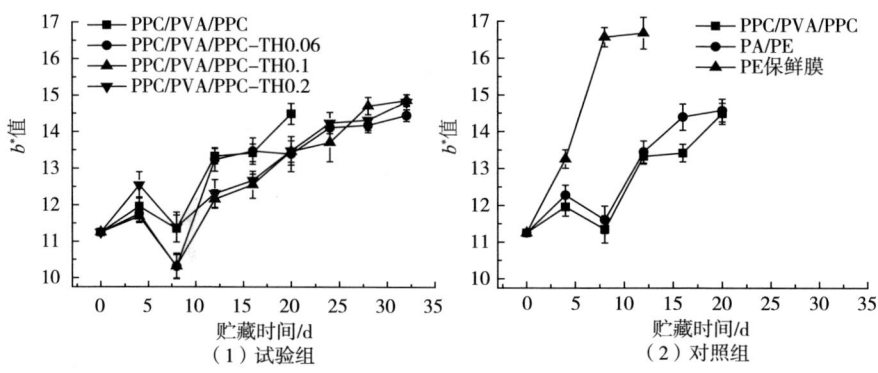

图 4-26　各类保鲜膜包装的冷鲜肉的 b^* 值

膜包装的样品在第 35 天时，TVB-N 分别为 20.19mg/100g、19.53mg/100g 和 19.93mg/100g，已接近超标。其中，4~12d，PE 保鲜膜与试验组差异显著（$P<0.05$），因为 PE 保鲜膜的阻隔性差，肉品与空气接触使微生物加快了肉中蛋白质的分解；第 4 天，PA/PE 样品与试验组差异不显著（$P>0.05$）；8~20d，PA/PE 样品与试验组中含有 TH 的样品差异显著（$P<0.05$），与 PPC/PVA/PPC 样品差异不显著（$P>0.05$），且 PPC/PVA/PPC 样品与含有 TH 的样品差异显著（$P<0.05$），此时 TH 发挥了能减缓肉品腐败变质的作用；24~32d，试验组间不同 TH 含量的样品差异不显著（$P>0.05$）。试验组的挥发性盐基氮值显著低于对照组的值，这可能是由于 TH 有防止蛋白质变性的功能，对冷鲜肉起到了防腐保鲜的作用。如图 4-27 所示。

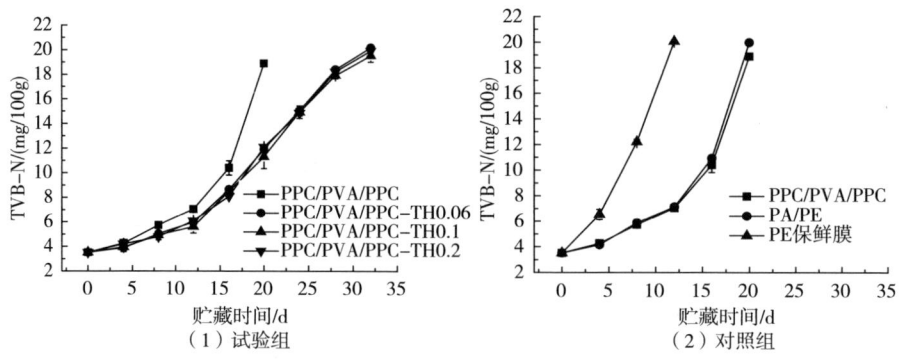

图 4-27　各类保鲜膜包装的冷鲜肉的 TVB-N

六、有抑菌剂的 PLLA/PVA/PCL 薄膜对冷鲜肉的抑菌保鲜作用

本节中将具有抑菌性的茶多酚（TP）、山梨酸钾（PS）和海藻糖（TH）嵌入 PLLA/PVA/PCL（LVC）复合膜的 PCL 层中，并将其应用在冷鲜肉的包装。与 PLLA 薄膜相比，复合膜的机械性能和阻隔性能显著提高。含有抑菌剂的复合膜包装冷鲜肉能够明显地抑制微生物的生长，降低挥发性盐基氮的含量，并且保持相对稳定低的 pH 以及较高的综合感官评分，冷鲜肉货架期可达到 31d。

（一）薄膜包装特性

复合膜的切面层合结构如图 4-28 所示。图中给出了 PLLA/PVA/PCL（LVC）薄膜的横切面的 POM 图像，三层膜之间有清晰的分界线，PLLA、PVA、PCL 层的厚度分别为 40μm，25μm 和 12μm。因 PVA 是一个富含羟基的高分子，PLLA 与 PVA 间存在的氢键作用能够提高 PLLA 与 PVA 层之间的可混合性和结合能力，同时也能提高它们之间的界面键合力和约束性，因此，三层复合膜在使用的过程中不易出现分层的现象。并且在使用的过程中，表层的 PLLA 层和底层的 PCL 能够起到保护中间层的作用，因此，复合膜能够极大地改善 PLLA 的阻隔性。图 4-28（2）（3）和（4）分别是含有抑菌剂海藻糖（TH）、茶多酚（TP）和山梨酸钾（PS）的复合膜切面结构图，从图中可以看到抑菌剂镶嵌在内层 PCL 的表面，在应用于冷鲜肉的包装时，抑菌剂可以逐渐溶解在肉的表面起到缓释的作用。

包装材料的阻隔性能直接影响包装内容物的品质及货架期的长短，它不仅能起到隔绝空气中的灰尘及细菌落到食物表面的作用，同时也能很好地保留食物的气味，而对于肉品的包装材料来说，它对水蒸气的阻隔性能和对氧气的阻隔性能尤为重要，直接关系到肉品在贮藏期间水分的保持及对肉品氧化及腐败程度的影响。膜材料的氧气透过率及水蒸气透过率结果，如表 4-7 所示，PVA 膜的 OTR 值为 $0.43cm^3/(m^2 \cdot d)$ 远低于 PLLA 膜的 $306.0cm^3/(m^2 \cdot d)$ 和 PCL 膜的 $1229.3cm^3/(m^2 \cdot d)$，这说明 PVA 的氧气阻隔性能突出，作为复合膜的中间层能够显著地改善 PLLA 的阻氧性能，复合膜的 OTR 值与 PLLA 单膜相比显著降低，阻氧性能约是 PLLA 膜的 300 倍。PCL 膜的阻湿性能较差，同等厚度下 WVTR 值达到了 $516g/(m^2 \cdot d)$，而 PLLA 和 PVA 膜的透过量大概在 $190g/(m^2 \cdot d)$ 经过复合后，整体的透湿性能没有发生太大改变。LVC-TP 复合膜的透湿性较优于

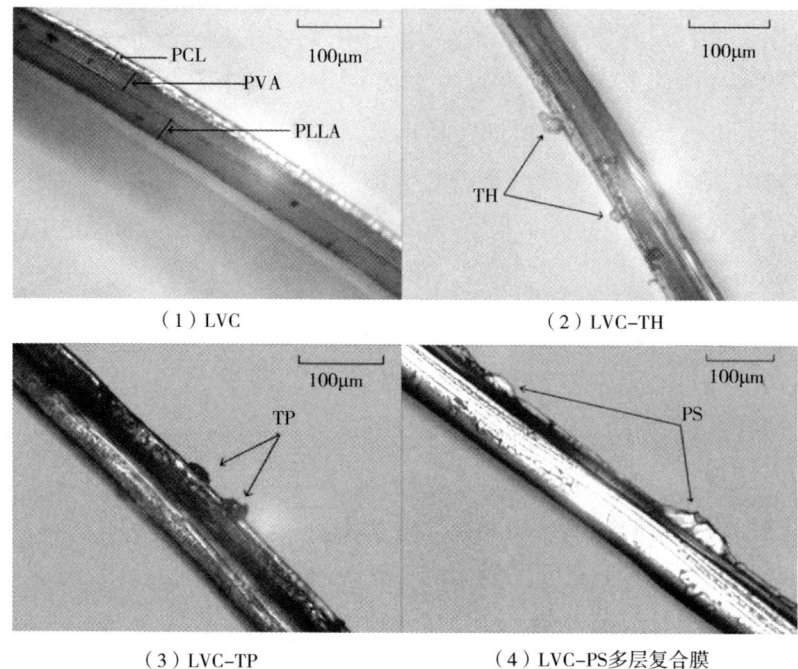

(1) LVC　　　　　　　　　　(2) LVC-TH

(3) LVC-TP　　　　　　　　(4) LVC-PS多层复合膜

图4-28　POM横切面图像

其他复合膜，这可能归因于茶多酚粉末较细，在PCL层上形成了均匀的抑菌剂层，起到了一定的阻隔作用。

表4-7　包装材料的阻隔性能

样品名称	OTR/[cm^3/($m^2 \cdot d$)]	OP/[$10^{-14} cm^3 \cdot m$/($m^2 \cdot s \cdot Pa$)]	WVTR/[g/($m^2 \cdot d$)]	WVP/[10^{-12}g $\cdot$ m/($m^2 \cdot s \cdot Pa$)]
PLLA	306.0±4.2	227.9±6.8	195.6±5.5	87.9±2.5
PVA	10.0±4.7	7.8±2.9	188.8±9.7	76.4±3.9
PCL	1229.3±46.6	893.9±4.1	516.0±0.1	161.5±3.4
LVC	0.96±0.1	0.84±0.03	189.3±5.40	81.9±2.34
LVC-TH	0.83±0.08	0.93±0.18	180.4±1.75	106.5±5.34
LVC-TP	0.87±0.10	1.19±0.14	165.1±11.5	67.5±1.81
LVC-PS	1.01±0.05	1.29±1.41	180.9±5.05	89.4±3.25

（二）肉样品的菌落总数

如图4-29所示暴露在空气中的空白组，肉样的TVC值迅速增长，在13d时增长到7.58，高于判断肉类产品腐败的标准值。用PLLA膜包裹的肉样，在相同的贮藏时间内，它的TVC相对较低。其他组的TVC值（多层膜的情况下）显著低于以上两组（$P<0.05$）。整体上值得注意的是，在LVC-抑菌膜（TH、TP或PS）的情况下，TVC的值都相对低于LVC复合膜，这显示出3种抑菌剂能够抑制微生物的生长和繁殖。从TVC的角度来看，TVC值低于7的最大贮藏时间被人们称为所谓的货架期。在不同情况下肉样的货架期顺序为：暴露肉样（11d）<PLLA（13d）<LVC（19d）<LVC-TH（21d）<LVC-TP（23d）<LVC-PS（31d）。与空白组相比，LVC-PS膜的货架期明显延长。这里要提及的是，尽管肉样在高于之前提到的货架期内的TVC低于7，在一定贮藏时间内，肉样的腐败是通过其他质量指标确定的（挥发性盐基氮，感官评价等）。

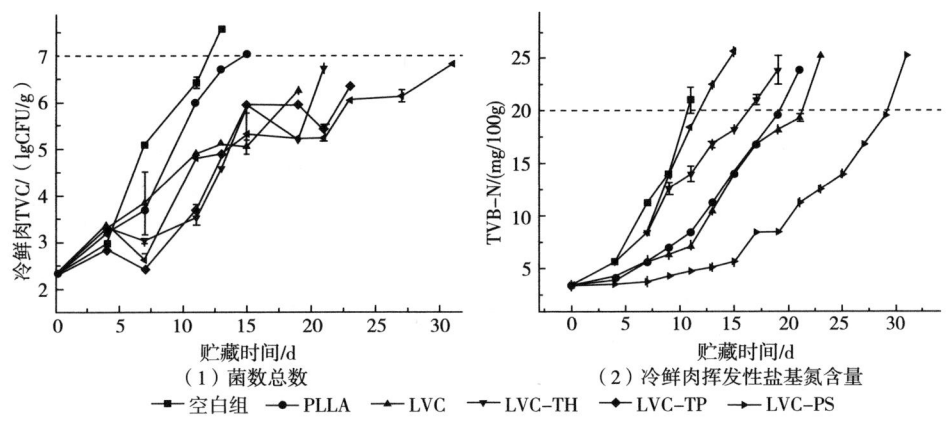

(1) 菌数总数　　(2) 冷鲜肉挥发性盐基氮含量

图4-29　不同包装内部肉品的菌落总数和冷鲜肉挥发性盐基氮含量

（三）TVB-N的测定

如图4-30所示，在贮藏期间所有样品的TVB-N值均有上升。在前4d，样品之间没有显著差异（$P>0.05$）。在第7天、9天、11天时，LVC-抑菌剂膜的TVB-N值明显低于其他3组（空白，PLLA和LVC膜）（$P<0.05$）。随着贮藏时间的延长，在LVC-抑菌剂膜中肉样的TVB-N值仍然低于LVC中肉样的值。值得注意的是，LVC-PS膜中肉样的TVB-N值明显低于LVC、LVC-TH和LVC-TP膜中肉样

的值，这进一步说明 PS 具有极好的抑菌功能。众所周知，当 TVB-N 值高于 20 时，表明肉品已腐败。就 TVB-N 值来说，肉样的货架期次序为：空白肉样（9d）<PLLA（11d）<LVC（15d）<LVC-TH（19d）<LVC-TP（21d）<LVC-PS（29d）。

（四）色差的测试

颜色的形成和稳定对于肉品是重要的感官指标，能够直接影响消费者对产品的接受程度。一般来说，通过测试肉的亮度（L），红度（a^*）和黄度（b^*）来评价肉的品质。a^* 是最关键的指标，据报道在贮藏过程中，在 30min 的呈色期内真空条件将会影响 a^*。空白肉样的 L^*、a^* 和 b^* 值随着贮藏时间的延长在不断上升，因为肉品暴露在空气中时形成的氧合肌红蛋白是一种红色的物质。对于其他五组样品（用膜包装），它们的 L^*、a^* 和 b^* 值在贮藏前期增长，然后随着贮藏时间的延长逐渐降低（$P<0.05$）。在初期没有氧气的情况下，肉中形成的脱氧肌红蛋白是紫色或紫红色的。在贮藏后期，蛋白质分解产生 H_2S 与血红蛋白结合产生一种绿色的化合物，将会引起 L^*、a^* 和 b^* 值的降低。整体来看，抑菌剂 TH、TP、PS 对肉品颜色的影响没有显著差异。

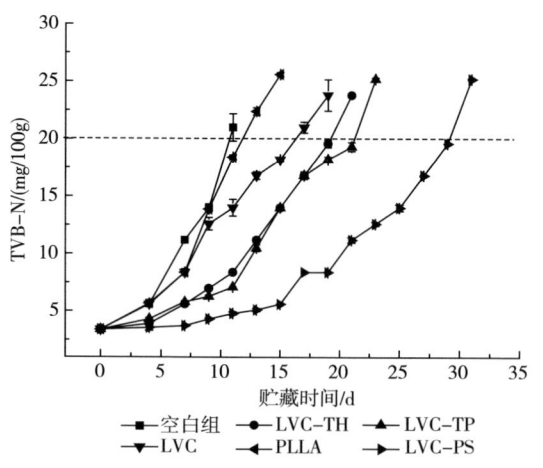

图 4-30　贮藏期间 TVB-N 值的变化

（五）感官评价

贮藏期间，所有样品的综合感官评分均降低，但是在相同的贮藏时间内，空白肉样的综合评分显著低于其他五个组（用膜包装）（$P<0.05$）。另外，抑菌膜 LVC-TH、LVC-TP 和 LVC-PS 包装的肉样与 PLLA 和 LVC 膜相比，综合评分较高，这说明在有抑菌剂存在的情况下，肉品更能得到消费者的认可。正如预测，在所有组中 LVC-PS 的综合感官评分最高，表明在肉品保鲜中 PS 表现出了良好的保鲜功效（$P<0.05$）。

第三节 小结

本研究进一步将复合膜应用到冷鲜肉的自发型气调包装、气调包装、真空包装及抑菌性包装中。

将复合膜结合真空包装、气调包装、抑菌包装应用到冷鲜猪肉包装中，冷鲜肉的货架期大幅度延长。沉积 SiO_x 薄膜具有自发性气调包装作用。将沉积 SiO_x 的保鲜膜作为自发型保鲜包装时，其气体的交换性对包装内部的气氛进行自动调节，可长时间保持其内部气氛浓度以适合生鲜食品保鲜的气氛条件，冷鲜肉保质期可达到 50d 以上，圣女果保鲜期可延长至 20d 以上。选用完全可降解包装膜对冷鲜肉进行真空包装时，高阻隔性 PLLA/SiO_x/PVA 薄膜将冷鲜肉保质期延长至 25d，PPC/PVA20/PPC 复合膜将延长至 20d 左右。使用高阻隔性 PPC/PVA/PPC 复合膜对冷鲜肉进行气调包装时冷鲜肉的保质期达到 25d。在包装材料内层中嵌入抑菌性分子时，冷鲜肉的保质期延长达到 30d 以上。

使用完全可降解材料进行生鲜食品的保鲜包装，保鲜效果可完全与通用不可降解保鲜膜相媲美，甚至更佳。基于这些研究结果，改性后的生物可降解复合材料，使其具有良好的气体和水蒸气阻隔性能和良好的力学性能，完全可替代市场上的不可降解塑料食品包装。

第五章
生鲜果蔬包装

第一节　生鲜果蔬包装概述

在全球倡导健康饮食的潮流下，人们的消费和饮食的理念正在悄然改变，越来越关注饮食健康和食品质量了。果蔬作为特殊的具有生命活动的食品，因其生产的时节性、种植地域限制等给贮藏和销售带来极大阻碍。加上采收、贮藏、流通、销售过程中的不完善往往会导致果蔬在采后损失巨大。

采收后的果蔬，缺少了母体营养供应，果蔬自身很容易软化、老化且易遭受生理病害和微生物入侵，再加上运输贮藏过程中的机械损伤，不良环境等会使果蔬的数量和质量都遭受很大的损失。发达国家的农产品在采后的腐损率仅为1.7%~5%，而有数据表明，我国每年果蔬的腐损率高达20%~30%，距联合国粮农组织要求的标准5%相差甚远。果蔬的采后损耗造成了巨大的资源浪费、经济损失和环境污染，限制了在经济全球化过程中我国果蔬的出口贸易。因此，实用高效的保鲜技术的缺乏成为我国果蔬业发展的巨大阻碍。

采后的果蔬仍依赖于贮藏环境的气体供给进行着生理代谢，从外界环境中获取氧气，通过呼吸作用在酶的作用下氧化分解有机底物，维持生命活性，仍继续成熟、衰老、死亡等过程。掌握果蔬采后生理和成熟变化机制，对于寻求和发展有效贮藏保鲜技术具有重要的意义。

空气中 CO_2 的含量为 0.03%，提高果蔬气调库、包装容器或包装袋内的 CO_2 的水平，还可有效地降低组织细胞的呼吸速率，延缓成熟时间，长时间保留果蔬的营养成分，延长货架期。高浓度 CO_2 含量能够延缓或抑制果实的呼吸跃变的出现。此外，提高 CO_2 对微生物和果实的生理生化代谢都有着显著影响。当小环境内的 CO_2 浓度增大时，可以在一定程度上抑制病原菌的生长和繁殖，对食物有防霉腐作用。高 CO_2 能够降低多酚氧化酶（PPO）和过氧化物酶（POD）的活性，显著减缓果皮的着色过程和膜脂的过氧化进程。

然而，果蔬贮藏环境气氛中的 CO_2 的浓度并非越高越好。不同类不同品种的果蔬 CO_2 敏感度和耐受性不同。CO_2 浓度超过一定范围则会导致果蔬组织细胞中毒、褐变等。例如，长把梨是对 CO_2 敏感的果实，包装内部 CO_2 浓度增加时，其果心发生了褐变，当浓度过高时，CO_2 向细胞内部扩散，引起有效 Ca^{2+} 的减少，膜透性加大，造成 PPO 与酚类接触发生褐变。当冰温气调贮藏环境中 CO_2 浓度大于 4% 时，红富士苹果会发生轻微 CO_2 伤害。但富士苹果在 10% CO_2 条件下，失重率较低，可溶性固形物含量保持很高的水平，乙烯高峰推迟，感官品质保持较好，当使用 20% CO_2 预处理后，贮藏 60d 时，32% 的果实出现了 CO_2 伤害。在 5% 和 8% CO_2 充气包装中 CO_2 伤害发生，降低了苹果保鲜效果。所以，应该根据生鲜果蔬生理特征，将 CO_2 的浓度控制在一定的适宜范围内。采摘后越早进行气调控制，CO_2 的保鲜效果会越明显。

N_2 不参与果蔬成熟和微生物生长，这也说明 N_2 环境能够抑制果蔬本身和微生物的呼吸。N_2 化学稳定性好，常做充气包装的惰性气体部分。在塑料薄膜包装中，N_2 其的渗透性差。较 O_2 和 CO_2，N_2 几乎不会进行气体交换，在包装中仅起填充作用。

O_2 是生物赖以生存不可缺少的气体。O_2 的性质非常活泼，会引起食品的氧化变质，加速好氧腐败细菌的生长。因此，一般情况下加工食品包装容器内都不允许存在 O_2。在果蔬贮藏环境中，一定量 O_2 的可维持采摘后果实的正常呼吸，保持基本能量供给，且对厌氧菌具有一定抑制作用。在密闭环境中，在好氧菌和果实自身呼吸作用下，果蔬包装内部的 O_2 将逐渐被吸收消耗，浓度降低，抑制其呼吸作用，推迟果蔬的成熟老化。通常在降低 O_2 浓度和提高 CO_2 浓度结合使用时，能更有效地降低苹果的呼吸速率和乙烯的产生。

第五章　生鲜果蔬包装

综上所述，气调包装是将包装内部的气体环境调整至偏离大气环境的低氧 O_2 高 CO_2 气体浓度，新的环境将匹配果蔬最基本呼吸代谢需求，更好地保存营养成分，延长贮运保鲜期。

第二节　基于可降解聚乳酸薄膜的果蔬自发性气调包装膜的设计

以密闭系统法测定草莓的呼吸速率，结合米氏方程推导呼吸速率与包装膜渗透性的关系式。采用已知渗透性的薄膜结合渗透系统法测定实际贮藏中达到动态平衡时草莓的呼吸速率，根据米氏和动态平衡方程推导适宜草莓自发气调材料的气体选择比。在此基础上，选用对 CO_2 具有较强选择溶解性的 PEG 对 PLLA 进行改性，可调整其透气性和 CO_2/O_2 选择透过性。

一、通过 Michaelis-Menten 型呼吸速率方程推导 PLLA 薄膜的自发气调包装（AMAP）的参数

少量 PEG 嵌入后，嵌段共聚物的 O_2 渗透性能略微降低，OP 减小到 $1.36 \times 10^{-12} cm^3 \cdot m/(m^2 \cdot s \cdot Pa)$，略低于 PLLA。但薄膜的 CO_2 渗透性能将得到很大的改善，CDP 值提高到 $16.94 \times 10^{-12} cm^3 \cdot m/(m^2 \cdot s \cdot Pa)$，约为纯 PLLA 的 3 倍。对应的嵌段共聚物薄膜的 CO_2/O_2 选择透过比高达 12.5，约为纯 PLLA 的 4 倍左右。由于 PEG 嵌段的亲水性和吸湿性，薄膜的水蒸气通透性能增强，WVP 增加了 2 倍至 $2.10 \times 10^{-10} g \cdot m/(m^2 \cdot s \cdot Pa)$。综上结果表明 PEG 的嵌入极大改善了材料的气体渗透性和选择透过性，同时增大了薄膜水蒸气通透性，PEG 可以作为优良的调节 PLLA 薄膜气体渗透性的小分子聚合物。

AMAP 中影响包装内最终气氛组成的因素有很多，其中与果蔬自身有关的有被包装产品质量和果蔬呼吸速率。与包装材料有关的有薄膜厚度、薄膜面积、薄膜对 O_2 和 CO_2 渗透性及选择透过比。在一定条件下，建立 AMAP 系统模型最重要的因素就是确定被包装产品的呼吸速率。密闭系统法是指将果蔬放置在一个可开闭的密闭容器中，充满一定比例的混合气体，在恒定温度环境下储藏一段时间后，参照文献中的计算公式，根据容器中的 O_2 或 CO_2 体积分数的变化来计算果蔬的呼吸速率，图 5-1 和图 5-2 为 PA/PE 作为密闭系统密封膜所得的包装内气氛变化图及对应果实理论呼吸速率。

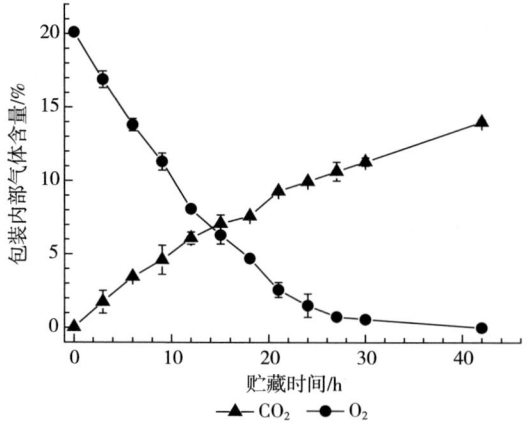

图 5-1　包装内部 O_2 和 CO_2 浓度变化

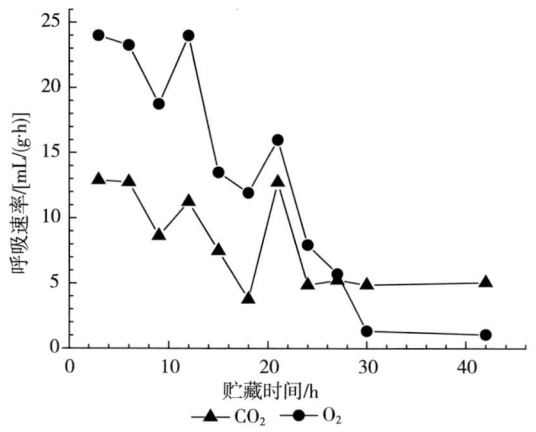

图 5-2　包装内部对应 O_2 和 CO_2 的呼吸速率变化图

二、推导草莓包装所需薄膜的气体透过系数和 CO_2/O_2 选择透过比

通过呼吸速率测定结合米氏方程可推算出在某种气调条件下果蔬的呼吸速率，根据呼吸速率可以进一步确定其理想包装薄膜的气体透过率。在 10℃ 贮藏条件下，设定草莓 AMAP 包装内最终要达到的适宜平衡气体组成为 3% O_2 和 3% CO_2。根据推算，达到此平衡气体条件下，草莓呼吸作用 O_2 消耗率和 CO_2 产生率分别为 $R_{O_2}=6.14 \text{mL}/(\text{g}\cdot\text{h})$、$R_{CO_2}=11.32 \text{mL}/(\text{g}\cdot\text{h})$。

设定包装草莓的薄膜表面积为 $A=310\text{cm}^2$，厚度 $D=15\mu\text{m}$，草莓平均质量 $W=90\text{g}$，包装内部气氛达到平衡时则由式（5-1）和式（5-2）计算得出的薄膜的透气系数为 $P_{O_2}=4.11\times10^{-12}\text{cm}^3\cdot\text{m}/(\text{m}^2\cdot\text{s}\cdot\text{Pa})$，$P_{CO_2}=45.56\times10^{-12}\text{cm}^3\cdot\text{m}/$

($m^2 \cdot s \cdot Pa$),所需CO_2/O_2选择透过比为11.1。

$$\frac{A}{D}P_{CO_2}P_{atm}(0.0003 - \frac{[CO_2]}{100}) + WR_{CO_2} = 0 \quad (5-1)$$

$$\frac{A}{D}P_{O_2}P_{atm}(0.209 - \frac{[O_2]}{100}) - WR_{O_2} = 0 \quad (5-2)$$

从这个结论看,草莓在设定的最佳贮藏条件下,需要的CO_2/O_2选择透过比非常接近PLLA改性后的PLGL35G20,从草莓包装薄膜对CO_2的透过率的需求来看,PLGL35G20薄膜没有完全满足要求,但其透过率比PLLA要接近得多。

三、Michaelis-Menten呼吸速率方程预测AMAP包装薄膜面积

在已知薄膜的气体渗透性能,被包装产品质量和最佳贮藏气体组成(气氛),确定满足力学要求的厚度等前提下,就可以通过理论推导来选择和设计包装膜的使用面积了。

假设在草莓AMAP包装中,使用PLLA和PLGL35G20嵌段物薄膜作为包装膜。最终草莓AMAP包装内想要达到的气氛分别为2%~5%CO_2和2%~8%O_2。假设包装薄膜的厚度确定为$D=15\mu m$,被包装果实质量为$W=70g$、90g和110g三个梯度,利用动态平衡方程中相当于已知薄膜厚度、气体透过系数、被包装果实质量及动态平衡时包装内的CO_2和O_2浓度,可以直接推算PLLA和PLGL35G20嵌段物薄膜作为草莓AMAP包装膜时薄膜的理论使用面积。根据无竞争米氏方程可以计算不同果实质量下两种果实包装内部气体含量随着薄膜的面积变化的趋势(图5-3)。当PLLA和PLGL35G20作为AMAP薄膜使用时,随着薄膜面积的增加,对应的包装内部CO_2含量逐渐增加,O_2含量逐渐减少。

大量文献已表明,2%~8% O_2和2%~5% CO_2的气体微环境都可以起到抑制草莓有氧呼吸,延长草莓货架期的作用。图5-4中,理论推导结果表明当PLLA有效使用面积为$0.08~0.145m^2$时包装内的CO_2处于理想气调浓度范围内。当薄膜有效面积为$0.042~0.082m^2$时,所有包装组内的O_2处于理想的气调浓度范围内。这说明在$0~0.145m^2$面积范围内,PLLA包装内的气体浓度几乎不能同时能满足理想的气调需求。而对于PLGL35G20包装膜,薄膜有效面积在$0.024~0.145m^2$范围内时CO_2达到适宜气调浓度范围,在薄膜使用面积为$0.063~0.123m^2$范围内时O_2的浓度处于理想气调浓度范围。这就说当薄膜使用面积为$0.063~0.123m^2$范围内时,PLGL35G20薄膜包装内气氛同时能满足两种气体最佳浓度要求。

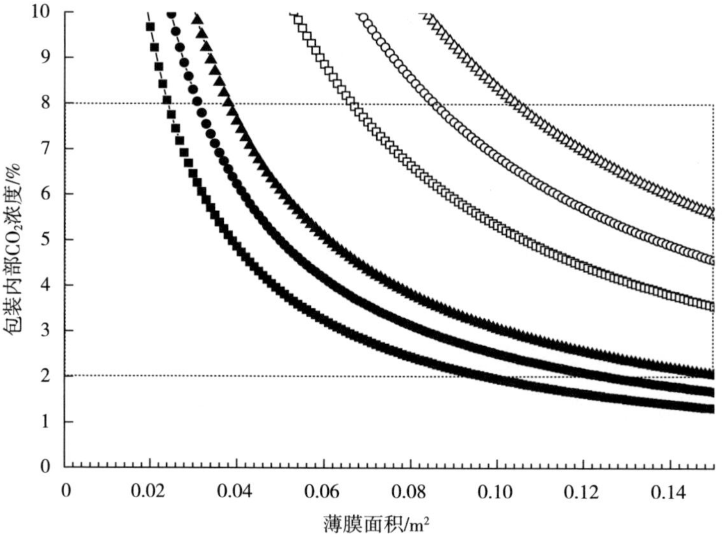

图 5-3 基于米氏方程的草莓 AMAP 包装的内部气氛与包装薄膜面积的关系

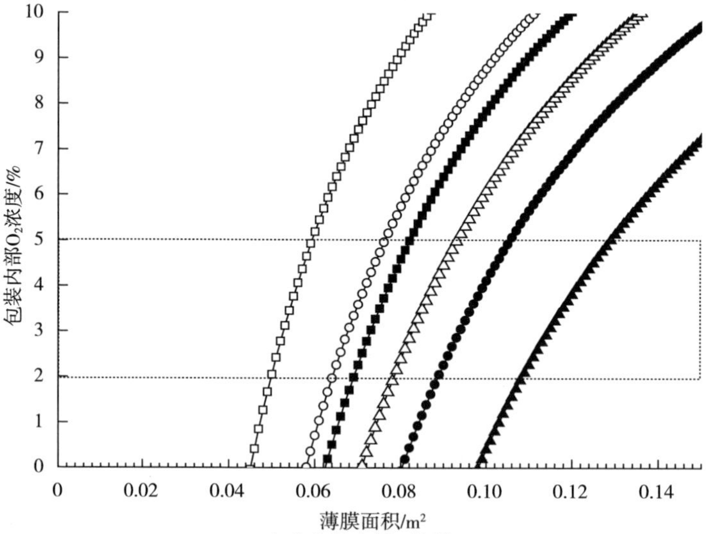

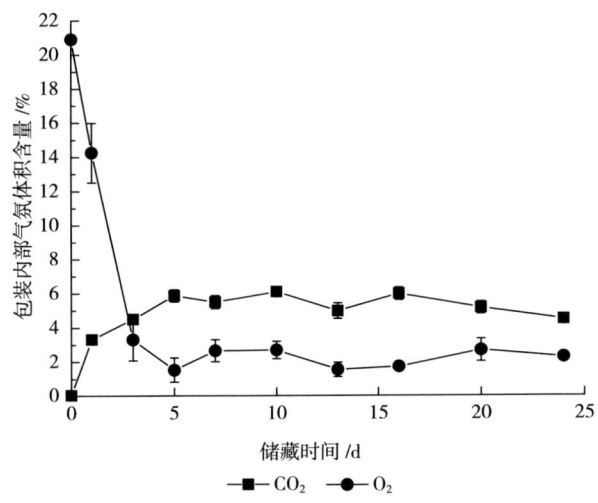

图 5-4　PBAT/PCL 薄膜密封草莓时的包装内部气氛变化

四、实验理想气调条件下草莓呼吸速率和 AMAP 包装参数的预测

将 PBAT/PCL 薄膜作为渗透法测定草莓的呼吸速率的 AMAP 薄膜来使用。在 PBAT/PCL 薄膜包装草莓贮藏过程中 CO_2 浓度逐步提高，而 O_2 浓度迅速降低，在 3~5d 后就达到平衡状态，如图 5-4 所示。草莓包装内最终 CO_2 体积分数为 5.2%，O_2 体积分数约为 2.3%，十分接近草莓的理想气调条件。

利用公式可以推导出 PBAT/PCL 包装在理想平衡气调状态下对应的草莓的呼吸强度为：R_{O_2} = 1.84mL/（kg·h）；R_{CO_2} = 4.46mL/（kg·h）。根据这一呼吸速率结合无竞争米氏方程后，可以推算当使用 PLLA 和 PLGL75G20 薄膜作为包装薄膜时达到这一理想呼吸速率，不同果实质量包装内部气氛和对应的薄膜的面积变化趋势，结果如图 5-5（1）和图 5-5（2）所示，图中虚线为综合文献报道的适宜草莓气调的气体浓度范围。从图 5-5（1）中可以看到，当包装薄膜的有效面积为 0.027~0.06m² 时，包装内的 CO_2 浓度处于理想浓度范围。而从图 5-5（2）可以看到，当薄膜的有效面积为 0.013~0.025m² 时，包装内的 O_2 浓度处于理想浓度范围。在使用一定面积的 PLLA 薄膜对不同质量草莓进行 AMAP 包装时，PLLA 包装内的 CO_2 和 O_2 不能同时达到理想气调范围。对于经改性的 PLGL35G20 薄膜，当薄膜的有效面积为 0.011~0.036m² 时，所有包装内的 CO_2 浓度处于草莓理想气调浓度范围。相对于纯 PLLA 薄膜来说，在使用较小面积包装膜时，包装内的 CO_2 浓度就可以达到理想气调的需求。对应的，当薄膜有效使用面积为 0.019~0.036m² 时，所有包装内的 O_2 浓度处于理想气调浓度范围。这说明理论上当 PLGL35G20 包装膜有效使用面积为 0.019~0.036m² 时，包装内的 CO_2 和 O_2 可以同时满足理想 AMAP 包装的气体浓度要求。

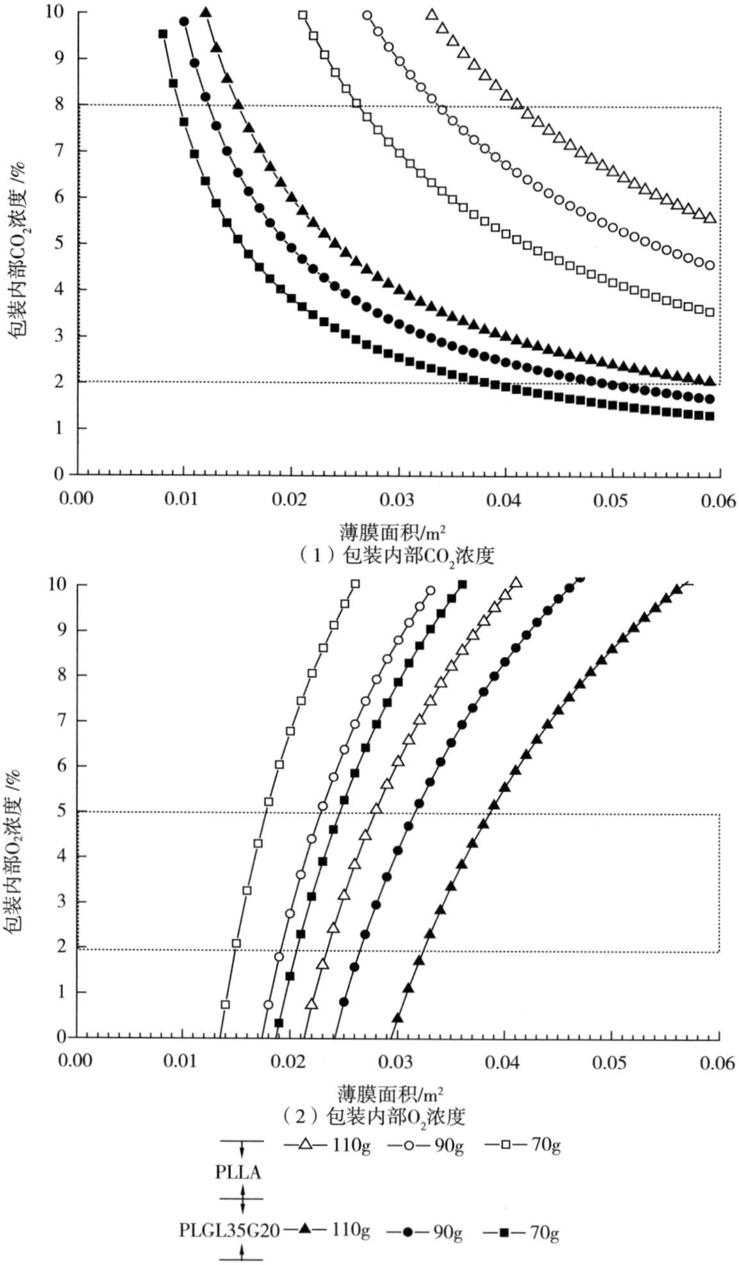

图 5-5 基于实验结果计算的草莓 AMAP 包装的内部内气氛与薄膜有效呼吸面积之间的关系

理论模型下的推导一般与实际应用存在一定差异,为了进一步验证改性 PLGL35G20 薄膜对草莓的保鲜效果。将 90g 草莓分别密封在厚度为 15~20μm、有效面积为 0.031m² 的 PLLA 和 PLCL35G20 包装袋,放置于 8~10℃ 的立式冷藏柜中进行贮藏,贮藏期间薄膜包装内 CO_2 和 O_2 含量变化,如图 5-6 所示。贮藏 7d 后 PLLA 包装内的 CO_2 含量已超过 10%,且贮藏期内缓慢升高。对应的 O_2 迅速下降,在贮藏 12d 后维持在 2%~3% 范围内。相对于 PLLA 包装组,PLGL35G20 包装组的 CO_2 和 O_2 含量在贮藏 12d 起达到 6% 左右的平衡状态至贮藏结束。这说明改性后的 PLGL35G20 薄膜能更好地依靠自身的气体透过率及选择透过性更好地建立和维持了包装内低氧高二氧化碳的气调状态。与理论推导结果一致,较 PLLA 薄膜,PLGL35G20 能够同时满足 AMAP 包装内较理想的气调浓度需求。

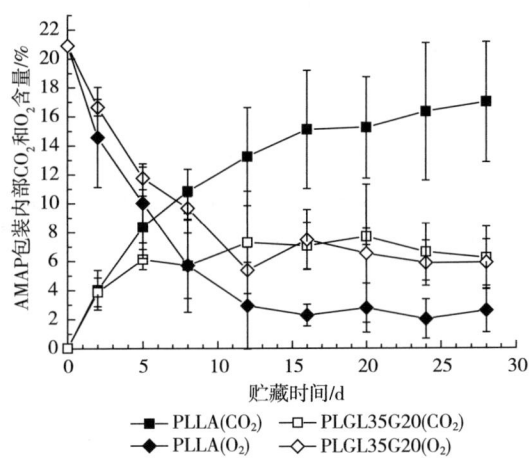

图 5-6　贮藏期间薄膜包装 CO_2 和 O_2 含量变化

第三节　聚乳酸薄膜在果蔬保鲜包装中的应用

一、(PLGLxG20)嵌段物薄膜在圣女果自发气调保鲜中的应用

本实验是在包装设计及性能测试基础上,选用选择透过比较高的一定面积的 PLGxG20 系列完全生物可降解薄膜用于圣女果的低温自发气调保鲜。通过对贮藏

期间包装内气体浓度、被包装果实的感官品质、营养成分、菌落总数等分析考察薄膜的保鲜效果。

（一）贮藏期间圣女果包装内 CO_2 和 O_2 含量变化

PLLA 和 PLGLxG20 薄膜的透过性如表 5-1 所示。从表中可以看到，同等条件下，纯 PLLA 薄膜 CO_2 透过率为 $2726cm^3/(m^2 \cdot d)$，O_2 透过率为 $836cm^3/(m^2 \cdot d)$，CO_2/O_2 选择透过比约为 3.3：1。而纯的 PE 膜透过比约为 4.6，这说明 PLLA 气体透过比不能满足果蔬自发气调包装的需求。随着 PEG 链段的嵌入，由于 PEG 链段对 CO_2 的较强吸附性，薄膜的 CO_2 透过率大幅度增大。O_2 透过率呈现先减小后增大的趋势，但共聚物薄膜的 O_2 透过率均低于纯的 PLLA。这是因为 PEG 对 O_2 无特殊吸附性，少量 PEG 插入时，无定形 PLLA 链段空隙被 PEG 链段所占据，气体分子通道减少，所以 O_2 透过率减小。当大量 PEG 插入时，无定形 PEG 为 O_2 通过提供了渗透通道。CO_2 透过率增幅大于 O_2，因此，薄膜的 CO_2/O_2 选择透过比由 3.3 逐渐增大到 16.7。包装膜良好的透湿性有利于结露水的及时排出，由于 PEG 的亲水性，薄膜的水蒸气透过率随着 PEG 相对含量增大而增大。综上结果可知，相对于纯 PLLA 薄膜，PEG 的插入起到了调节 PLGLxG20 薄膜的透过性作用，且极大提高了薄膜的透过性及选择透过性，更加适用于果蔬自发气调包装。

表 5-1 PLLA 和 PLGLxGy 系列嵌段共聚物薄膜的透过性

样品名称	平均厚度/ μm	CO_2 透过率[1]/ $[cm^3/(m^2 \cdot d)]$	O_2 透过率[1]/ $[cm^3/(m^2 \cdot d)]$	CO_2/O_2 透过比	水蒸气透过率[2]/ $[g/(m^2 \cdot d)]$
PLLA	18.6	2726±159	836±92	3.3	962±184
PLGL75G20	17.5	3697±138	572±75	6.5	1896±261
PLGL55G20	16.8	5007±116	584±87	8.6	1741±174
PLGL35G20	17.4	7378±460	521±65	14.2	2983±411
PLGL25G20	19.1	11708±512	703±80	16.7	4106±370

注：[1]5℃，环境湿度。
[2]测试条件为 23℃，65%RH，即国标对包材透湿要求的湿度测试条件。

PEG 兼备了良好的柔韧性和高 CO_2/O_2 选择透过性，与 PLLA 嵌段共聚后可以形成微相分离结构，这种相分离结构将有利于提高 PLLA 的韧性和结晶性，而且处于微相分离状态的 PEG 嵌段在薄膜中可以形成控制气体透过的"闸门",这种通道对提高薄膜的 CO_2/O_2 选择透过性起到关键作用。图 5-7 左侧平面图为 PLGL35G20 的 AFM 图。从图 5-7 中可以清晰地看到 PLGL35G20 薄膜中出现了纳米级的相分离状态,黑白间隔,这与图 5-7 右侧的示意图一致。黑色应为 PEG 的聚集区处于液态,而白色区域为 PLLA 的集聚区。这种相分离状态有利于调控 PLLA 的气体透过性和选择透过性。其中,PEG 相将会起到"闸门"的作用,CO_2 可以通过"闸门"渗透聚合物薄膜,将大幅度提高 PLLA 对 CO_2 的通透性及选择透性。

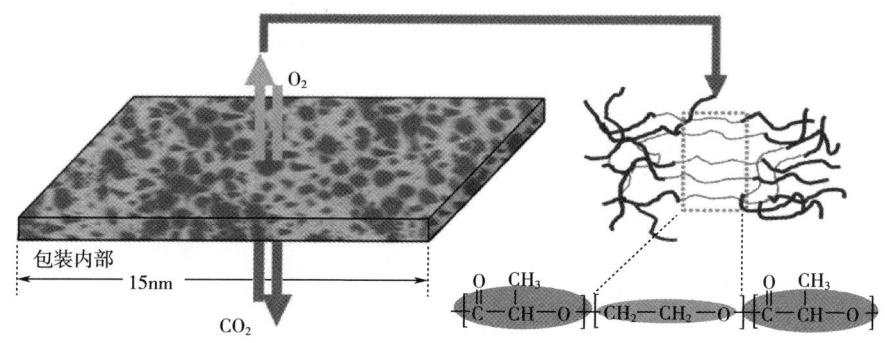

图 5-7 PLGLxG20 薄膜气体透过原理图(AFM 图)

自发气调包装保鲜的关键在于维持包装内较适宜的气体组成,抑制被包装产品强烈的代谢作用,推迟果蔬成熟与衰老过程,减少营养物质的大量消耗。

图 5-8 为贮藏期间各包装组内 CO_2 和 O_2 含量随时间变化的趋势图。如图 5-8(1)所示,包装内的 CO_2 初期迅速升高,第 6 天时 PLLA 和 PLGL75G20 包装内达到约 10%。之后,在 6~14d 内缓慢上升,末期缓慢下降到 10% 的平衡状态。其余三种包装内的 CO_2 含量低于 PLLA 和 PLGL75G20 包装组。PLGL55G20 盒内的 CO_2 含量则在 6~10d 内出现一个小幅度升高趋势,此后,达到约 6% 的平衡状态。PLGL35G20 和 PLGL25G20 包装组内的 CO_2 含量在 6~10d 内先小幅度降低,此后维持 3.2%~5% 的平衡状态。

图 5-8(2)为盒内 O_2 含量随时间变化图,可以看出 O_2 含量的变化与 CO_2 相反,在密闭初始的高氧状态下,果实有氧呼吸剧烈,O_2 被大量消耗,在 0~10d 内含量从 20% 左右迅速降低到 4%~6%,此后维持相对平衡状态至贮藏

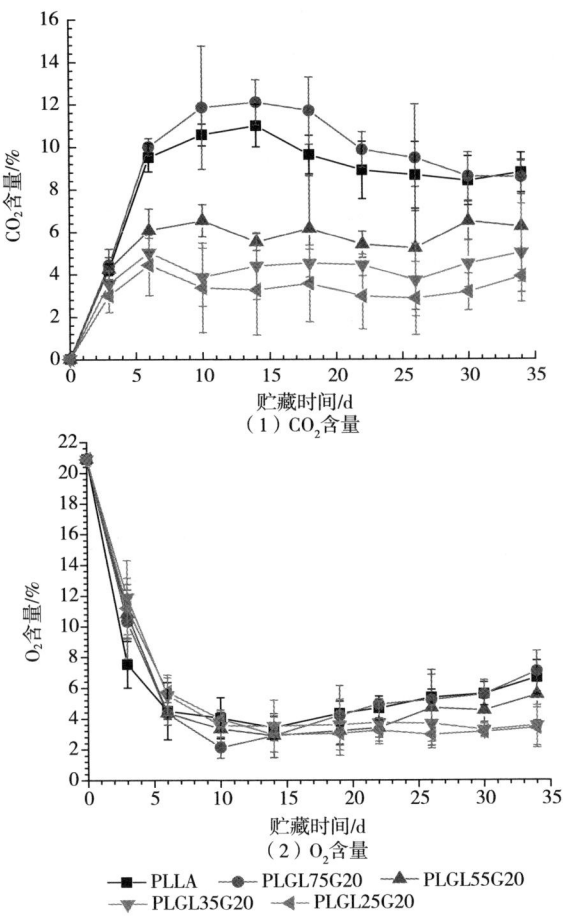

图 5-8　贮藏期间 PLLA 和 PLGLxG20 薄膜包装内 CO_2 和 O_2 含量变化

结束。各组 O_2 含量差异不大，PLLA 和 PLGL75G20 组略高于其他组，PLGL55G20 则低于前两组高于 PLGL35G20 组。随着包装内的 O_2 大量消耗，外界 O_2 在压力差的作用下向薄膜内流动，但薄膜阻碍了大量 O_2 进入，可维持一定的 O_2 含量。

薄膜的选择透过性导致盒内 CO_2 含量的差异，在不同的 CO_2 含量下，果实呼吸被抑制的程度不同。由于 PLLA 和 PLGL75G20 膜的 CO_2/O_2 选择透过比分别为 3.3 和 6.0 左右，大量 CO_2 积累，果实受到毒害，呼吸作用减弱。包装内 O_2 消耗量减少，而 O_2 在含量差的作用下继续进入包装，所以后期 PLLA、PLGL75G20 和 PLGL55G20 组包装内的氧气呈现略微上升的趋势。PLGL35G20 和

PLGL25G20 膜具有较高的 CO_2/O_2 选择性,透过比高达（12~14.2）∶1,盒内的适宜 CO_2 含量在一定程度上抑制了果实的呼吸作用。在压力差和膜渗透性的双重作用下,外界 O_2 及时进入以满足果实较弱的有氧呼吸,产生的 CO_2 同时通过薄膜排出,基本达到动态平衡。从以上结果分析来看 PEG 含量较高的 PLGL35G20 和 PLGL25G20 包装盒较好的维持了气体环境,更加适用于圣女果的自发气调冷藏过程。

（二）圣女果感官品质变化

根据对果实的感官品质进行评价,第 22 天果实照片及切面图如图 5-9 所示。薄膜不同的气体渗透及选择渗透性,最终导致包装内不同的 CO_2 浓度、O_2 浓度和湿度环境。无包装空白对照组（CK 组）的番茄呼吸和蒸腾作用未受到抑制,代谢旺盛,感官品质下降最快。

图 5-9　第 22 天时的各包装组内圣女果及切面图

如图 5-9 所示,对于 PLLA、PLGL75G20 包装组,果实发生水泡现象,不能正常进行后熟。颜色消退、组织松散、细胞液渗出。这是因为 PLLA 较差的水蒸气和 CO_2 通透性,包装内的 CO_2 含量过高,水分大量积累。果实长期处于超高 CO_2 和湿度环境中,代谢紊乱,细胞失去膨压、细胞内水分渗到细胞之间的间隙成为水渍状,导致番茄红素加速氧化,果皮颜色变浅。当材料的渗透比处于大部分果蔬适宜的 8~10 甚至更高的理想选择透过比范围内时,包装内的气氛形成低 O_2 高 CO_2 的抑制呼吸作用的贮藏环境,因此,果实维持较好的感官品质。从图中可以清晰看到,具有较好气体和水蒸气通透性的 PCL55G20、PCL35G20 和 PCL25G20 包装内果实颜色红艳,呈现出较好的感官品质。

（三）感官色度变化

图 5-10 为 ΔE 的变化图,可以看出 CK 组的 ΔE 贮藏初期就达到了 6,之后

呈继续上升趋势，末期高达 15。与 CK 组相比，所有包装组的 ΔE 在贮藏 3d 内均较小，但从贮藏 6d 后，纯 PLLA 和 PLGL75G20 包装组的果实的 ΔE 值迅速升高，10d 超过 6，末期达到 10 左右。PLGL55G20、PLGL35G20 和 PLGL25G20 三包装组的 ΔE 在 6~26d 的贮藏期内在 4~6 波动，末期升高到 7 左右。包装内不同的气体组成对果实的呼吸代谢有着很大的影响，因此，CK 组的番茄在成熟衰老、微生物、失水等因素的影响下色差迅速增大。而 PLLA 和 PLGL75G20 组的番茄则在成熟，在微生物、高湿度、极高 CO_2、极低 O_2 等条件对果肉组织极为不利的环境下色差变大。其余三组在贮藏初期由于果实能完成正常的后熟过程，ΔE 显著增大。一定贮藏期内包装内的气体环境处于较适宜的低 O_2、高 CO_2 条件，番茄受环境胁迫损伤作用较小，且呼吸代谢、酶的活动等可被抑制，因此，可在 26d 内维持相对较小的色差值。贮藏末期在微生物、细胞自然衰老等作用下，ΔE 有所增大。总体来看，适宜的气体组成在一定程度上延缓了番茄内色素物质的大量积累及由于衰老引起的颜色加深，组织褐变的进程，这说明适宜的气体组成对果蔬颜色的保持起到了较好的作用。

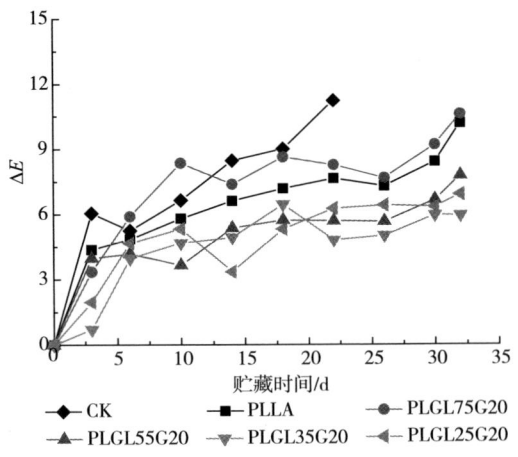

图 5-10　贮藏期间各组圣女果的 ΔE 变化

总体上说，在储藏期初期 CO_2 浓度迅速升高，O_2 浓度迅速降低，约第 5 天后所有包装内的气体组成达到平衡，其 CO_2 浓度几乎随着 PLGLxG20 的 CO_2 透过系数的增大呈阶梯型减小，薄膜表现出对内部气体的控制能力，CO_2/O_2 透过比起到了重要作用。对于 O_2 浓度来说，几乎在 3%~4% 浓度范围内波动，储藏后期 PLLA、PLGL75G20、PLGL55G20 包装组的 O_2 浓度略微升高到 6%。包装内部

O_2 浓度没有随 CO_2/O_2 透过比而改变的主要原因是 PLLA 和 PLGLx20 薄膜对 O_2 的透过系数几乎没有受到 PEG 嵌入的影响。

圣女果贮藏品质受后熟衰老和贮藏环境的综合作用影响，但与无包装组和 PLLA、PLGL75G20 包装组相比，嵌段共聚物薄膜包装内维持了相对低氧高二氧化碳的适合圣女果保鲜的微气氛环境，从一定程度上抑制了微生物的大量繁殖和果蔬品质的下降。其中，PLGL35G20 膜的平衡气调包装（EMAP 包装）在贮藏 6d 后达到较适宜圣女果保鲜的 3%~5% CO_2 和 3%~4% O_2 平衡气体浓度，包装内果实在贮藏 20d 内维持了较好的感官品质和营养成分。

（四）贮藏期间圣女果失重率变化

水分和营养物质的代谢损耗会导致果实表皮皱缩、果肉组织松散，严重影响水果蔬菜的商品价值。果蔬中的水分占总重量的 70%~75%，其余为干物质。图 5-11 为贮藏期间各组圣女果失重率的变化趋势图。整体来看，随着蒸腾和呼吸代谢的进行，所有组的圣女果失重率都随贮藏时间逐渐增加。CK 组在无任何防止水分散失保护措施和呼吸抑制情况下，失重最快，贮藏末期失重率高达 10%。PLGLxG20 系列薄膜包装组失重率均低于空白对照组，各组失重率差异不大，空白对照组与各包装组失重率在 6~22d 贮藏期内差异显著（$P<0.05$）。

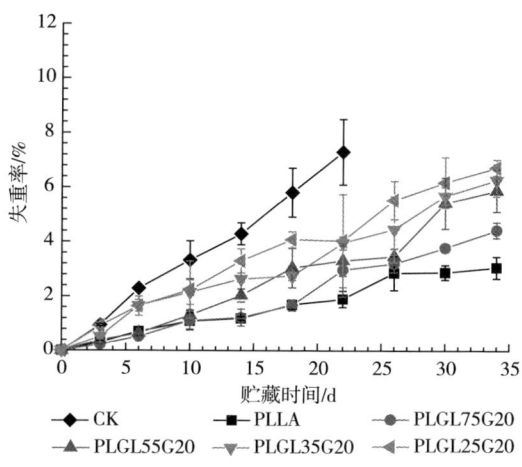

图 5-11　贮藏期间各组圣女果的失重率值变化

PLLA 包装组的圣女果失重率低于其他各组，贮藏结束失重率仅为 2% 左右，但贮藏末期由于果实代谢紊乱，营养物质损失严重等情况，第 26、30 天的失重率较大。PLGL75G20 包装组的果实失重率与 PLLA 包装组在贮藏 18d 内几乎无差异，14d 后失重率略高于纯 PLLA 包装组，但差异不显著（$P>0.05$）。PLGL55G20 包装组圣女果的失重率在贮藏 10d 内与 PLLA 和 PLGL75G20 组差异不显著（$P>0.05$），在 14~18d 内和贮藏结束时天失重率显著高于 PLLA 和 PLGL75G20 组（$P<0.05$）。PLGL35G20 和 PLGL35G20 包装组果实失重率在贮藏第 6d 差异不显著，但显著高于其他各包装组（$P<0.05$），贮藏 10~14d，PLGL35G20 失重率显著低于 PLGL25G20 组（$P<0.05$），与 PLLA 和 PLGL75G20 组的失重率差异不显著（$P>0.05$）。贮藏末期果实的失重率高达 6% 左右。综合材料的气体渗透及水蒸气透过性能分析可以，导致各包装组失重率差异的原因主要有两方面：薄膜对水蒸气阻隔性在一定程度上起到了阻止水分快速散失的作用。相对于纯的 PLLA 来说，当共聚物中的 PEG 相对分子质量为 20000 时，PLLA 和 PEG 存在相分离状态，PEG 聚集相成为更有利于水蒸气通过的"闸门"。所以，随着 PEG 含量的增加，共聚物薄膜的水蒸气透过率随之增大。对应图 5-10，PEG 含量大的薄膜包装内部果实的失重率也有所增大。再者，CO_2 对果肉细胞呼吸等代谢过程的抑制作用，在一定程度上减少了水分和营养物质的代谢，不同的气氛环境可导致果实呼吸被抑制的程度不同，从而导致果实失重率存在差异。

（五）贮藏期间圣女果维生素 C 含量变化

新鲜果蔬含有丰富的维生素 C，它是普遍存在于植物内的水溶小分子抗氧化物质，在植物体的生理生化代谢中起着十分重要的生物学作用，参与许多重要物质的合成，在果蔬的成熟衰老过程中起到抗氧化剂的作用。果蔬中的维生素 C 含量受品种、成熟度及贮藏条件的影响，是评价贮藏期间果蔬品质的指标之一。同时，维生素 C 也是人体身体发育，生命代谢中必需营养素之一，新鲜果蔬是人体摄入维生素 C 的主要来源。图 5-12 所示为贮藏期间各组圣女果维生素 C 含量变化趋势图。

从图 5-12 中可以看到，所有样品的维生素 C 在贮藏期间呈现先增大后减小的趋势。贮藏初期，在后熟的作用下，CK 组的维生素 C 含量迅速上升，在第 3 天达到最大值，显著高于其他组（$P<0.05$），之后在第 10 天内迅速降低。但第 10 天到贮藏结束过程中，维生素 C 出现了小幅度上升。结合失重情况来看，这是

第五章 生鲜果蔬包装

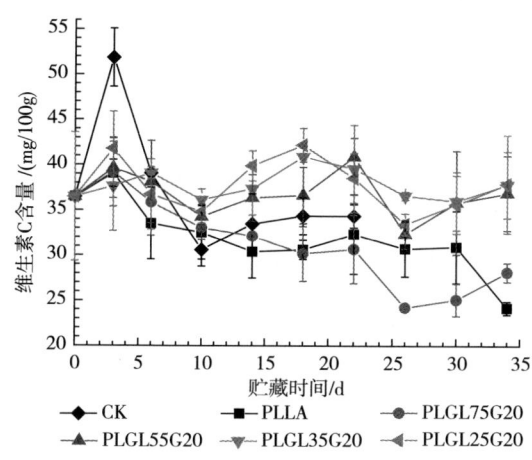

图 5-12 贮藏期间各组圣女果的维生素 C 含量变化

因为后期 CK 组果实失重率显著低于包装组，这意味着果实失水也较严重，维生素 C 的相对含量增大。

贮藏 3d 内 PLLA 及 PLGLxG20 系列包装膜的圣女果维生素 C 含量因后熟而小幅度上升，之后因衰老呈现逐渐降低的趋势。从图 5-8 包装内气氛变化可以看出，初期各包装内的 O_2 逐渐减少，CO_2 在包装内积累，起到了一定抑制呼吸和后熟的作用。但总体上讲，各包装组的氧气含量仍远远满足果实的呼吸需求，因此，后熟导致了维生素 C 小幅度上升。第 3 天后各组维生素 C 含量开始呈下降趋势。PLLA 和 PLGL75G20 包装内在呼吸作用积累和包装膜 CO_2 渗透性差的综合作用下，贮藏第 3 天后包装内的 CO_2 含量持续升高，第 6 天时已经达到 10% 左右，O_2 含量则随之降低，之后维持较高的 CO_2 至贮藏结束。果实受到 CO_2 伤害，无氧呼吸中细胞氧化底物速度加快。维生素 C 在细胞中起到抗氧化作用，细胞开启抗逆作用，维生素 C 氧化速率增加。因此，PLLA 和 PLGL75G20 组后期的维生素 C 下降相对较快，贮藏第 14 天与 CK 组差异不显著，且显著低于 PLGL35G20 和 PLGL25G20 组（$P<0.05$）。对于 PLGL55G20、PLGL35G20 和 PLGL25G20 组包装，贮藏第 6 天后各包装几乎都达到了 5%O_2 和 5%CO_2 左右的具有抑制呼吸作用的平衡气体状态，三组维生素 C 下降较慢。贮藏 14d 内，PLGL55G20、PLGL35G20 和 PLGL25G20 组包装内的气氛环境均较适宜于番茄贮藏，因此，维生素 C 含量无显著差异（$P>0.05$）。贮藏 18dPLGL35G20 和 PLGL25G20 组的维生素 C 显著高于其他各组（$P<0.05$）。至贮藏结束，三组均维持高于 35mg/100g 的维生素 C 含量。

（六）圣女果贮藏中菌落总数变化

食品中微生物总数的测定，可以反映食品在生产、运输和贮藏过程中受外界污染的情况，是确定食品保质期的重要依据，为食品的卫生学评价提供重要依据。微生物侵染是造成新鲜果蔬腐烂变质的主要原因之一。图 5-13 所示为贮藏过程中，各包装组圣女果菌落总数的变化趋势图。

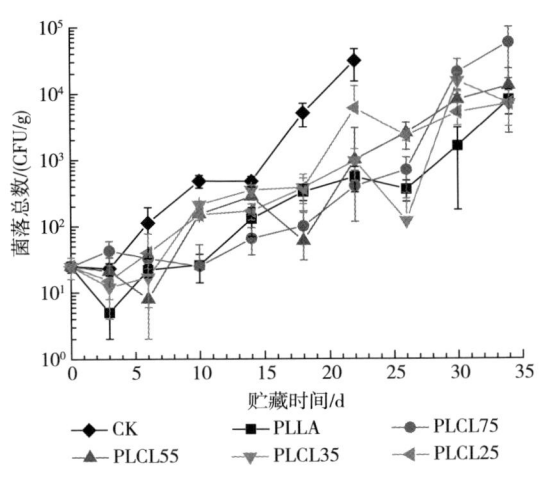

图 5-13　贮藏期间各组圣女果的菌落总数变化

图 5-13 为贮藏期间各组圣女果菌落总数随贮藏环境变化趋势，菌落总数从一定程度上能很好地反映食品的新鲜程度，我国对鲜食非加工的果蔬没有单独做出要求，发达国家对果蔬微生物做出了明确规定，法国要求微生物总数不得超过 10^5 CFU/g，西班牙则要求不能超过 10^6 CFU/g。我国对大多数食品要求微生物总数不能超过 10^5 CFU/g，在 DB 46/117—2008《鲜榨果蔬汁卫生标准》中则规定菌落总数不能超过 10^4 CFU/g，而果汁中的一部分微生物就来源于新鲜果蔬。

从图 5-13 中可以看出虽然低温条件一定程度上可以抑制微生物的繁殖，但低温保鲜柜内相对湿度在 80% 左右，高湿度环境下 CK 组无任何保护的情况下，微生物迅速繁殖，贮藏 10d 时已达 10^4 CFU/g，14~22d 迅速增长，贮藏结束时超过 10^4 CFU/g。空气中的 CO_2 约为 0.03%，高于这一浓度值的浓度都可以算是高浓度 CO_2。一般认为，高浓度 CO_2 可以抑制好氧型细菌或真菌的繁殖，机理是 CO_2 可以穿透微生物细胞改变细胞内的 pH，抑制细胞内的酶活性，改变细胞膜的一些性能，延长微生物繁殖的停滞期、推迟其对数增长期的到来。因此，从图中可以看到相对于 CK 组，PLLA

和 PLGL75G20 和 PLGL55G20 组的菌落总数在贮藏 3d 内与空白组几乎无差异，这可能是因为贮藏 3d 内，PLLA 和 PLGL75G20 包装内仍维持较高的 O_2 浓度，果实表面微生物未受到呼吸作用的限制从而大量繁殖的原因。而 6d 后包装内的 CO_2 已达到 10%，在包装材料的隔离与高 CO_2 作用下，PLLA 组菌落总数从第 6 天起显著低于 CK 组的菌落总数（$P<0.05$）。PLGL35G20 和 PLGL25G20 包装内圣女果的微生物繁殖因贮藏 6d 后包装内达到的低 O_2（4%）高 CO_2（6%）的平衡状态，微生物活动受到一定的抑制，菌落总数第 6 天起均低于 CK 组，且差异显著（$P<0.05$）。值得注意的是 PLLA 和 PLGL75G20 在第 10~14 天内显著低于 PLGL55G20、PLGL35G20 和 PLGL25G20 组的菌落总数（$P<0.05$），这可能是因为对应时间段内包装内维持了较高的 CO_2 浓度，降低了包装内的 pH，这起到了抑菌作用。但贮藏后期 PLLA 和 PLGL75G20 组的果实菌落总数开始逐渐增多，这可能是因为果实长期处于不适宜高湿度高 CO_2 环境中，果实代谢出现紊乱，抗病能力下降，微生物才得以繁殖。总体来看，在气体浓度对微生物和对果蔬综合作用下，各包装组之间菌落总数差异不大，贮藏 26d 内菌落总数缓慢升高且均低于 $10^4 CFU/g$。微生物会导致食品中营养物质的分解，导致食物发酸发臭，失去韧性和弹性、出现颜色改变等。因此，气调包装对微生物的抑制作用有助于圣女果货架期的延长和进一步的加工过程，26d 内未超过 DB 46/117—2008《鲜榨果蔬汁卫生标准》中则规定的 $10^4 CFU/g$。

二、PLLA-PCL-PLLA 薄膜在草莓保鲜包装中的应用

制备中间链段 PCL 分子质量约 20000 的不同分子质量的 PLLA-PCL-PLLA（PLCLx，x=PLLA 嵌段 $M_n/2000$）三嵌段共聚物，并制备出保鲜包装袋来包装新鲜草莓，定期对草莓的理化指标进行测试，评估草莓的保鲜效果。

（一）贮藏期间包装袋内气体组分的变化

草莓采摘后仍具有强烈的生命活动，进行着旺盛的呼吸作用。本文中呼吸强度主要考虑 CO_2 和 O_2，一般对于果蔬而言，乙烯气体也是很重要的影响因素。但是本文是对草莓进行保鲜的实验，对于草莓来说，乙烯含量极少，在测试过程中基本测不出来。所以仅考虑 CO_2 和 O_2 在草莓贮藏保鲜过程中对其的影响。在整个贮藏期间，包装袋中 O_2 的体积分数会逐渐减少，而 CO_2 的体积分数会不断地积累。因此，在包装内的氧气大量消耗的情况下，外界 O_2 在压力差的作用下

趋于向薄膜内流动，少量 O_2 进入包装补偿呼吸消耗。但薄膜的阻隔性阻碍了大量氧气分子进入包装补充气体消耗，从而维持了包装内维持一定的 O_2 浓度。当薄膜的透气性与果蔬的呼吸作用达到相平衡时，就建立一个均衡的气调包装。在整个贮藏过程中，二氧化碳的浓度逐渐增多，氧气的浓度逐渐减少，在袋内形成了低氧高二氧化碳的气体环境，抑制被包装产品强烈的代谢作用，推迟果蔬成熟与衰老过程，减少营养物质的大量消耗，达到延长草莓储存期的目的。

从图 5-14 中可以看出，贮藏期间所有包装袋中的氧气含量呈现下降趋势，二氧化碳含量呈现上升趋势，在贮藏第 12 天左右，各包装袋中的 CO_2 和 O_2 逐渐达到一个平衡的状态，其含量在一个水平位置会出现上下波动，但总是维持在一定的范围内。有文献报道，CO_2 含量为 5%～7%、O_2 含量为 3%～5% 是草莓较为适宜的气体环境，在这个范围内气体环境对草莓保鲜效果更好[86]，若是包装袋中氧气含量很高，会使得草莓呼吸作用加快，果实内营养成分损失加剧，导致草莓品质下降，缩短果实的保鲜期；若包装袋内氧气含量很低，包装袋内外的气体无法进行交换，就造成无 O_2 高 CO_2 的环境，氧气浓度太低就会使得草莓进行无氧呼吸，果实会带有严重的酒精味，影响其食用品质。

（二）保藏期间草莓感官的变化

草莓在保藏过程中，随着储藏时间的延长，草莓的色泽逐渐变暗淡，导致草莓的品质在逐渐下降。图 5-15 是不同包装组草莓的感官评分曲线，从图中可以看出，无包装的对照组（CK）贮藏期内评分低于其他各组，且评分下降最快，由于空白组没有任何包装，呼吸作用与蒸腾作用没有受到抑制，成熟、衰老加剧，很快腐烂、长霉，变为最差组，在第 12 天时，就完全失去食用价值，达到消费者不能接受的程度；而其他包装袋刚开始变化都比较平稳，没有很大的差距，在第 12 天时，纯 PLLA 和 PLCL75 薄膜包装的草莓开始出现腐烂、长霉现象，感官评分开始明显下降；PLCL55 的包装袋中草莓在第 16 天开始感官评分明显下降；PLCL35、PLCL25 的包装袋中草莓在第 20 天开始感官评分明显下降，这说明 PLCL35、PLCL25 的包装材料能够使得草莓保持较好的感官质地。从图 5-15 中可以看出，在整个贮藏期内，CK 与包装组感官评分差异显著（$P<0.05$），在第 16 天开始，PLLA、PLCL75 和 PLCL55 组与其他两组差异显著（$P<0.05$），PLCL35 和 PLCL25 两组间的感官评分差异不显著（$P>0.05$）。

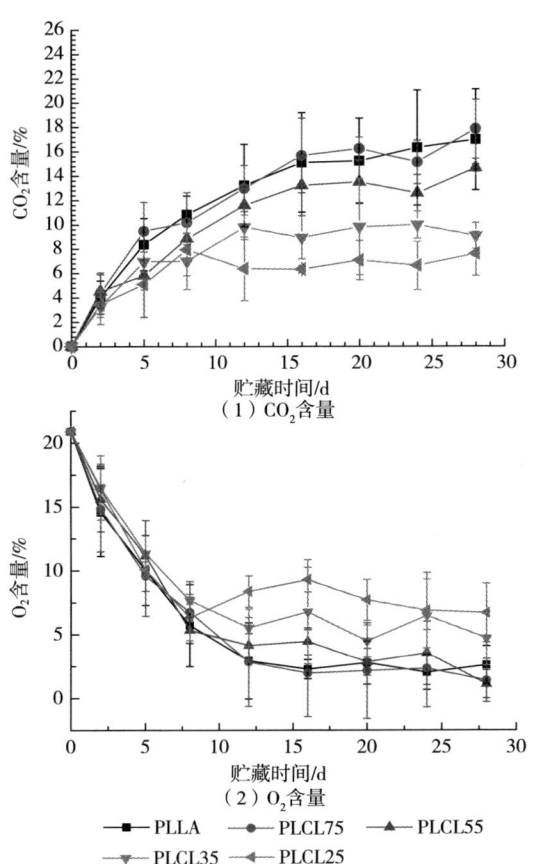

图 5-14 藏期间包装袋内 CO_2 和 O_2 含量

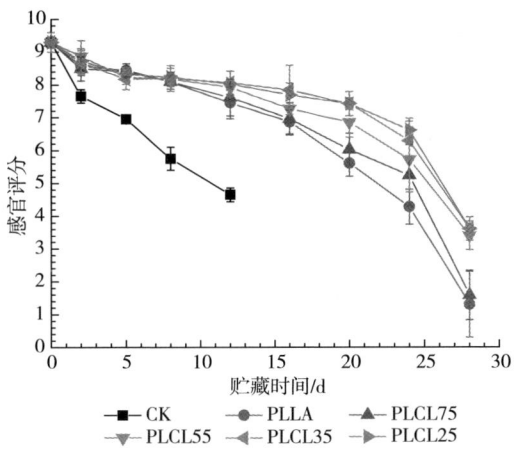

图 5-15 PLCLx 共聚薄膜包装中草莓感官评分的变化

正常室温下的草莓只能保存 1~2d，而经过气调和低温结合保藏，能明显延长草莓的贮藏期。由于低温状态会抑制草莓的呼吸作用，果实的蒸腾作用也会受到抑制，水分散失会变得缓慢，而且果实中营养物质损失较慢，因此草莓出现萎蔫、皱皮、腐烂等现象的速度也会减慢，再结合气调保鲜，可以更好地延长草莓的货架期，保持较好的感官质地。

(三) 保藏期间草莓维生素 C 含量的变化

草莓中含有丰富的维生素 C，它普遍存在于果蔬中的水溶性小分子抗氧化物质，可以保护细胞组织免受伤害，在果蔬中起着十分重要的生物学作用，在果蔬的成熟衰老过程中起抗氧化剂的作用，因此，可以延缓草莓的衰老。但是，维生素 C 是还原性物质，在保藏期间极易被氧化。维生素 C 是重要的营养物质，其含量下降得越多，草莓的品质越差，因此，维生素 C 是评价贮藏期间果蔬品质的指标之一。果实中的维生素 C 含量与其所处环境中的 O_2 和 CO_2 浓度有关，低 O_2 高 CO_2 环境也可以有效地抑制维生素 C 含量的降低。

图 5-16 是贮藏期间草莓维生素 C 含量变化趋势图，从图中可以看出所有组的维生素 C 含量都呈现先略上升后下降的趋势。空白组在第 5 天维生素 C 含量达到最大值，PLLA 在第 8 天达到最大值，其他的包装袋在第 12 天达到维生素 C 最大值。维生素 C 出现最大值时，被认为是果实达到了呼吸最高峰，在此时草莓的呼吸作用和新陈代谢最旺盛，因此，可以看出包装材料都可以抑制草莓的呼吸作用，而且呼吸最高峰都被推迟出现。从图 5-16 可以看出，第 5 天开始 CK 组与其他试验组维生素 C 含量差异显著（$P<0.05$），在第 12 天时 PLCL55、PLCL35、PLCL25 三组试验组维生素 C 含量差异不显著（$P>0.05$）。随着贮藏时间的延长，各组的维生素 C 含量在逐渐下降，空白组和 PLLA 的包装组下降较为迅速，空白组在第 16 天结束测试；试验组 PLCL75、PLCL55、PLCL35、PLCL25 的维生素 C 含量下降较为缓慢，均在第 28 天结束测试。

草莓果实中维生素 C 含量的上升可能是由于草莓采后会进行蒸腾作用，导致出现失水的情况，使得果实中的汁液被浓缩，也会使得维生素 C 含量出现上升现象。随着贮藏期的延长，由于果实的呼吸作用及腐败氧化分解，维生素 C 含量逐渐减少，因此，在贮藏后期维生素 C 呈现下降的趋势。综合以上分析所得，试验组 PLCL75、PLCL55、PLCL35、PLCL25 均有效抑制了草莓中维生素 C 含量的下

第五章 生鲜果蔬包装

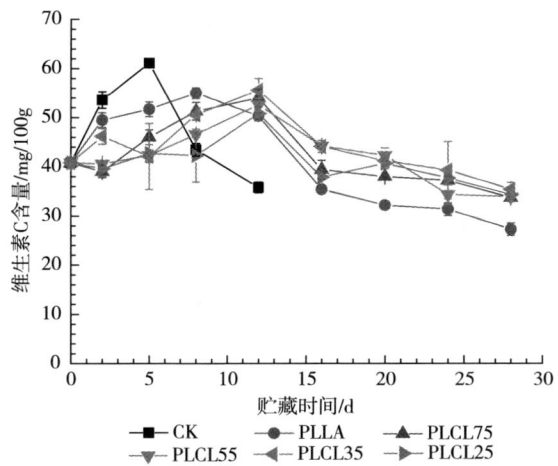

图 5-16　PLCLx 共聚薄膜包装中草莓维生素 C 含量的变化

降程度，保持了果实良好的品质。

（四）保藏期间草莓果胶酶活性的变化

果胶酶是指一类复合酶，是能够分解果胶的酶的总称。多聚半乳糖醛酸酶（PG）是水解细胞壁中果胶物质的主要酶之一，它能将细胞壁中果胶酸的半乳糖苷键水解成半乳糖醛酸或低聚的半乳糖醛酸，促使果实软化。果胶物质是植物中的碳水化合物，主要由果胶、蛋白质、阿拉伯聚糖等组成。果胶与纤维素是构建植物体内细胞结构与骨架的主要部分。在贮藏期间，随着草莓的成熟，PG 会逐渐降解果胶使其细胞壁破损，导致果实组织细胞间的结合力减弱，从而导致组织松散、硬度下降，不利于保存；在草莓衰老的过程中，由于果实在成熟过程中酶的作用使得果实细胞解离，此时，多聚半乳糖醛酸酶活性保持在平稳的状态。因此，在草莓成熟和衰老过程中，多聚半乳糖醛酸酶降解果胶，与果实的软化有密切的联系，因此，可降低草莓耐贮性。

图 5-17 是贮藏期间草莓保鲜过程中多聚半乳糖醛酸酶（PG）活性的变化，在整个贮藏过程中，PG 活性呈现上下波动的状态。空白组的 PG 活性在贮藏初期呈现先上升后下降的趋势，第 5 天达到最大值，随后又下降，这可能是由于草莓存在剧烈有氧呼吸促使了草莓的后熟进程，因此，PG 活性在草莓成熟过程中出现上升趋势。草莓完成后熟后开始衰老的过程，组织细胞的衰老导致 PG 活性

随之降低,同时,在第 5 天时 CK 组与其他试验组差异显著($P<0.05$)。对于 PLLA、PLCL75、PLCL55、PLCL35、PLCL25 包装组,PG 活性在整个贮藏期内呈现先增大后减小的趋势,分别在贮藏期第 8 天、第 12 天、第 16 天、第 20 天出现峰值,出现最高峰的时间逐渐推移,结合图 5-14 中包装袋中 O_2 和 CO_2 含量变化情况来看,这可能是由于 PLLA 袋中 O_2 消耗得较快、CO_2 浓度达到较高浓度的原因,无氧发酵对果实毒害加剧,从而加快了 PG 活性达到顶峰的速度。在贮藏 0~28d 期间 PLCL35、PLCL25 组间 PG 活性差异不显著($P>0.05$)。PLLA、PLCL75、PLCL55 三组的波动幅度明显高于 PLCL35 和 PLCL25 组,而且这三组的 PG 活性基本都高于其他两组,由于果胶酶会分解果胶物质,而果胶含量与硬度呈正相关,使得果实硬度会下降,因此果胶酶变化与硬度的变化呈负相关。PLLA、PLCL75、PLCL55 三组的硬度都低于 PLCL35 和 PLCL25 试验组两组,因此,这三组的 PG 活性要比其他两组高,与果胶酶变化图中的规律相符。PG 作为主要分解果胶物质的酶,主要在成熟后期可促使果实快速软化,从以上图中看出,随着 PG 高峰值的推移,贮藏期内 PG 活性都保持较高水平,变化相对缓慢,这说明 PLCL35 和 PLCL25 包装薄膜在适宜的低氧高二氧化碳作用下有效推迟了果实的后熟作用。

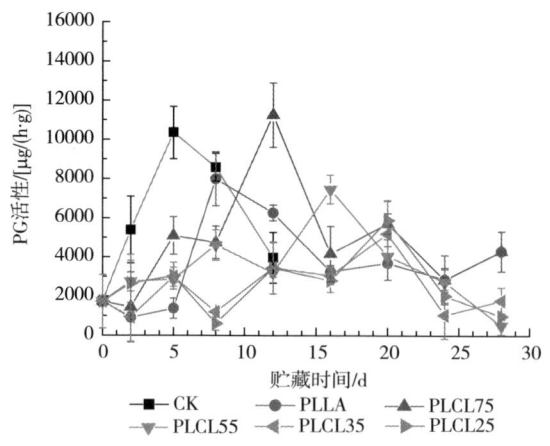

图 5-17　PLCLx 共聚薄膜包装中草莓果胶酶活性的变化

总体上说,PCL 链段的嵌入赋予薄膜较好的气体透过性能及选择透过性能,PLCLx 的 CO_2/O_2 选择性随着 PCL 含量增大而增强,CO_2/O_2 的选择透过比可高达 7.45∶1，更加适宜于生鲜果蔬的气调包装。进一步将 PLCLx 系列嵌段物薄膜用于草莓的低温自发气调包装，结果表明：PLCL35、PLCL25 两种包装组因为薄膜较高的气体渗透性及选择性包装内的气体组成在贮藏 8d 后维持 5%～9% O_2，8%～9% CO_2，较适宜于草莓包装的气体组成，贮藏期间果实可保持较好的感官状态，维生素 C、硬度、糖度、失重率含量损失较慢，草莓的保藏期高达 20d。

三、亲疏水性嵌段共聚物薄膜的包装特性及其在草莓 EMAP 包装中的应用

综合材料的力学、气体和水蒸气渗透性，选取了 PLCL35C20 和 PLGL35G20 薄膜用于草莓的自发气调包装。通过测定包装内的气体组成、感官评定和反映草莓品质的理化指标来评估薄膜的保鲜效果。

（一）贮藏期间包装内 CO_2 和 O_2 含量变化

气调包装的最终目的就是调控包装内的气体组成，延缓果蔬衰老。因此，贮藏期间包装内的 CO_2 和 O_2 含量直接决定了气调包装的效果，图 5-18 为贮藏期间各包装组内气氛变化趋势图。可以看出贮藏初期由于草莓呼吸旺盛，O_2 被大量消耗产生 CO_2 在包装内积累，贮藏期前 5d 包装内的 O_2 含量迅速从 20.9% 降低到 10% 左右，而对应的 CO_2 含量则迅速升高到 7% 左右。贮藏的 5～12d 内，PLGL35G20 及 PLCL35C20 薄膜包装内的 CO_2 含量呈现小幅度升高趋势，而后达到了相对平衡状态，在 5%～10% 范围内波动至贮藏结束。对应的，PLGL35G20 及 PLCL35C20 包装内的 O_2 含量则在 12d 至贮藏结束期间维持 5%～8% 的范围内存在小幅度波动。但对于 PLLA 薄膜包装，CO_2 含量却在整个贮藏期内持续上升，第 12 天时 CO_2 浓度达到 13%，贮藏结束时包装内的 CO_2 含量可高达 17%。对应 PLLA 包装内的 O_2 含量在第 12 天时降至 2% 左右。

自发包装气调内的气体主要由草莓的呼吸作用和薄膜的气体渗透性共同决定，气体渗透性又关系到材料的气体渗透量和选择透过性两个方面。从草莓呼吸角度来看，与圣女果相比，采后草莓的呼吸相对旺盛，且草莓属于高耐 CO_2 果蔬，一定的 CO_2 含量可以维持果实硬度，同时对微生物的繁殖有一定的抑制作用。

PLGL35G20 薄膜的渗透比高达 12.4，而 PLCL35C20 薄膜的渗透比约为 7.55∶1，低于 PLGL35G20 薄膜，但其气体渗透率也低于 PLGL35G20 薄膜。材料相对能控制包装微环境内的 CO_2 及时排出包装，维持适宜的二氧化碳浓度抑制强烈的有

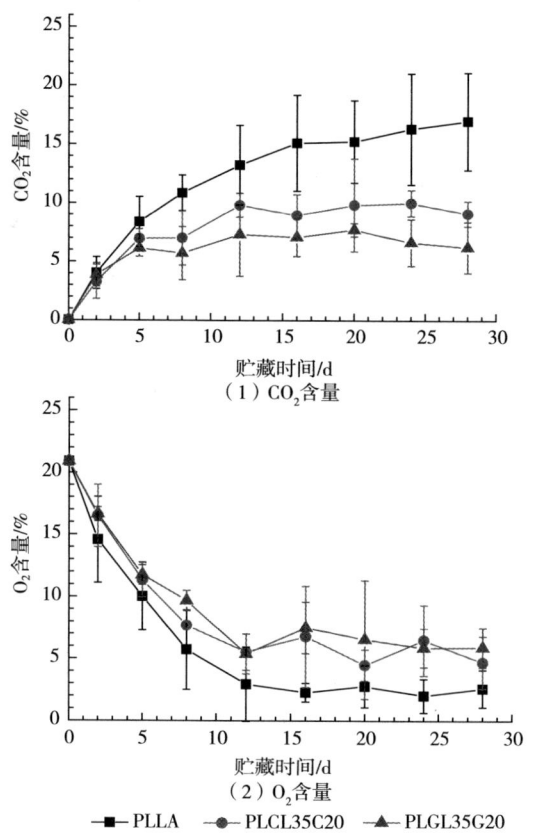

图 5-18　PLLA、PLCL35C20 和 PLGL35G20 包装内 CO_2 和 O_2 含量变化

氧呼吸，再通过薄膜补充呼吸需要的少量氧气。因此，包装内将维持相对低 O_2 高 CO_2 的平衡状态。但纯的 PLLA 的 CO_2 渗透率较小，约为 PLG35G20 薄膜的一半，在 8~10℃ 贮藏温度下，CO_2 与 O_2 选择透过比仅为 3.28∶1 左右，呼吸作用产生的 CO_2 不能及时被排出包装，大量 CO_2 积累一定程度上可以抑制果蔬的呼吸，大于 10% CO_2 浓度会对果实产生一定的毒害作用，出现糖酵解现象。过高浓度二氧化碳加上极低的氧气含量，使果实损害严重，乙醇味较浓。

(二) 贮藏期间草莓感官品质变化

通过感官评定可以直观判断食品的品质，对于草莓这样的鲜食水果，感官品质尤为重要。通过经过培训的食品专业的学生根据感官评定表对贮藏期间草莓的感官品质进行了评定，图 5-19 为贮藏期间四组草莓的感官评分变化趋势图。

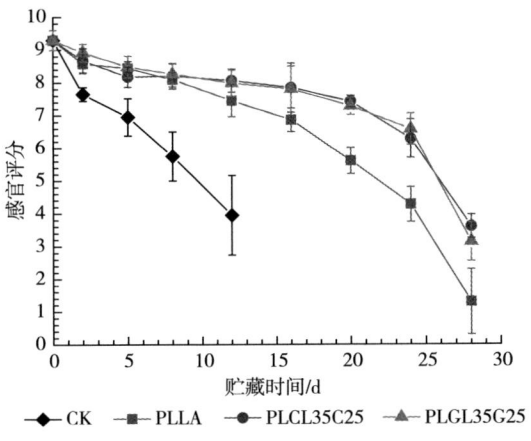

图 5-19　贮藏期间各组草莓感官评分变化

从图中可以看出，无包装置于冷鲜柜的草莓从贮藏初期感官评分开始迅速下降，贮藏第 2 天，感官评分降低到 8 分以下，显著低于其他组（$P<0.05$）。草莓颜色加深，软化失水。贮藏第 12 天，草莓失水严重，果肉烂软，部分出现霉变现象，感官评分下降到 5 分以下。

对于包装组来说，包装膜可以在一定程度上减少草莓水分散失，但是在水蒸气阻隔性较高的薄膜内，蒸腾及呼吸作用产生的水分难以被及时排除，可能会导致结露现象，加速果实腐败变质。贮藏初期，包装内的氧气充足，果实维持较好的外观品质，PLLA、PLCL35C20 和 PLGL35G20 三包装组草莓感官评分均保持在 8 分以上，呈现缓慢下降趋势，8d 内各组感官评分无显著差异（$P>0.05$）。

随着贮藏期进一步延长，PLLA 组的感官评分逐步下降且呈现较快的下降速度，贮藏第 12 天起显著低于其他两嵌段共聚物薄膜包装组（$P<0.05$）。这可能是因为贮藏 8d 后包装内的 CO_2 浓度升高到 10% 以上，果实开始受到毒害，浓度继续上升至贮藏结束导致果实颜色和气味等发生改变。而 PLCL35C20 和 PLGL35G20 包装组草莓的感官评分在 8~16d 的范围内呈现出极缓慢的下降趋势，且两组感官评分无显著差异（$P>0.05$）。20d 之后迅速下降，至贮藏结束时，PLGL35G20 组感官评分显著高于 PLCL35C20 组（$P<0.05$）。这是因为贮藏期第 8 天起，包装内的气氛组成趋于 5%~9% CO_2 和 3%~7% O_2 的平衡状态，且较适宜于草

莓的贮藏,保持良好的外观品质。贮藏末期,因存在微生物和果实失水衰老软化等原因,草莓感官品质迅速下降。但依据以上结果,可以看到,较适宜的贮藏气氛,可在一定程度上延缓草莓感官品质的下降,草莓可在 20d 内维持较好的感官品质。

为了直观地反映包装内草莓的感官品质,图 5-20 所示为空白对照(CK)、PLLA、PLCL35C20 和 PLGL35G20 包装袋内草莓在第 24 天时的切面图。从图 5-20 中可以看出,空白无任何包装的草莓在第 24 天已严重失水霉变并干燥。PLLA 包装内的草莓切面呈现深红色,组织结构松散,部分面积变质腐烂,颜色变暗,失去食用价值。从图中可以清晰看到 PLCL35C20 和 PLGL35G20 包装袋中的草莓呈现较好的感官品质。但与 PLLA 和 PLCL35C20 组相比,PLGL35G20 包装组的草莓失水相对较多,但果实外观有光泽,切面颜色鲜艳,无霉变。PLGL35G20 和 PLCL35C20 包装组的草莓切面相对来说果肉颜色红润,色差小。

图 5-20　第 24 天各组包装组草莓切面图

(三) 贮藏期间草莓可溶性固形物含量变化

可溶性固形物(TSS)作为果实内一切可溶于水的营养物质的总和,是果蔬营养物质的重要指标。对于草莓来说,果实内 TSS 主要指可溶糖,从一定程度上反映了草莓的酸甜口感,可以作为采收时间和判定大多数浆果成熟度的重要依据。品种及贮藏条件不同,TSS 也有差异。采摘时发育阶段及成熟度不同,在之后的贮藏期间也略有区别,但整体随呼吸消耗呈下降趋势。

图 5-21 为贮藏期间 CK 组与各包装组 TSS 含量的变化趋势图。CK 组的 TSS 在贮藏初期呈现迅速上升的趋势,在第 5 天时达到最大值,显著高于其他组的 TSS 含量($P<0.05$),而后迅速降低。这可能是因为在进一步成熟的过程中,糖分、有机物得到一定的积累增大了 TSS 含量,且碳水化合物、蛋白质的水解增大了草莓中的可溶性糖和蛋白的含量,也会导致 TSS 含量的增大,全熟期时 TSS 含

量达到最大。但随着草莓进入有氧呼吸不断消耗果实营养物质，组织细胞开始衰老死亡的过程，TSS 含量会随之下降。

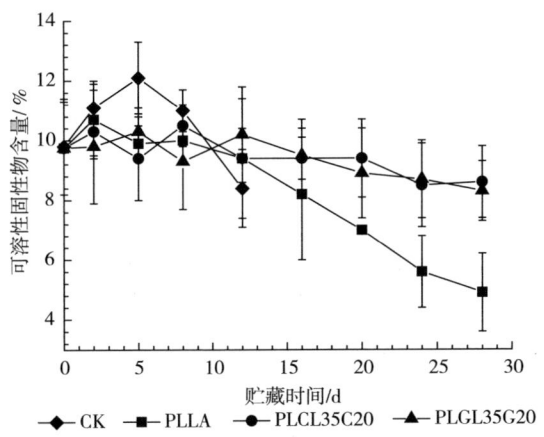

图 5-21　贮藏期间各组草莓可溶性固形物含量变化

PLLA 包装内的草莓 TSS 含量在第 2 天达到最大值，5~8d 内缓慢下降，8d 后开始迅速下降，贮藏 8d 内与其他包装组 TSS 含量差异不显著（$P>0.05$）。这可能是因为 PLLA 组薄膜氧气透过率相对大于其他包装组，而水蒸气透过率小于其他包装组，草莓在高湿度和氧气条件下呼吸作用相对剧烈，果实成熟较快。但 PLLA 包装组内的 CO_2 含量在第 8 天后高达 10% 以上，高浓度的二氧化碳条件下，果实开始进行无氧代谢，营养物质大量消耗导致 TSS 含量迅速降低。但在贮藏第 20 天以后，PLLA 的 TSS 含量才开始显著低于其他包装组（$P<0.05$）。对于 PLCL35C20 和 PLGL35G20 包装组，在 0~8d 的贮藏期内，TSS 的含量在 8%~11% 范围内波动，差异不显著（$P>0.05$）。但分别在第 8 天，第 10 天出现小的 TSS 峰值，之后以极缓慢的速度下降。贮藏第 12 天起，PLLA 和 PLCL35C20 组的 TSS 含量开始显著低于 PLGL35G20 组（$P<0.05$）。但在 28d 的贮藏期内 PLCL35C20 和 PLGL35G20 包装组果实 TSS 含量大于 7%。这可能是因为贮藏初期草莓开始缓慢进入完熟过程，但两组包装袋内的气氛很快达到了低氧高二氧化碳的平衡状态，抑制了呼吸代谢及酶的活性，一定程度上延迟了果实的完全成熟和衰老过程，抑制了 TSS 含量的快速降低。

(四）贮藏期间草莓维生素 C 含量变化

从图 5-22 可以看出，CK 组的维生素含量在贮藏初期呈现快速上升趋势，在贮藏第 5 天显著高于其他组（$P<0.05$）。但之后迅速下降，贮藏第 8 天，CK 组的维生素 C 含量显著低于其他组，这和文献报道一致。这可能是因为采摘的草莓未达到完熟，在无包装情况下，代谢未受到抑制，继续成熟过程，维生素 C 增加。但当果实达到完全成熟期后，随着草莓组织细胞的衰老和死亡，维生素 C 含量逐渐下降。

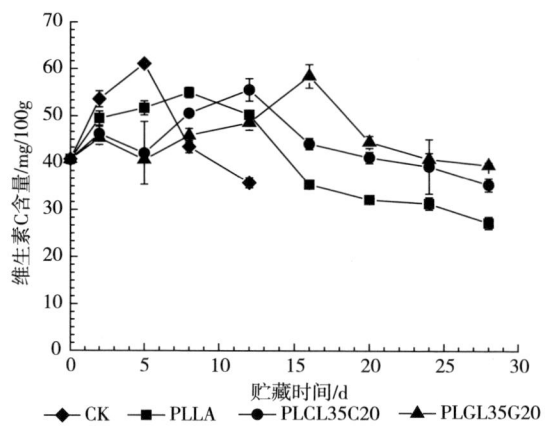

图 5-22　贮藏期间各组草莓维生素 C 含量变化

对于纯 PLLA 包装组。果实的维生素 C 含量也呈现出先上升后下降的趋势。PLLA 组果实的维生素 C 含量在第 8 天时达到最大值，且显著高于其他包装组（$P<0.05$）。但在达到最大值后，PLLA 组的维生素 C 含量开始迅速下降，贮藏第 12 天起显著低于其他包装组（$P<0.05$）。结合包装内气体浓度分析可知，这可能是因为在 0~8d 贮藏初期 PLLA 包装内的 O_2 含量下降，CO_2 升高但还在果实能忍耐范围内。果实呼吸作用在一定程度上被抑制，导致维生素 C 最高值出现位置延后。贮藏 8~16d 内，较高的 CO_2 开始对草莓产生毒害作用，剧烈的无氧发酵和严重的低氧和高二氧化碳损害导致维生素 C 含量急剧下降，因此，维生素 C 含量迅速下降。15d 后，组织细胞趋于衰老，生理代谢减慢，维生素 C 含量本身已经降到较低水平，因此含量变化相对缓慢。

对于 PLCL35C20 和 PLGL35G20 组，维生素 C 含量在贮藏初期出现小幅度上升趋势，之后缓慢上升，分别在贮藏第 12 天和 16 天达到最大值，之后缓慢下降。贮藏5d内，两组维生素C含量无显著差异。贮藏5~12d内PLCL35C20组的维生素C含量显著高于PLGL35G20组（$P<0.05$）。但15d后至贮藏结束，PLGL35G20组维生素C含量显著高于PLCL35C20组（$P<0.05$）。这可能是因为PLGL35G20组果实成熟过程缓慢，贮藏中期PLCL35C20组的草莓开始成熟，过程中维生素C含量升高。但随着完熟结束，PLCL35C20组草莓维生素C含量开始下降。此时，PLGL35G20组的果实开始完熟，因此维生素C含量要高于处于衰老期的PLCL35C20组草莓的维生素C含量。但贮藏结束时，PLGL35G20和PLCL35C20组草莓的维生素C含量约为40mg/100g，仍具有很高的营养价值，这说明两包装组对延缓果实维生素C含量的下降具有良好的效果。

总体上说，相对于PLGL35G20薄膜，PLCL35C20薄膜因其相对较小的水蒸气和氧气通透性，较有效抑制了果实的失重。而相对于PLCL35C20薄膜，PLGL35G20包装组在湿度较小和氧气含量略高的包装微环境条件下，可更有效地抑制果实硬度和维生素C含量的降低。综合来看，当材料的CO_2/O_2选择比都满足草莓贮藏的情况下，薄膜的不同的气体渗透率也在一定程度上影响着果蔬品质的保持。PLGL35G20和PLCL35C20包装各自依靠薄膜不同的渗透性和选择透过性，结合草莓呼吸作用维持着包装袋内适宜的湿度和低氧高二氧化碳的包装微环境，抑制了果实强烈呼吸作用，延缓了草莓的衰老进程。

四、PLGL/PEG-CS复合膜的草莓抗菌包装保鲜效果

本实验中，将交联CS与PLGL35G20共聚物薄膜进行复合，旨在制备兼备良好抑菌性的CS/PLGL35G20/CS三层复合膜（图5-23），并将其用于草莓的抑菌包装（简易包裹，如图5-24所示）中，考察PLGL35G20复合膜的对草莓的抑菌保鲜效果。

（一）包装内CO_2和O_2含量变化

为了防止气氛变化对抑菌效果考察的干扰，本节试验中未对包装进行密封，仅采用扎口捆绑方式进行封口。贮藏时包装内外气氛可从捆扎处进行交换，是模拟市场简单包装形式。在储藏过程中测量包装内部的CO_2和O_2含量变化，图5-25为气体含量随贮藏时间变化趋势图。

从图5-25中可以看到，虽然采用简单的捆扎封口，包装内的CO_2和O_2组

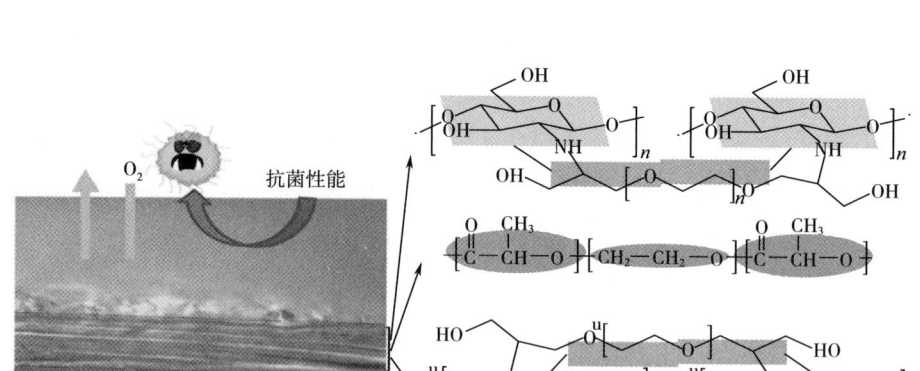

图 5-23　PLGL35G20CS 抑菌膜的制备及其抑菌呼吸示意图

（1）CK　　　（2）PLGL35G20　　　（3）PLGL35G20CS

图 5-24　草莓简单封装图

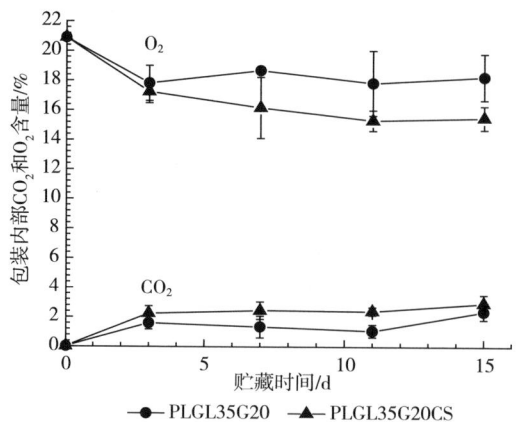

图 5-25　PLLA、PLGL35G20 和 PLGL35G20CS 包装内 CO_2 和 O_2 含量变化

成仍然不同于空气。空气中的 CO_2 和 O_2 含量分别为 0.03% 和 21%，从图中可以看到 PLGL35G20 嵌段共聚物包装内的 O_2 含量在贮藏初期缓慢下降，贮藏第 3 天后维持相对平稳的状态，O_2 含量略低于空气，为 18%~19%。CO_2 含量在贮藏 3d 内则呈现缓慢上升趋势，之后在 3~15d 内维持在 1%~2%。

PLGL35G20CS 复合膜包装内的气体含量变化趋势与 PLGL35G20 包装类似，O_2 含量在贮藏初期呈下降趋势，在 3~15d 的贮藏范围内 O_2 含量低于 PLGL35G20 包装，维持在 16%~17% 范围内。对应的 PLGL35G20CS 包装内 CO_2 在贮藏初期缓慢上升，之后维持在 2%~3% 的稳定情况。总体来看 PLGL35G20CS 复合膜包装内的氧气含量略低于 PLGL35G20 包装，CO_2 含量则相对高于 PLGL35G20 包装。这是因为复合后薄膜的厚度略微增大，且交联 CS 增加了薄膜的致密性，复合膜对气体分子的阻隔性增大。但因两种薄膜均具有较好的 CO_2 和 O_2 选择分离性，所以虽然在简单扎口情况下，包装内相对于空气也维持一定的有利于果蔬贮藏的低氧高二氧化碳的气体环境。

(二) 草莓的品质变化

参照颜色、气味、果实硬度等评分标准对贮藏期间草莓的感官品质进行评定，图 5-26 为贮藏期间各包装组草莓的感官评分变化趋势图。从图中可以看到无包装的对照组（CK）的感官评分在贮藏期间内下降最快，贮藏第 7 天感官评分降低到 6.5 分，贮藏第 11 天感官评分约为 3 分，感官不可接受。PLGL35G20CS 和 PLGL35G20 包装组的草莓在贮藏期间感官评分缓慢下降，贮藏第 3 天起显著高于空白组（$P>0.05$）。贮藏结束维持 6 左右的较高的感官评分，且贮藏期间 PLGL35G20CS 复合膜包装组感官评分略高于 PLGL35G20 包装组，贮藏第 7 天起两组包装感官评分显著（$P>0.05$）。

图 5-27 表示草莓在储藏期间的果实状态的图片。空白对照组的草莓表面已经变成暗色并有长霉迹象，经切面水分析出，细胞壁破裂，硬度降低，丧失食用价值。PLGL35G20 和 PLGL35G20CS 组的草莓在第 10 天时仍保持较好的果实状态，但 PLGL35G20 组的草莓皮表面颜色开始暗淡，感官上略差于 PLGL35G20CS 组。

(三) 草莓菌落总数变化

在应用于草莓包装中时，对草莓贮藏期间的菌落总数进行了计数，图 5-28

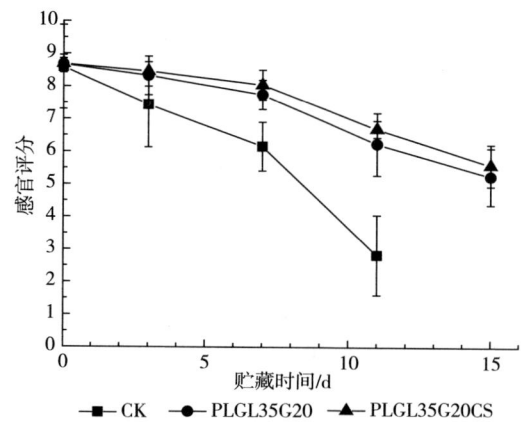

图 5-26　贮藏期间各组草莓感官评分变化

图 5-27　第 10 天各组包装组草莓切面

即为贮藏期间草莓菌落总数变化的趋势图。从图中可以看到，CK 组的菌落总数在贮藏期间呈现缓慢上升的趋势且显著高于其他两包装组（$P>0.05$）。PLGL35G20 包装组的菌落总数在贮藏初期出现略微上升的趋势，之后的贮藏期内，菌落总数变化微小。PLGL35G20CS 抑菌包装组的菌落总数在贮藏开始时就呈现出缓慢降低的趋势，贮藏期内菌落总数显著低于其他两组（$P>0.05$）。这是因为包装组内一定的气体浓度对一些好氧菌有一定的抑制作用，且在包装膜的保护下，包装内的草莓免受贮藏环境内的细菌污染。对于抑菌复合膜，众多研究已表明高 95% 的脱乙酰度的 CS 对细菌、大肠杆菌、酵母菌等具有良好的杀灭作用，且毒理实验表明杀菌效果安全高效。因此，在草莓简单包装过程中，其内部气氛环境两种包装之间没有很大的区别，在薄膜表面的 CS 的抑菌作用和杀菌作用下，PLGL35G20CS 包装内草莓菌落总数在贮藏期间呈现逐步下降的趋势，这也算该组草莓的品质高于其他组的主要原因。

综上所述，在简单对比了 PLLA、PLGL35G20 和 PLGL35G20CS 包装膜的气

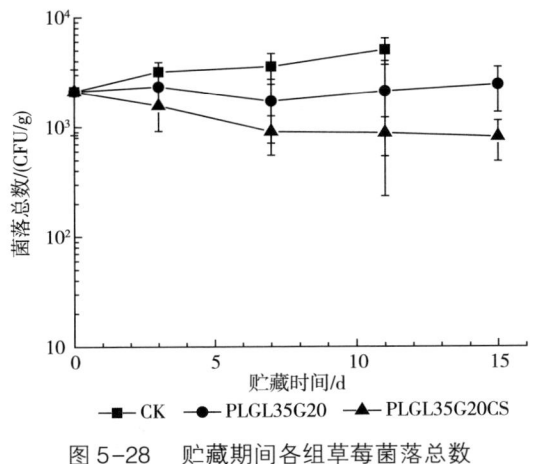

图 5-28　贮藏期间各组草莓菌落总数

体渗透剂机械性能的基础上，探讨了 PLGL35G20CS 抑菌复合膜对草莓的保鲜包装效果。采用简单包裹形式对草莓简单封装，对比了包装性能优异的 PLGL35G20 和 PLGL35G20CS 复合抑菌薄膜对草莓贮藏效果。在草莓包装中抑菌薄膜包装组的菌落总数呈现缓慢降低的趋势。在简单封口包装内，因为包装膜仍保持良好的气体选择透过性，PLGL35G20CS 复合抑菌膜包装内维持了相对于空气来说的低氧高二氧化碳分氛围，总体对草莓起的贮藏保鲜效果优于 PLGL35G20 包装组，草莓货架期可达 7d 以上。

五、PLLA/PCL 拓扑结构对咖啡黄葵保鲜效果的影响

以十二醇和甘油为引发剂，首先通过己内酯和丙交酯的开环反应制备 PLLA-十二醇-PCL（PLDC）和 PLLA-甘油-PCL（PLGC）拓扑结构共聚物（图5-29），改善 PLLA 的韧性、加工性能、对 CO_2 的渗透性、CO_2/O_2 选择透过性以及水蒸气透过性，使其满足生鲜果蔬自发气调包装特性的要求。其性能在第三章中已描述。

PLLA-十二醇-PCL　　　　　　　　PLLA-甘油-PCL

图 5-29　聚合物拓扑结构图

图 5-30 中显示了秋葵样品在存储过程中包装内检测到的 CO_2 和 O_2 水平。选择了存储期的第 6 天和第 21 天的秋葵样品进行分析,以便更清楚地比较贮藏前后的气氛变化。可以看出,在具有三种膜的包装中,初始气氛(0.03% CO_2 和 20.9% O_2)急剧变化。由于穿过膜的交换面积[(17×24) cm^2]和贮藏温度是恒定的,因此,黄秋葵的呼吸速率以及膜的渗透性和选择性被动地产生了内部气体组分的演变。

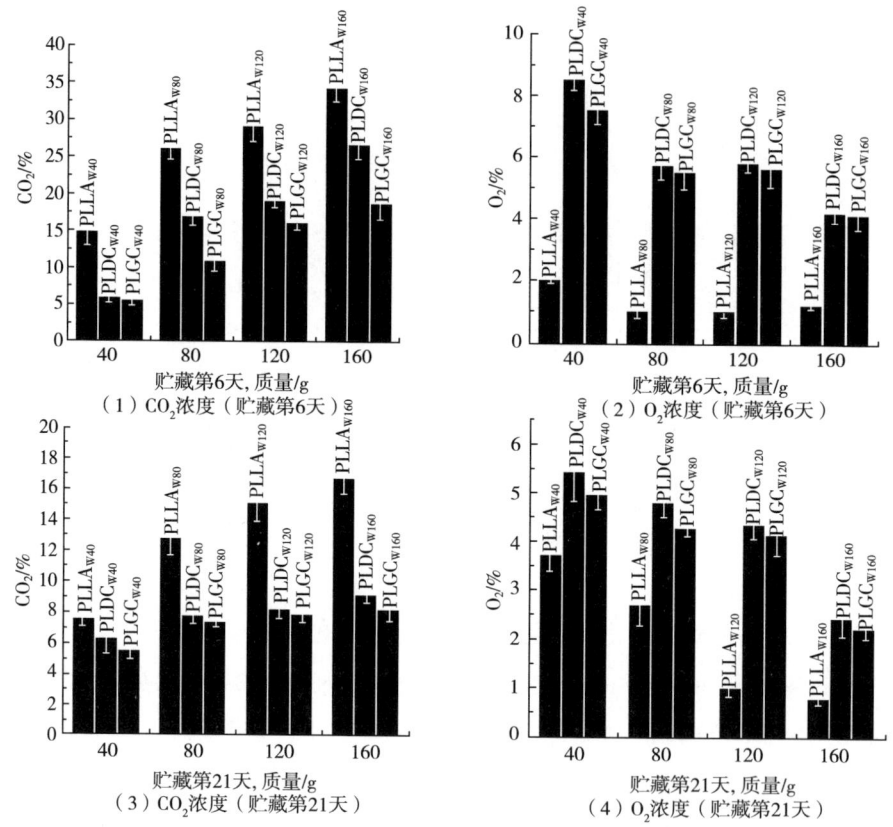

图 5-30　包装内部 CO_2 浓度和 O_2 浓度与填充质量的关系(贮藏第 6 天和第 21 天)

随着包装质量的增加,所有包装类别均显示出相似的趋势。该图显示,在贮储前的第 6 天,CO_2 急剧增加[图 5-30(1)],而同期的 O_2 浓度迅速下降,这表明所有包装中的秋葵荚都有很强的呼吸速率。

如图 5-30(1)和(2)所示,当填充质量为 40g 和 160g 时,PLLA 包装组的 CO_2 值分别增加了 14.8% 和 34.4%,而 O_2 分别减少了 2.0% 和 1.2%。PLDC

和 PLGC 包装组的 CO_2 水平在填充质量为 40g 时分别为 6.0% 和 5.6%，在 160g 时为 26.8% 和 18.9%，均显著低于 PLLA 组（$P<0.05$）。就氧气含量而言，PLDC 和 PLGC 分别显示为上述顺序的 8.6%、7.5%、4.2% 和 4.1%。在蔬菜中，黄秋葵通常表现出极高的呼吸速率，这导致其在初始充足的 O_2 下能活跃地新陈代谢。因此，对于相同的包装尺寸，包装填充量的增加会减少包装的自由体积，而对于具有高度呼吸性的产品，则会导致包装内的气体发生更强烈、更快的变化。值得注意的是，由于大量的 CO_2 和极低的 O_2 导致厌氧呼吸和加速秋葵的恶化，通过 PLLA 膜获得的 CO_2 和 O_2 气体成分可能会对果实品质造成危害。由于 PLDC 和 PLGC 膜对 CO_2 的选择性高，因此，空气中的 O_2 可以迅速被供应到包装内部，同时包装中的大量 CO_2 可以及时逸出。相比之下，PLDC 和 PLGC 包装组保持合适的气体成分以降低秋葵的代谢活性。

正如预期的那样，随着时间的推移，观察到了 CO_2 和 O_2 的进一步减少（与前一阶段的第 6 天相比）。对于 PLLA 包装组，在第 21 天，包装内的 CO_2 浓度范围为 7.6%~16.8%［图 5-30（3）］，O_2 浓度为 0.8%~3.7%［图 10.3（4）］。当 O_2 浓度降低到小于 1% 时，它将导致秋葵进行厌氧呼吸。否则，PLDC 的 CO_2 和 O_2 含量范围分别为 6.4%~9.2% 和 2.4%~5.5%，PLGC 分别为 5.6%~8.1% 和 2.2%~4.9%［图 5-30（3）和图 5-30（4）］。这可能表明在贮藏 21d 后，PLDC 和 PLGC 包装组仍保持了 CO_2 和 O_2 含量之间的适当动态平衡。考虑到较大质量的包装组具有实际意义（120g 和 160g），PLGC 的 CO_2 含量分别为 7.9% 和 8.1%，明显低于 PLLA 包装组（$P<0.05$）。同时，PLGC 包装组中相应的 O_2 值分别为 4.1% 和 2.2%（120g 和 160g），高于 PLLA（$P<0.05$）。如前所述，PLGC 膜具有最有效的气氛控制能力，由于其具有良好的透气性和选择性，可将内部气氛调节到相对适合秋葵保存的水平。

总的来说，PLGC 的 WAP 值大于 PLDC 大于 PLLA。这是由于高分子质量的嵌入会出现相分离现象。高 WAP 的薄膜更适合咖啡秋葵包装，水蒸气透过性高，薄膜内不易发生结露现象，自然微生物的生长繁殖就会减少，能有效保持秋葵的商品价值。本次试验中咖啡秋葵的保鲜工作一共进行了 28d，在此期间的通过测试包含以下指标：感官评分空白对照组在第 11 天失去商品价值，PLGC 对照组第 21 天仍有商品价值，第 28 天符合感官评分高达 5.69 分；贮藏期间气体变化水平达到了高 CO_2 低 O_2 的效果且能长时间保持平稳状态利于果蔬贮藏。

六、高选择透过性 PLLA 的拓扑结构对圣女果的保鲜的影响

首先制备出具有拓扑结构的 PLLA-PEG 共聚物（PEG 含量相同），如图 5-31 所示。将不同拓扑结构共聚物分别按 40% 的比例和纯 PLLA 进行共混，制备薄膜，并对圣女果进行包装。挑选成熟度均匀的圣女果为试材（九成熟左右无机械损伤、形状端正、大小均匀、无病虫害、色泽一致），采摘后再到包装前需要预冷 2h 除去田间热后备用。将采摘的圣女果称重（70g）并分装于制备好有效面积位 360cm^2 的 40% 比例的 2、4、8 端 PLLA/PEG 共混薄膜（分别命名为 2-PEL-PLLA，4-PEL-PLLA 和 8-PEL-PLLA）和纯 PLLA 薄膜中，完全裸露于外界环境的作为空白组。包装材料的分组见表 5-2。然后将其全部置于 8~10℃ 的立式冷藏柜中进行贮藏，贮藏期间测试指标包括气体组分的变化、感官品质变化、失重率等。

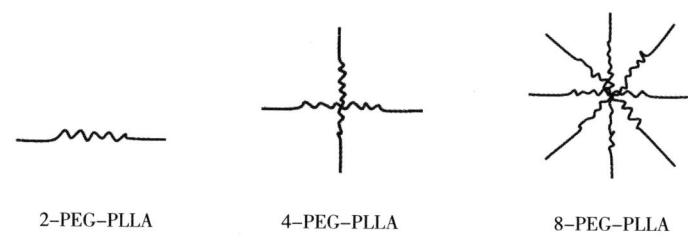

图 5-31　PLLA-PEG 共聚物分子结构图

（一）PLLA 拓扑结构对薄膜气体透过性和水蒸气透过性的影响

从表 5-2 中可以看出，不同拓扑结构的共聚物薄膜的 CO_2 透过系数与纯 PLLA 薄膜的相比明显增大。这可能是由于 PEG 对 CO_2 有较好的溶解性和扩散性，增加了气体分子通过共聚物薄膜的溶解性和扩散性。此外，不同拓扑结构共聚物薄膜的 CO_2 透过系数随 PEG 臂数的增多逐渐增大，这可能是由于 PEG 臂数的增多使共聚物薄膜的海岛结构增多。而相对于纯 PLLA 薄膜来说，PEG 的嵌入并没有增大薄膜的 OP 值。

表 5-2　PLLA 和 PEL 薄膜的气体透过性和水蒸气透过性

样品名称	厚度/μm	WVP×10^{-12}/ [g·m/(m^2·s·Pa)]	CDP×10^{-10}/ [cm^3·m/(m^2·s·Pa)]	OP×10^{-10}/ [cm^3·m/(m^2·s·Pa)]	$P_{C/O}$
PLLA	45.1±3.2	2.47±0.92	1.69±0.04	0.44±0.03	3.81
2-PEL	45.1±2.9	5.82±0.33	4.49±0.04	0.81±0.01	5.57
4-PEL	45.6±0.6	7.13±0.42	5.00±0.06	0.72±0.01	6.89
8-PEL	45.4±1.2	7.66±0.82	5.52±0.06	0.58±0.02	9.50

不同拓扑结构的共聚物薄膜的 CO_2/O_2 选择透过比大于纯 PLLA，纯 PLLA 的 CO_2/O_2 选择透过比在 3 左右，这说明纯 PLLA 薄膜具有较低的 CO_2/O_2 透过性，无法满足果蔬的贮藏保鲜包装要求。而共混薄膜的选择透过比明显比纯 PLLA 的高。共混薄膜在共混比例相同的条件下，CO_2/O_2 随着 PEG 臂数的增多而增大，2-PEL 薄膜的透过比在 5.57∶1，而 8-PEL 薄膜的透过比达到了 9.50∶1。同样 PEG 臂数的增加 PLLA 共聚物薄膜的水蒸气透过系数也在增加。通过 AFM 观察 PLLA、2-PEL、4-PEL 和 8-PEL 薄膜（图 5-32），清晰地看到相分离结构的产生，而且 PLLA 共混薄膜中的拓扑结构的增加其相分离结构也在增加，这种相分离结构的清晰化、聚集化有利于提高气体和水蒸气的透过性和选择透过性。主要原因是其聚合物臂数的增加提供了更多的自由体积，使小分子更容易透过，如图 5-33 所示。

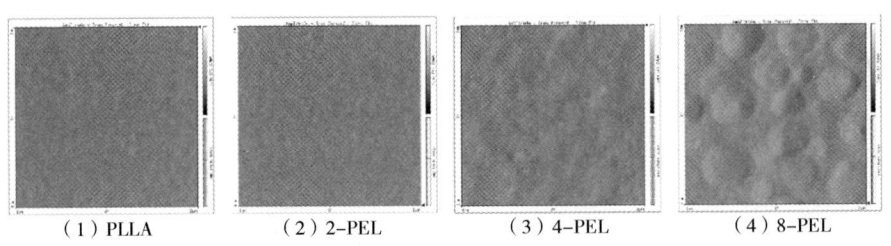

（1）PLLA　　（2）2-PEL　　（3）4-PEL　　（4）8-PEL

图 5-32　PLLA、2-PEL、4-PEL 和 8-PEL 薄膜的 AFM 图

（二）包装内部气氛变化

图 5-34 显示了用不同包装膜制成的四个包装中 O_2 和 CO_2 浓度的变化。所有薄膜的氧含量在 2%~5%。但贮藏初期 CO_2 含量急剧增加，这说明番茄具有较高的

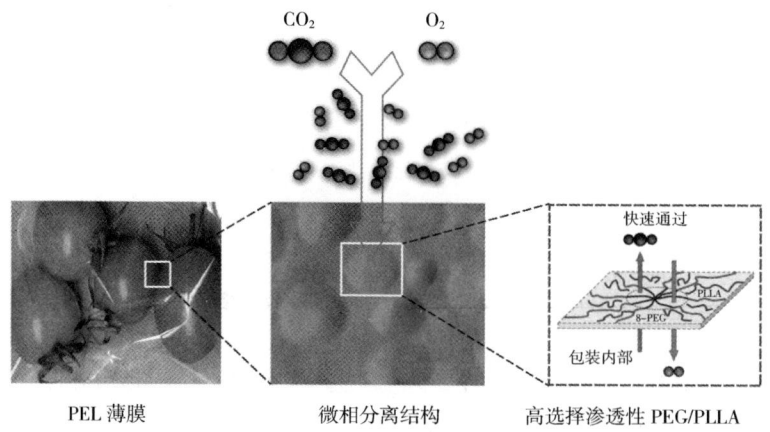

图 5-33 圣女果包装时气体透过薄膜的机制示意图

呼吸速率。在第 10 天，PLLA 包装内的 CO_2 含量增加到约 15%，然后稳定在 10% 左右。高 CO_2 和低 CO_2 水平将导致无氧呼吸，加速番茄的变质。贮藏 6d，2-PEL 薄膜包装内的二氧化碳含量达到 11%，随后略有下降，贮藏 6~36d 保持在 8%。贮藏 36d 的 O_2 和 CO_2 含量分别为 3.42%±0.24% 和 9.80%±0.55%。贮藏 6d，4-PEL 薄膜包装内 CO_2 含量增加到 9.5%，然后 O_2 和 CO_2 含量分别稳定在 2.85%±0.41% 和 8.24%±0.33%。然而，8-PEL 薄膜包装内的氧气和二氧化碳浓度在储存 10d 后逐渐趋于平稳。贮藏 36d 的 O_2 和 CO_2 浓度分别为 2.15%±0.38% 和 5.00%±0.33%。8-PEL 膜显著抑制圣女果的呼吸活动。这一结果归因于 8-PEL 薄膜对呼吸气体和水蒸气的选择性渗透性，这导致了包装内的最佳气体条件。

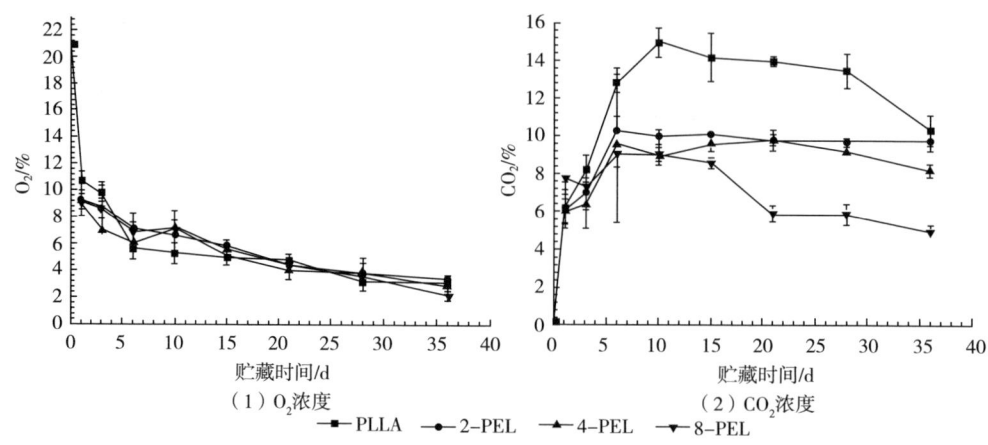

图 5-34 贮藏期间包装袋内 O_2 浓度和 CO_2 浓度的变化

（三）感官评价

图 5-35 显示了 PLLA 和 PEL 包装内部圣女果的感官评分变化和失重率的情况。无论薄膜的类型如何，感官质量都随着储存时间的延长而下降。10d 后，未包装番茄的外观评分下降很快，到第 20 天番茄完全不可接受。与未包装包装的番茄相比，包装袋内的凝露得分缓慢下降。PEL 包装的在前 10d 圣女果新鲜度相对保持高分，得分较高（8~10 分）。15d 之后，2-PEL 和 4-PEL 包装的视觉质量迅速下降。根据可接受分数（5.0），只有 MAP 中带有 8-PEL 薄膜的番茄才能在 5℃下保存 36d。在 28d 之后，其他薄膜中存储的番茄的所有分数都低于 5.0。CO_2 含量低于 3% 或高于 5% 会降低圣女果的品质，导致其出现生理损伤、衰老和呼吸缺氧。

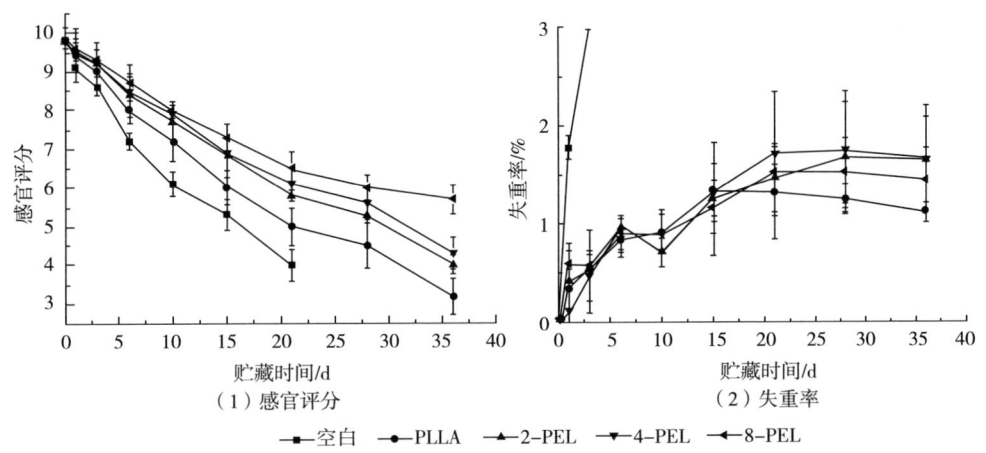

图 5-35　贮藏期间包装袋内圣女果感官评分和失重率的变化

七、PLLA 网络结构对果蔬包装材料及其保鲜效果的影响

将星形 8 臂-聚乙二醇（8-PEG）为引发物，经 L-丙交酯的开环反应制备确定分子量的 8 臂-聚乙二醇/聚乳酸（8-PEG/PLLA）拓扑星形共聚物。将容易交联的星形 8-PEG/PLLA 拓扑产物与六甲基二异氰酸酯进行反应（图 5-36），制备网络 8 臂-聚乙二醇/聚乳酸（NET-8-PEG/PLLA）共聚物，之后添加 5%、10% 和 20% 8-PEG/PLLA 或 NET-8-PEG/PLLA 分别于 PLLA 进行共混，制备共混薄膜和互穿网络结构薄膜。

互穿网络结构赋予薄膜较好的气体透过及选择透过性，CO_2/O_2 的选择透过

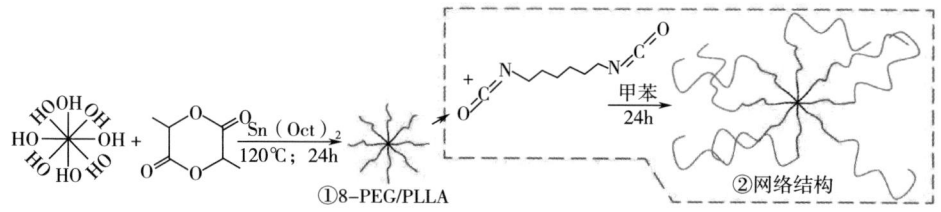

图5-36 8-PEG/PLLA 和网络结构的合成示意图

性随着互穿网络结构的增加而增强，CO_2/O_2 的选择透过比高达6.1，更适合于生鲜果蔬的自发气调。可进一步将其应用于冬枣的平衡气调包装中。调选大小均一、成熟度一致、无病虫的冬枣，当日采样的冬枣，置于4℃的冷藏柜中预冷大约24h后，称重包装。新鲜的冬枣重量为（100±5）g装于保鲜袋中（厚度为20~25μm，包装袋为（14±0.5）×12cm²）。实验包装组分为7组，裸露于空气的冬枣作为对照组，表示为CK；用于自发气调保鲜的保鲜袋，分别标记为PE、PLLA、PEL5%、PEL10%、PEL20%、NET-PEL5%、NET-PEL10%、NET-PEL20%，贮藏温度为4~7℃，相对湿度90%~95%。测定时间设定为4d，每次取2~3个平行样。

（一）贮藏期间包装内部的气氛变化

图5-37显示了PE、PLLA、PEL 和 NET-PEL 包装中 O_2 和 CO_2 的含量。从图可知除 NET-PEL20%包装中的 O_2 含量，28d 后维持在3%左右（$P<0.05$），其他包装组的 O_2 含量都在1%左右（$P>0.05$）。在贮藏初期，CO_2 的含量处于上升阶段，这表明冬枣的呼吸速率很高。贮藏4d时，PLLA 包装中的 CO_2 含量增加至17%左右，之后稳定于7%左右；PE 包装的 CO_2 含量增加至6%左右，之后稳定于1%左右。高 CO_2 和低 O_2 含量会导致无氧呼吸并加速冬枣的变质进程。NET-PEL20%保鲜袋内的 CO_2 含量在贮藏4d时达到14%，之后开始下降，在28~40d，保持在5%左右；在贮藏结束时，O_2 和 CO_2 含量分别为 2.56%±0.25% 和 5.15%±0.51%（$P<0.05$）。此外，PEL20%的 CO_2 含量从28d开始稳定于3%左右（$P<0.05$），其他包装组的 CO_2 最终都维持在1%左右。很多研究表明冬枣果皮薄，不耐 CO_2，要求相对较低的 CO_2 浓度，过高的 CO_2 会加速果实的酒软和腐败。本实验采用的 NET-PEL20%薄膜显著地抑制了冬枣的呼吸作用。该结果归

因于 NET-PEL20%薄膜良好的 O_2 和 CO_2 透过性，使得包装内部形成最佳的气氛组成。自发气调包装中的 O_2 和 CO_2 的浓度变化受薄膜渗透性、储存温度、果蔬呼吸作用、薄膜表面积和果蔬质量的影响，通常需要控制 O_2 和 CO_2 在合适范围，使得果蔬呼吸作用受到抑制，但不会发生厌氧呼吸。本实验的结果表明 NET-PEL20%将 O_2 和 CO_2 的浓度保持在可接受的范围内，保鲜时间长达 40d。

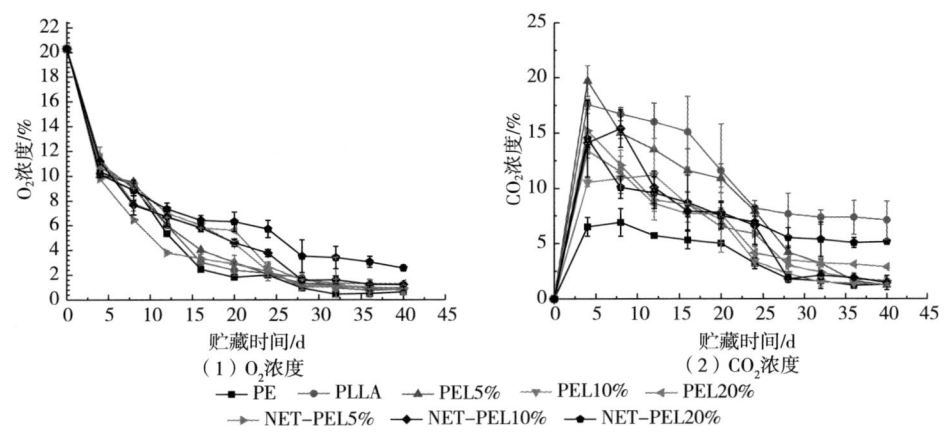

图 5-37　PE、PLLA、PEL 和 NET-PEL 内的 O_2 和 CO_2 浓度

（二）贮藏期间包装内部的感官评定

图 5-38 显示了包装在 PE、PLLA、PEL 和 NET-PEL 膜中冬枣的感官评分。从图可以看出，所有薄膜中冬枣的感官品质都随着存储时间的增加而降低。8d 后，空白对照组的冬枣的感官评分迅速下降，到 16d 完全不可食用（$P<0.05$）。相反，包裹的冬枣的感官分数高于空白对照，其中，PE 和 PLLA 包装组与未包装的空白相比，分数下降得缓慢，但是由于包装内部会出现结露现象，20d 开始逐渐失去营养价值；PEL 和 NET-PEL 包装组在前 8d，保持新鲜状态，并获得高的感官评定分值（8~10 分），16d 后评分值开始下降，其中，NET-PEL 组评分值整体高于 PEL 组。根据感官可接受分数（5.0 分），NET-PEL20%保鲜的冬枣可以延长保鲜期到 40d（$P<0.05$）。对于冬枣来说，理想的包装渗透性可以提高收获后冬枣的品质，而渗透性不足可能会加速腐败。总而言之，NET-PEL20%薄膜最适合冬枣的保鲜。

生物可降解包装膜的制备、改性及应用

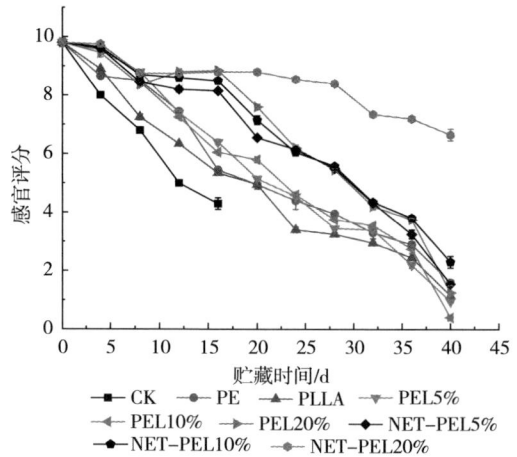

图 5-38　贮藏期间内包装薄膜中冬枣感官评分的变化

为了进一步直观的观察包装袋内冬枣的感官品质变化，图 5-39 列出了 CK、PE、PLLA、PEL 和 NET-PEL 包装组中 32d 时的横截面照片。从图可知，CK 组由于裸露于空气中，已经完全腐败变质，不可食用，包装组 PE 和 PLLA 截面也几乎腐败变质，失去食用价值；PEL 组中 PEL5% 和 PEL10% 也几乎腐败变质不可食用，PEL20% 腐败程度优于前几组，但也不可食用；NET-PEL 组中 NET-PEL5% 和 NET-PEL10% 也已经处于腐败状态，不可食用；NET-PEL20% 可以看出截面无明显腐败现象，这可能是由于袋内的低氧高二氧化碳贮藏环境适合冬枣的保鲜。

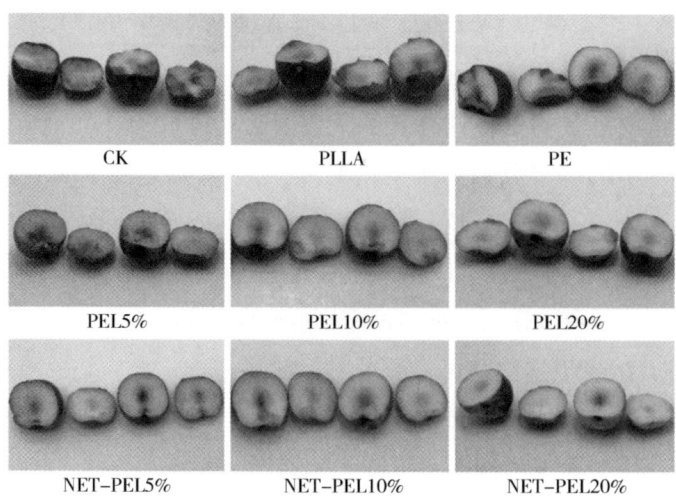

图 5-39　第 32 天时的各包装组内冬枣切面图

(三) 贮藏期间冬枣的色差变化

冬枣在采摘时的颜色为绿色,随着贮藏时间的延长冬枣会逐渐转红,之后表面出现黑色或者褐色斑点,进而失去商业价值和营养价值。L^* 值表示果实的亮度值,亮度越大,L^* 值越大,故通过色差仪的 L^* 值,可以表征在贮藏过程中冬枣的保鲜效果。从图5-40中可以看出,各包装组冬枣在4d内迅速下降,但组间差异不显著 ($P>0.05$),之后CK与各组之间的差异越来越明显,到28d可以看到明显的不同 ($P<0.05$)。包装组的组间差异不太明显,变化比较缓慢,但较空白组的亮度值高,其中NET-PEL20%的亮度值在所有组中维持最高 ($P<0.05$),与CK组显著差异,由此可知,包装组非常有利于保持冬枣的亮度,但是NET-PEL20%包装组的效果最佳,这可能是由于NET-PEL20%的气体组成 O_2 和 CO_2 含量分别为 2.56%±0.25% 和 5.15%±0.51%,非常适合冬枣的贮藏气体条件,其他组的气体组成不适合冬枣的长期保鲜,导致冬枣会发生酶促褐变,使得酚类物质发生消耗产生醌,随着醌类物质的积累,氧化变成黑色,冬枣的褐变速度加快,降低了冬枣的亮度值。通过以上的 L^* 值分析发现,适宜的 CO_2 和 O_2 浓度可以延长冬枣的保鲜期,刺激消费者的购买欲,过高的 CO_2 和较低的 O_2 都不利于维持冬枣的亮度和保存营养物质。

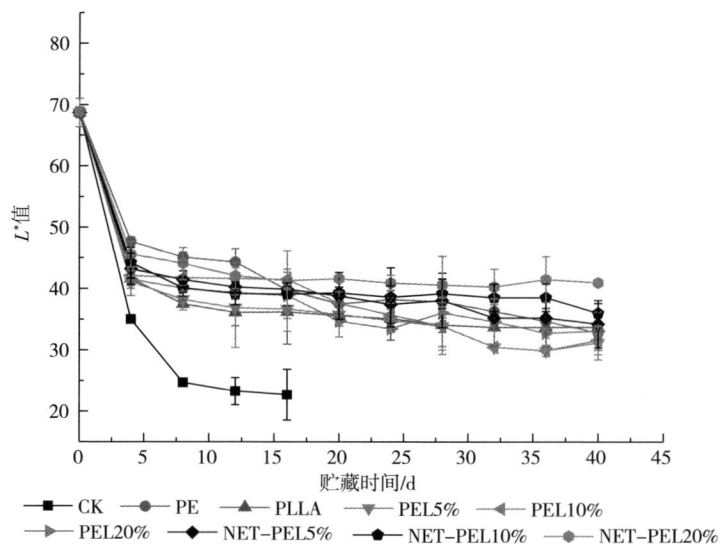

图5-40 CK、PE、PLLA、PEL和NET-PEL中冬枣的亮度 (L^*) 值

(四) 贮藏期间冬枣的总酚变化

多酚氧化蛋白酶通过催化酚类物质，进一步转化为醌类物质，进而产生褐变，导致果蔬的腐败变质。随着贮藏时间的延长，冬枣的表面会出现黑色或者褐色斑点，失去贮藏价值，导致腐败的一部分原因是多酚类物质的氧化造成的，故通过测量贮藏期间的总酚，可以间接地表征冬枣的贮藏品质。

由图 5-41 可以看出，贮藏期内冬枣的总酚含量呈下降趋势，从最初的 6.10mg/g 下降到约 1mg/g，其中 CK 的总酚含量下降最快（$P<0.05$），褐变最严重，PE 和 PLLA 包装中的冬枣总酚含量的下降趋势略低于 CK；PEL5%、PEL10%、NET-PEL5%和 NET-PEL10%总酚含量变化幅度几乎无差别（$P>0.05$），但总酚含量都高于 CK，这可能是由于包装袋内的气氛环境达不到冬枣适宜的贮藏气氛，但从图 5-41 中可以看出 PEL20%和 NET-PEL20%的总酚含量高于其他几组的总酚含量（$P<0.05$），其中，NET-PEL20%的总酚含量，高于 PEL20%，这可能是由于 NET-PEL20%的包装内部的气氛组成更适合冬枣的贮藏，抑制了冬枣的呼吸作用的原理，此外，适宜的水蒸气透过率，阻止了微生物的繁殖。

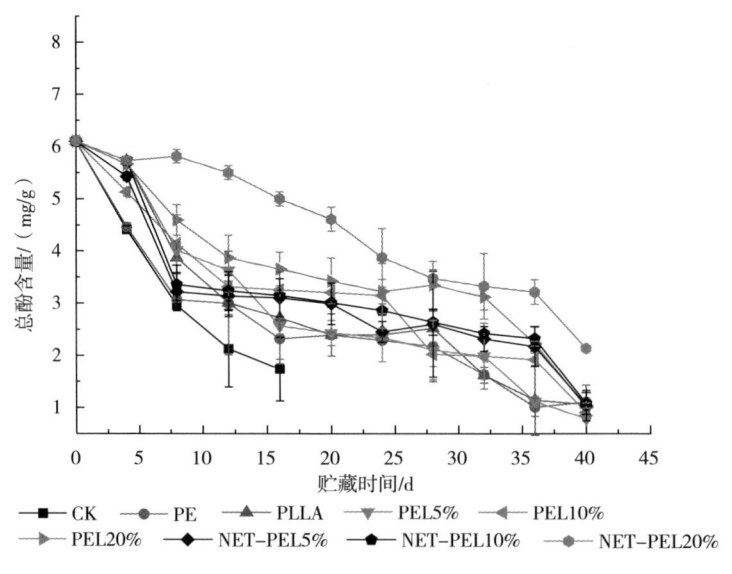

图 5-41 CK、PE、PLLA、PEL 和 NET-PEL 中冬枣的总酚含量

综上所述，合适的低 O_2、高 CO_2 和适宜的水蒸气透过率，可以营造良好的贮藏环境，延缓多酚氧化酶的氧化作用，在保持冬枣价值的同时，达到良好的护色效果。

(五) 贮藏期间冬枣的丙二醛含量变化

冬枣的丙二醛（MDA）可以直接反映膜脂过氧化程度，MDA 的积累与冬枣的衰老程度密切相关，通常用 MDA 值的大小，用来反映果蔬细胞的衰老程度，通过抑制冬枣保鲜过程中 MDA 含量，达到保护冬枣营养物质的目的。

图 5-42 为贮藏期间袋内冬枣的 MDA，由图可知鲜枣的 MDA 含量为 0.36nmol/g，贮藏前期各组的 MDA 含量变化不大，在 20d 以后各组间差异逐渐显著，特别是 CK 组的 MDA 的上升非常迅速（$P<0.05$），这可能是由于 CK 未进行包装，冬枣的呼吸代谢较快，可导致枣膜氧化程度高，衰老程度较快。PE 和 PLLA 的包装袋内 MDA 含量的变化较明显，这可能是由于 PE 和 PLLA 的水蒸气透过率和气体的透过率都较低的原因，导致包装内部的水和气体得不到排出，使得冬枣腐败变质。此外，PEL5%、PEL10%、NET-PEL5% 和 NET-PEL10% 的 MDA 较以上三组的变化趋势较低，但是它们之间的差异很小，可能是由于包装内的气氛都达不到冬枣要求的浓度，未能有效地抑制 MDA 生成，从而导致衰老过程的出现，但 PEL20% 和 NET-PEL20% 的 MDA 含量较其他几组一直维持在最低的水平（$P<0.05$），其中 NET-PEL20%（$P<0.05$）优于 PEL20%，这主要是因为 NET-PEL20% 包装内部的气体环境接近冬枣呼吸的最佳环境，此外，薄膜的水蒸气透过率也优于其他几组，因此，NET-PEL20% 包装组可以有效地延缓冬枣的衰老过程。

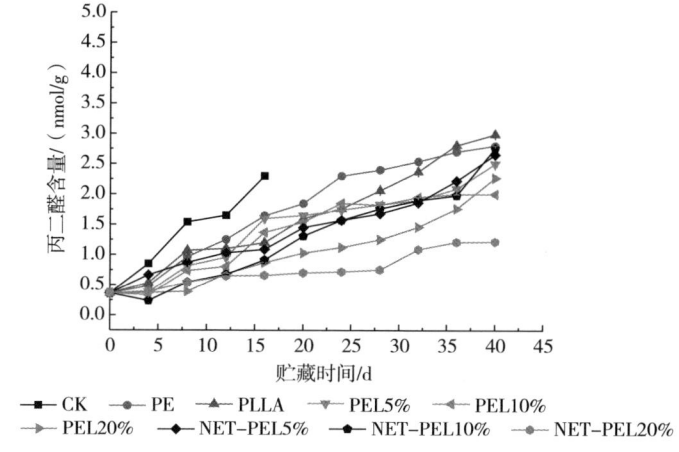

图 5-42　CK、PE、PLLA、PEL 和 NET-PEL 内冬枣的 MDA 含量变化

(六) 贮藏期间冬枣的维生素 C 含量变化

果蔬富含多种维生素，分为水溶性和脂溶性维生素，其中，水溶性维生素 C，具有代谢快、需求量大的特征，因此，食物中含有丰富的维生素 C 含量，对维持人体健康具有重要意义。果蔬中含有丰富的维生素 C，其中鲜枣、刺梨和猕猴桃的维生素 C 含量极为丰富，因此，维持维生素 C 的含量有利于果蔬的长期保鲜。

维生素 C 是热敏性分子，不稳定，极易被氧化，是人体中重要的维生素之一。冬枣含有丰富的维生素 C，号称维生素 C 之王。采后贮藏中维生素 C 极易被氧化，随着果蔬的成熟度的变化，呈现先上升后下降的趋向。敖良德等人研究表明苹果的维生素 C 含量在生长中，随着苹果的成熟先升高后下降。因此，在采摘后，控制成熟过程中的维生素 C 含量，对于冬枣的采后贮藏至关重要。如图 5-43 可知，随着时间的延长，冬枣的维生素 C 呈逐渐下降的趋向，这是主要是因为冬枣中的营养物质被消耗。贮藏期间，无包装的维生素 C 损失严重，显著低于其他包装组（$P<0.05$）；24d 后 PE 和 PLLA 组维生素 C 含量低于（$P<0.05$）PEL5%、PEL10%、PEL20%、NET-PEL5%、NET-PEL10% 和 NET-PEL20% 组，但是 PEL5%、PEL10%、PEL20%、NET-PEL5%、NET-PEL10% 和 NET-PEL20% 组间的维生素 C 含量几乎没有差异，但是与 CK 的差异显著；NET-PEL20% 在所有组中的维生素 C 含量最高（$P<0.05$），从贮藏初期的 300mg/100g 下降到 100mg/100g 左右，这说明气调包装有效的保持了冬枣的维生素 C 含量，有助于提高冬枣的使用价值与品质。

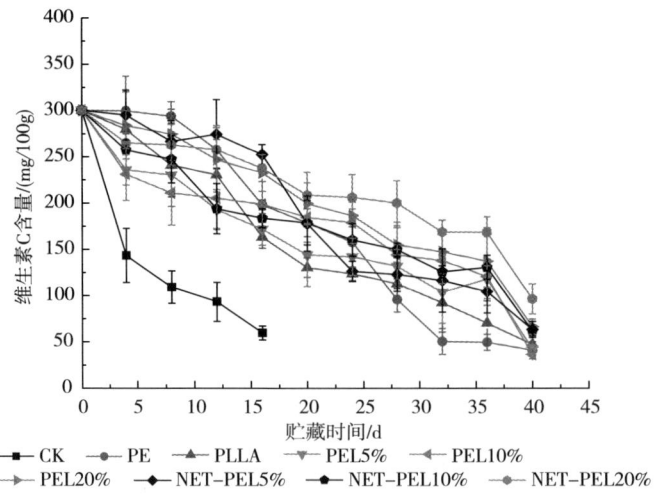

图 5-43 CK、PE、PLLA、PEL 和 NET-PEL 内冬枣的维生素 C 含量变化

八、高透气性 PLLA-PDMS-PLLA 薄膜对蔬菜保鲜效果的影响

采用十二醇引发丙交酯开环聚合出 PLLA；将 PDMS 嵌段到 PLLA 中，合成出 PLLA-PDMS-PLLA（PLD$_n$L）三嵌段共聚物。使用 3 种不同 PDMS 组分比的共聚物薄膜以及纯 PLLA 在 PA/PE 袋上进行窗体包装贴合，在 (5 ± 2) ℃ 条件下使用窗体包装，分别包装 50g 茼蒿，并设置纯 PA/PE 包装对照组。在贮藏期间，每隔 2d 进行一次气氛测试、感官评分、失重率测定等。将第一天与最后一天的蔬菜菌落总数做比较，考察改性后膜的实际应用效果。

PDMS 的加入使薄膜出现了微相分离结构，50~100nm 粒径的 PDMS 相在膜内部形成了气体通过的通道（图 5-44），提高了材料的 CO_2、O_2 透过率，其中，PLD$_{1.8}$L 薄膜的 CDP 及 OP 分别增加了 6.19×10^{-12}cm$^3\cdot$m/（m$^2\cdot$s$\cdot$Pa）、1.03×10^{-12}cm$^3\cdot$m/（m$^2\cdot$s$\cdot$Pa），但是 CDP/OP 并未出现明显变化，水蒸气透过系数略微降低。

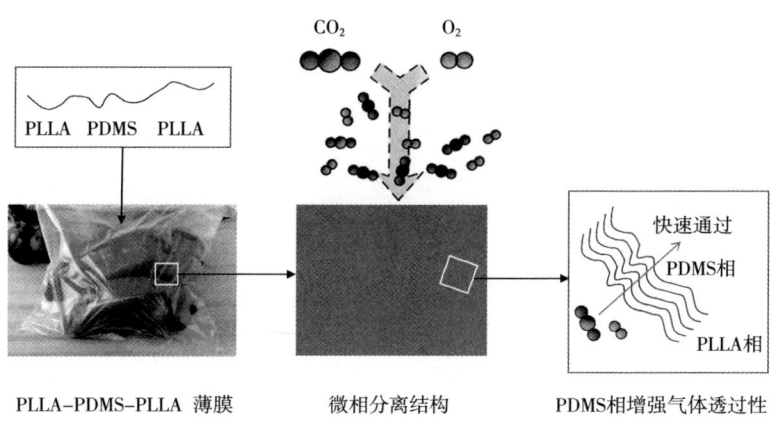

图 5-44　PLLA-PDMS-PLLA 嵌段共聚物气体分离原理设计图

（一）茼蒿自发气调窗体包装气氛

表 5-3、表 5-4 分别为茼蒿关于 (5 ± 2) ℃ 下的 PA/PE 袋及 PLLA、PLDxL 窗体包装袋内部 CO_2、O_2 的含量。随着贮藏时间的增加袋内的 CO_2 浓度出现增高趋势，PLD$_{0.41}$L、PLD$_{1.1}$L、PLD$_{1.8}$L 在第 9d 后 CO_2 浓度逐渐趋于平稳，最终在第 18 天分别稳定在 14%、10.7%、8.5%，这是由于茼蒿的呼吸强度逐渐降低，袋内外的气体交换达到动态平衡状态，即二氧化碳生成速率与薄膜透出

的速率相等，袋内气氛浓度趋于稳态。但绿叶菜的适宜贮藏气体 CO_2 浓度在 8%~10%，包装茼蒿的 $PLD_{0.41}L$ 可能因 CO_2 浓度过高而产生酸中毒现象。第6天时，PA/PE、PLLA 袋内 O_2 浓度趋近于0，但 CO_2 浓度仍在上升，这可能是因为处于低 O_2、高 CO_2 浓度环境下会使蔬菜有氧呼吸减弱，无氧呼吸加强，而袋内处于无氧环境时，蔬菜只进行无氧呼吸产生乙醇和二氧化碳，造成茼蒿酸中毒，影响食品风味。

表5-3　贮藏期间茼蒿包装袋内二氧化碳含量

天数/d	PA/PE	PLLA	$PLD_{0.41}L$	$PLD_{1.1}L$	$PLD_{1.8}L$
0	$0.0±0.0^{Ea}$	$0.0±0.0^{FAa}$	$0.0±0.00^{Ea}$	$0.0±0.00^{Da}$	$0.0±0.0^{Ea}$
3	$8.1±1.3^{Da}$	$7.5±0.3^{Ea}$	$6.7±0.5^{Dab}$	$5.4±0.8^{Cbc}$	$4.8±0.8^{Dc}$
6	$12.8±1.4^{Ca}$	$11.6±1.2^{Dab}$	$10.1±0.9^{Cb}$	$7.8±1.0^{Bc}$	$6.1±0.6^{CDc}$
9	$14.8±2.4^{BCa}$	$13.1±0.7^{Cb}$	$12.5±0.7^{Bb}$	$9.5±0.9^{Ac}$	$7.3±0.9^{CDd}$
12	$16.6±1.1^{ABa}$	$14.7±0.6^{Bb}$	$13.3±1.0^{ABb}$	$10.0±0.6^{Ac}$	$7.9±0.6^{Cd}$
15	$17.4±0.8^{Aa}$	$15.3±0.5^{Bb}$	$13.7±1.0^{ABc}$	$10.5±0.8^{Ad}$	$8.3±0.6^{Be}$
18	$18.3±1.2^{Aa}$	$16.8±0.6^{Ab}$	$14.0±0.4^{Ac}$	$10.7±1.0^{Ad}$	$8.5±0.4^{Ae}$

注：同行肩标小写字母不同表示差异显著（$P<0.05$），同行小写字母相同表示差异不显著（$P>0.05$），下同；同列肩标大写字母不同表示差异显著（$P<0.05$），同列大写字母相同表示差异不显著（$P>0.05$），下同。

表5-4　贮藏期间茼蒿包装袋内氧气含量

天数/d	PA/PE	PLLA	$PLD_{0.41}L$	$PLD_{1.1}L$	$PLD_{1.8}L$
0	$21.0±0.0^{Aa}$	$21.0±0.0^{Aa}$	$21.0±0.0^{Aa}$	$21.0±0.0^{Aa}$	$21.0±0.0^{Aa}$
3	$9.0±1.6^{Bb}$	$8.7±1.3^{Bb}$	$10.5±1.0^{Bb}$	$11.3±1.6^{Bab}$	$12.6±0.8^{Ba}$
6	$0.4±0.2^{Cc}$	$1.5±0.9^{Cc}$	$2.0±0.4^{Cc}$	$3.5±0.9^{Cb}$	$5.5±1.3^{Ba}$
9			$0.5±0.3^{Dc}$	$1.5±0.3^{Db}$	$3.3±0.5^{Ba}$
12			$0.1±0.1^{Dc}$	$0.8±0.1^{Db}$	$2.5±0.5^{Ba}$
15				$0.9±0.0^{Db}$	$2.1±0.4^{Ca}$
18				$0.7±0.3^{Db}$	$1.7±0.2^{Da}$

注：同行肩标小写字母不同表示差异显著（$P<0.05$），同行小写字母相同表示差异不显著（$P>0.05$），下同；同列肩标大写字母不同表示差异显著（$P<0.05$），同列大写字母相同表示差异不显著（$P>0.05$），下同。

(二) 茼蒿感官评分

不同贮藏期间包装材料中茼蒿的感官评分如表5-5所示，变化趋势如图5-45所示。可以明显看出相同质量茼蒿的感官评分由高到低依次排列：$PLD_{1.8}L>PLD_{1.1}L>PLD_{0.41}L>PLLA>PAPE>CK$。CK组由于长时间暴露在空气中会加快有氧呼吸的进行，同时绿叶蔬菜内的水分浓度远高于空气，这些原因加速了萎蔫、腐败现象的发生，在第3天时感官评分就已低于60分，完全失去可食用价值，第6天后丧失了实验观测必要性，不再进行感官评分。从第8天开始，茼蒿品质下降速度加快，PA/PE、PLLA、$PLD_{0.41}L$ 三组最为明显，到第16天时就已低于40分，腐烂率接近40%，袋内基本处于无氧状态，同时由茼蒿无氧呼吸产生的醇类物质会带来一种特殊刺鼻气味。而在第18天，$PLD_{1.8}L$ 窗体包装在50g组感官评分为77.2，70g组为62.9，均处于可售范围，气味依旧保持清香，并无任何叶子萎蔫、泛黄等现象。根据感官评分比对，充分说明 $PLD_{1.8}L$ 所调控的气氛为实验最佳组，达到了延长茼蒿保鲜期达18d的效果。

表5-5 贮藏期内茼蒿的感官评分

天数/d	CK	PA/PE	PLLA	$PLD_{0.41}L$	$PLD_{1.1}L$	$PLD_{1.8}L$
0	98.6±0.7^{Aa}	98.0±1.7^{Aa}	98.0±1.6^{Aa}	97.6±0.6^{Aa}	96.1±1.8^{Aa}	97.8±1.7^{Aa}
3	45.7±6.2^{Cc}	90.6±2.3^{Bb}	90.4±4.3^{ABb}	93.3±2.6^{ABab}	93.1±1.2^{ABab}	96.8±2.7^{Aa}
6	18.3±1.85^{Cc}	88.3±2.9^{Bb}	89.5±2.9^{ABb}	90.7±1.8^{Bb}	93.6±2.0^{ABab}	96.3±1.1^{Aa}
9		81.1±6.0^{Cb}	84.0±6.8^{Bab}	89.2±1.1^{Bab}	91.1±3.0^{Ba}	90.6±2.4^{Ba}
12		58.7±4.1^{Dc}	64.4±3.7^{Cc}	70.5±2.5^{Cb}	82.7±3.0^{Ca}	86.1±2.3^{Ca}
15		18.3±1.2^{Ed}	21.1±9.1^{Dd}	32.5±4.3^{Dc}	68.0±3.2^{Db}	80.9±2.4^{Da}
18		7.4±3.4^{Fc}	8.8±1.5^{Ec}	15.6±2.8^{Ec}	52.1±7.4^{Eb}	77.2±4.5^{Da}

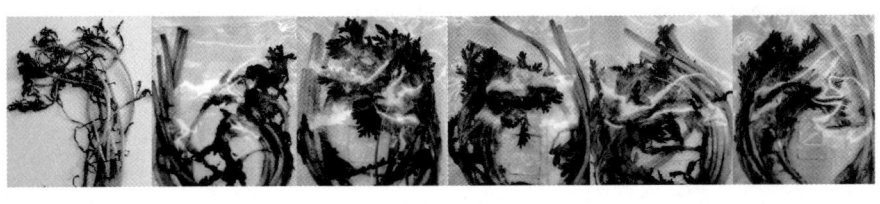

50g CK   50g PA/PE   50g PLLA   50g $PLD_{0.41}L$ 50g $PLD_{1.1}L$ 50g $PLD_{1.8}L$

图5-45 第18天各组包装茼蒿图

(三) 菌落总数测定

表5-6是不同包装茼蒿菌落总数（TVC）的测定。第0天，三种蔬菜的TVC值均在5.12lgCFU/g以下，这说明采摘的蔬菜初始卫生条件良好，比较新鲜。对于六种不同方式贮藏的蔬菜，TVC值随着时间的增加而增大。贮藏最后一天的TVC值有显著性增长，三种蔬菜都具备这样的TVC增速规律：PA/PE>PLLA>$PLD_{0.41}L$>$PLD_{1.1}L$>$PLD_{1.8}L$。由于被包装的蔬菜可以与外界产生一定的隔绝，可避免二次污染，其TVC值增长速度应普遍较CK组低，但茼蒿CK组的TVC值大于$PLD_{1.1}L$，却小于$PLD_{0.41}L$，这是因为小于或等于$PLD_{0.41}L$透气性的包装营造了一种过低CO_2浓度的气体，导致了蔬菜发生严重腐烂，滋生大量微生物，已远远超越了裸露在空气中的CK，其他组也大都会发生类似的现象。总体来看，在三种蔬菜保鲜实验中，$PLD_{1.8}L$较其他几种包装材料具有更加良好地抑制微生物生长繁殖的作用，这与其所营造的良好气体浓度有紧密联系。

表5-6　贮藏期间50g茼蒿菌落总数　　　　单位：lg CFU/g

天数/d	CK	PA/PE	PLLA	$PLD_{0.41}L$	$PLD_{1.1}L$	$PLD_{1.8}L$
0	5.26±0.03	5.26±0.03	5.26±0.03	5.26±0.03	5.26±0.03	5.26±0.03
18	6.44±0.03	8.03±0.03	7.23±0.04	6.89±0.04	6.12±0.01	5.64±0.04

九、PLT_nL薄膜对和对油菜保鲜效果的影响

(一) 油菜窗体包装设计

将80g油菜装入密封罐中置于（5±2）℃的冷藏柜中，对其呼吸强度进行测定，根据密闭系统法公式推算出油菜的O_2消耗率与CO_2产生率。一般叶菜类的最适气体条件为1%~3%O_2，2%~5%的CO_2。因此我们设定最后预期包装内的气调平衡浓度为O_2浓度4%，CO_2浓度为5%，通过密闭系统法对油菜呼吸强度进行测定，推算出油菜的O_2消耗率与CO_2产生率分别为：R_{O_2} = 10.8mL/（kg·h）；R_{CO_2} = 8.1mL/（kg·h）。带入窗体面积公式5-1和5-2计算得所需窗体面积为28cm²，在购买的PA/PE（18×24cm²）包装袋正中间裁剪7cm²×4cm²的矩形窗口，将制备的PLLA、PLT_nL薄膜分别均匀粘在窗口上。干燥1周后备用。称取80g的油菜装入PA/PE袋子以及制好的窗体包装袋内，置于（5±2）℃贮藏。从第0天开始，每隔3d进行利用顶空气体分析仪对袋内气氛进行测定，据油菜的保鲜状况，定期

测定油菜的失重、色差、可溶性固形物、维生素 C、叶绿素以及亚硝酸盐变化。

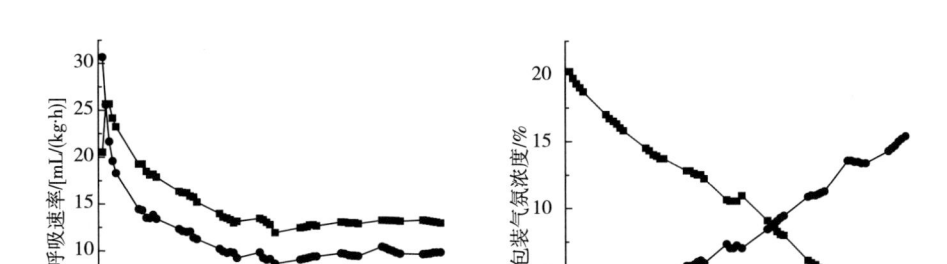

图 5-46　密闭系统法测定油菜包装袋内气氛浓度及呼吸强度

（二）PLT_nL 共聚物薄膜包装中油菜的气体组分分析

一般来说，袋内氧气浓度过高，油菜呼吸作用加强，使油菜营养损失加剧，品质下降。若 O_2 含量过低，油菜进行无氧呼吸，生成乙醇等物质，这些产物在油菜积累过度，会导致生理失调，变色变味，影响食用品质。但是不同品种和采摘期的油菜所需的气体贮藏条件会有所区别。从图 5-47 中可以看出，贮藏前期由于油菜呼吸旺盛，前三天包装内的 O_2 从 20.6% 降低至 10% 左右，相对应的 CO_2 含量则升高至 6% 左右。在贮藏第 12d 时，PLLA 组 O_2 降低至 0.2%，而后持续降低，第 18 天时袋内已降至 0，相应的袋内 CO_2 不断升高，从 12d 的 14.6% 至贮藏结束，袋内 CO_2 高达 18.6%。PA/PE 组 O_2 在第 12 天已降低至 0，相应的 CO_2 含量不断升高，贮藏结束时包装内 CO_2 高达 18.91%。$PLT_{5.0}L$ 组在第 12 天时 O_2 仍保持在至 2.4% 并趋于稳定，在 1.7%~2.6% 范围内上下波动至贮藏结束，CO_2 则升高至 8.3% 后达到相对平衡状态，在 8.3%~9.6% 范围内波动至贮藏结束。PLLA 和 PA/PE 两组在第 12 天后差异不显著（$P>0.05$），$PLT_{5.0}L$ 组与两组组差异均显著（$P<0.05$）。到第 24 天时，PA/PE、PLLA、$PLT_{0.6}L$ 组 O_2 含量降低为 0，相对应 CO_2 含量分别升高至 18.9%、18.6%、16.75%。$PLT_{5.0}L$ 组 O_2 含量维持在 1.7%，CO_2 含量维持在 9.6%。PE 具有较高的气体透过性，O_2 浓度

在第24天降仍保持在7.8%，CO_2含量维持在9.7%。$PLT_{5.0}L$组袋内气氛在24d时O_2浓度为1.7%，CO_2浓度为9.6%，未达到理想比例，这是由于薄膜透湿性有所降低，袋内出现轻微结露，对薄膜气体透过性会产生不利影响导致的。

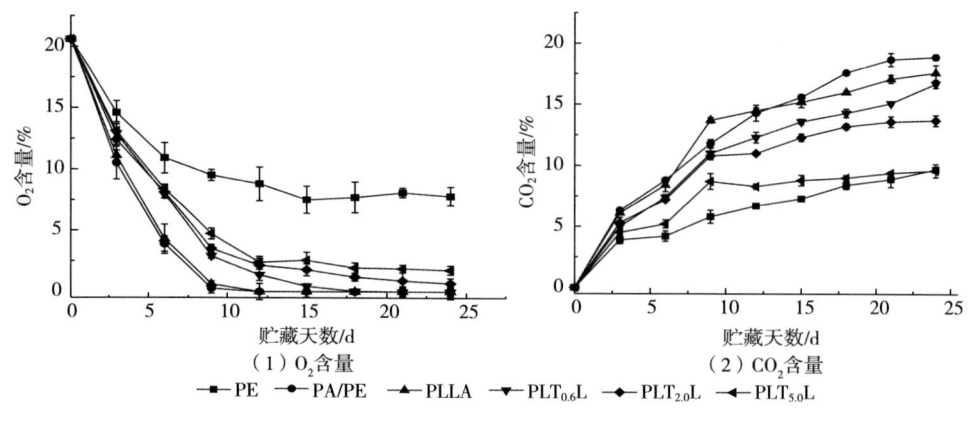

图5-47　贮藏期间包装袋内O_2和CO_2含量

（三）PLT_nL共聚物薄膜包装中油菜的失重率分析

失重率是反映在储存期间果蔬中以水分为主要成分损失的变化情况，是表征果蔬新鲜程度的一个重要指标，研究表明当失重率超过了5%时，果蔬就会表现出枯萎或者发蔫的现象。叶菜类蔬菜大多含水分90%以上，维持了蔬菜的基本生理活性和保持了叶片诸如挺度的新鲜品质。失水引起的萎蔫和皱缩是其失去鲜度的主要原因之一，水分损失除了蔬菜进行的蒸腾作用外，包装材料的水蒸气透过性，也是其不可忽视的重要因素。图5-48为贮藏期间油菜失重率的变化，所有包装组的失重率均随贮藏时间的延长呈上升趋势，其中，CK组由于没有任何防止水分散失的保护措施，在前15d失重率均呈显著上升趋势，失重率高达28%，之后趋势有所平缓，在贮藏结束失重率已达36%。与其他包装组差异显著（$P<0.05$）。其他各组之间虽都呈上升趋势，但变化缓慢，这是由于其他各组材料透湿性能一般，呼吸蒸腾作用产生的部分水分无法被排出，从而导致了包装内环境湿度增大，失重率变化并不明显的现象。除CK外，其他各组失重率差异不大（$P>0.05$），并且失重率均低于5%，这说明保鲜效果良好。

第五章 生鲜果蔬包装

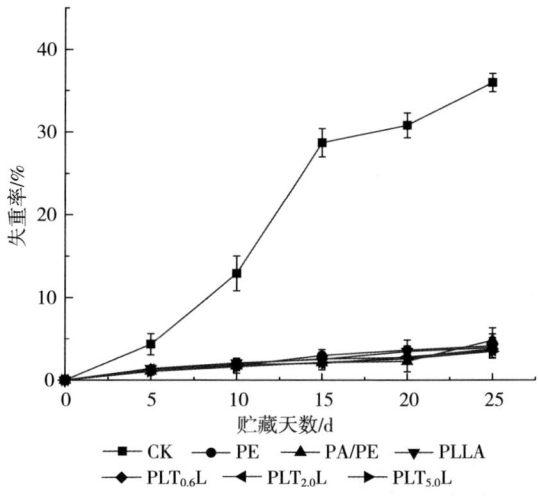

图 5-48　PLT_nL 薄膜包装中油菜失重率的变化

（四）PLT_nL 共聚物薄膜包装中油菜的感官评定变化

表 5-7、图 5-49、图 5-50 为不同包装组油菜的第 1 天和第 24 天感官品质变化。从表 5-7 可以看出，所有包装组的油菜感官品质均随着贮藏时间的增加呈现出整体下降的趋势。其中 CK 组由于没有任何包装，呼吸作用和蒸腾作用没有受到抑制，第 6 天评分已低于 60 分，失去商业价值，与其他包装组差异显著（$P<0.05$）。在其他包装组变化均较平稳，没有太大差异。在第 18 天开始，PA/PE 包装组开始出现叶片萎蔫现象并产生异味，PLLA 组开始出现叶片黄化现象，两组感官均显著下降，两组之间差异不显著（$P>0.05$）。$PLT_{0.6}L$ 组和 $PLT_{2.0}L$ 均在第 21 天感官明显下降，叶片出现萎蔫腐烂现象，$PLT_{2.0}L$ 相比 $PLT_{0.6}L$ 组感官品质略好一些。$PLT_{5.0}L$ 组从第 24 天开始感官下降，但仍具有商品价值，这说明在整个贮藏期内，$PLT_{5.0}L$ 能够较好地保持油菜的感官品质。

表 5-7　PLT_nL 薄膜包装油菜的感官评分

天数	CK	PE	PA/PE	PLLA	$PLT_{0.6}L$	$PLT_{2.0}L$	$PLT_{5.0}L$
0	98.6 ± 0.7^{ABa}	99 ± 1.1^{Aab}	98.2 ± 0.7^{Ba}	98.2 ± 0.6^{Ba}	98.5 ± 0.7^{ABa}	98.7 ± 1.5^{ABa}	99.2 ± 1.3^{Aa}
3	73.3 ± 2.1^{Gc}	96.1 ± 2.1^{Bb}	93.2 ± 1.1^{Fb}	93.6 ± 1.0^{Eb}	94.9 ± 1.3^{Db}	95.8 ± 1.2^{Cb}	96.4 ± 1.5^{Ab}
6	41.8 ± 3.3^{Ed}	89.5 ± 0.7^{Ac}	83.8 ± 1.8^{Dc}	85.5 ± 1.7^{Cc}	87.1 ± 0.9^{Bc}	89.1 ± 2.8^{Ac}	90.1 ± 1.2^{Ac}

续表

天数	CK	PE	PA/PE	PLLA	$PLT_{0.6}L$	$PLT_{2.0}L$	$PLT_{5.0}L$
9	20.3±2.8^{Fe}	87.6±1.4^{Abd}	81.3±0.8^{Ed}	84.7±1.7^{Dc}	86.0±3.5^{Bd}	86.9±1.9^{Bd}	88.3±1.7^{Ad}
12		86.8±3.3^{Ae}	77.2±2.7^{De}	83.2±2.8^{Cd}	84.5±2.0^{Bd}	86.3±2.2^{Ad}	87.2±3.7^{Ae}
15		83.8±1.6^{Bf}	76.5±1.1^{Ee}	79.7±1.5^{De}	81.5±3.2^{Cf}	81.9±3.0^{Cf}	85.7±2.6^{Af}
18		78.2±2.7^{Bg}	62.6±3^{Ff}	68.1±1.3^{Ef}	72.3±1.3^{Df}	76.3±3.1^{Cf}	80.0±2.3^{Ag}
21		72.9±1.1^{Bh}	53.2±2.9^{Fg}	58.9±0.7^{Eg}	65.7±2.0^{Dh}	70.5±1.1^{Cg}	75.3±2.8^{Ah}
24		59.6±1.6^{Bi}	41.5±3.3^{Fh}	47.8±0.4^{Eh}	53.2±1.7^{Di}	57.2±1.2^{Ch}	62.0±1.3^{Ai}

注：同行肩标小写字母不同表示差异显著（$P<0.05$），同行小写字母相同表示差异不显著（$P>0.05$），下同；同列肩标大写字母不同表示差异显著（$P<0.05$），同列大写字母相同表示差异不显著（$P>0.05$）。

图 5-49 第 1 天各组包装油菜图

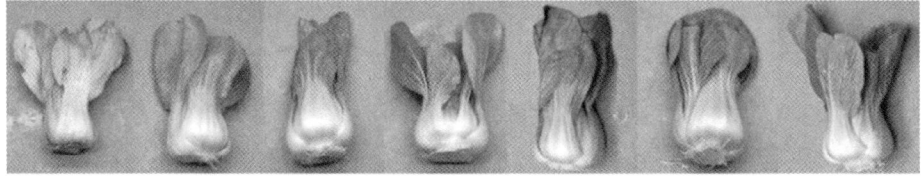

图 5-50 第 24 天各组包装油菜图

根据图 5-50 可以看出，在第 24 天，CK 组由于没有任何保护措施，叶片已全部发黄，失水严重，表皮皱缩，可明显发生干耗现象。PA/PE 组叶片软烂严重，并伴有明显异味，这是由于袋内环境长期无氧，并且袋内大量水分无法排出，袋内相对湿度过高，引起微生物滋生造成的。PLLA 组则有部分叶片出现黄化现象，这是由于袋内长期处于低氧状态，油菜进行无氧呼吸，大量消耗体内营养物质造成的。$PLT_{5.0}L$ 则仍保持良好的感官品质，叶片无明显黄化现象，无异味，仍具有商品价值。根据图 5-50 进行保鲜效果比较：$PLT_{5.0}L$>PE>$PLT_{2.0}L$>$PLT_{0.6}L$>PLLA>PA/PE>CK。综上所述，$PLT_{5.0}L$ 包装组感官评分最高，相对于其他包装组更适于油菜的保鲜。

第四节 聚己二酸/对苯二甲酸丁二酯系列薄膜在生鲜果蔬包装中的应用

聚己二酸（**PBAT**）是一种很有前途的可生物降解塑料，具有较好的热稳定性、高气体透过性和低水蒸气渗透性，并具有高度的柔韧性。在食品包装领域其应用前景广泛。

一、聚己二酸/对苯二甲酸丁二酯（PBAT/EVOH）气调薄膜对香菇的保鲜效果评价

本研究以添加不同质量分数（0 和 10%）对苯二甲酸丁二酯（EVOH）的 PBAT/EVOH 共混膜为气调保鲜材料，以未包装的香菇为对照，研究在低温贮藏条件下 PBAT/EVOH 共混膜对新鲜香菇品质的影响。

（一）包装内气体组分的变化

利用气调包装的方式，适当地提高贮藏环境中 CO_2 浓度并降低 O_2 浓度可以有效抑制果蔬的呼吸作用。包装起始气体浓度同空气中的氧气含量 20.9%，二氧化碳含量 0.03%。香菇是一种呼吸速率较高的菌类，香菇的呼吸作用消耗 O_2 的同时产生 CO_2，图 5-51 为贮藏期间气体变化规律。在贮藏后的第 2 天，香菇由于呼吸强度较高，各包装组的 CO_2 浓度迅速增高，最高可达到 4%。在第 4 天，各包装组 CO_2 浓度均有一个降低的过程，PE 组和 PBAT 组能降到 3.2%左右，PBAT/10%EVOH 组能降到 2.6%左右，并随着贮藏的推移维持在此浓度范围内。LOPE-BRIONES[14] 等研究表明，CO_2 浓度在 2.5%左右，有益于保持双孢菇的色泽，而当 CO_2 浓度高于 5%时，可促进保藏期间双孢菇的变色。且研究表明，香菇对高 CO_2 浓度的敏感性高于其他食用菌。而本试验中，PBAT/10%EVOH 组 CO_2 浓度在保持菇体色泽范围内。

PE 组的 O_2 浓度缓慢降低，并在第 8 天平稳保持在 0.6%左右。而 PBAT 组和 PBAT/10%EVOH 组的 O_2 在包装后的第 2 天，被迅速降低至 1%以下，PBAT 组从第 4 天开始平稳保持在 0.15%左右，而 PBAT/10%EVOH 组平稳保持在 0.02%左右。较低的 O_2 浓度减缓了菇体生理代谢活动，使呼吸减慢。由于 PBAT/10%EVOH 薄膜优异的氧气阻隔性能，使 PBAT/10%EVOH 组在避免无氧

呼吸的前提下，能较好地降低香菇的呼吸速率。

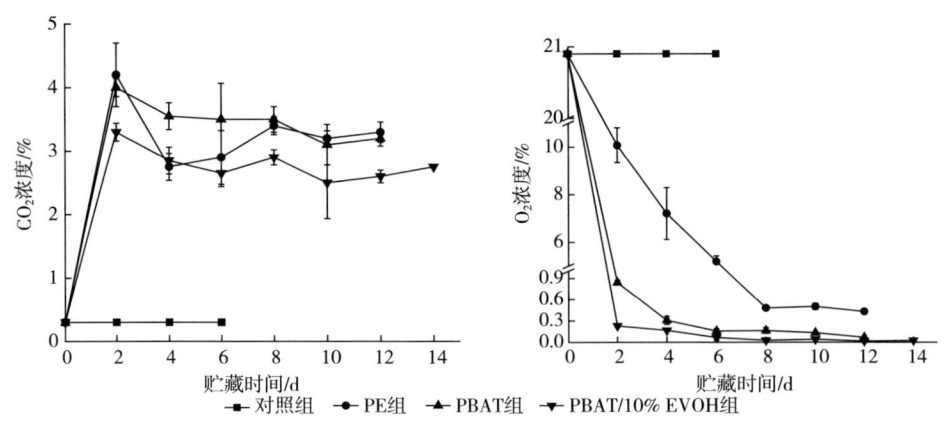

图 5-51　香菇贮藏期间 CO_2 浓度和 O_2 浓度的变化

（二）感官评分的变化

感官评价是一种可以直观的评判香菇品质的方法。如图 5-52、图 5-53 所示。图 5-53 是香菇贮藏过程中感官评分的变化。可以看出，空白组在贮藏期间由于失水导致的表面萎蔫和开伞及与空气直接接触的氧化褐变，贮藏 6d，干瘪加重，感官评分降到 2.91 分，失去商业价值和食用价值。反观包装组，各包装组在贮藏 4~10d 感官评分均无显著差异（$P>0.05$）。在 12d PE 组由于出现了严重的结露现象，开始变软，产生异味，菌盖出现水浸斑点和霉斑，感官评分降低为 5.09 分，显著低于其他两组（$P<0.05$）。相比较于 PBAT 组，PBAT/10%EVOH 组由于包装材料的气体选择透过性较低，从而影响了香菇自身呼吸代谢程度，菇体依然呈黄褐色，菌盖保持良好的弹性。贮藏 14d 时，仍维持良好的感官品质。

对照组　　　　　　PE组　　　　　　PBAT组　　　　PBAT/10%EVOH

图 5-52　贮藏第 14 天时各组香菇外观及切面图

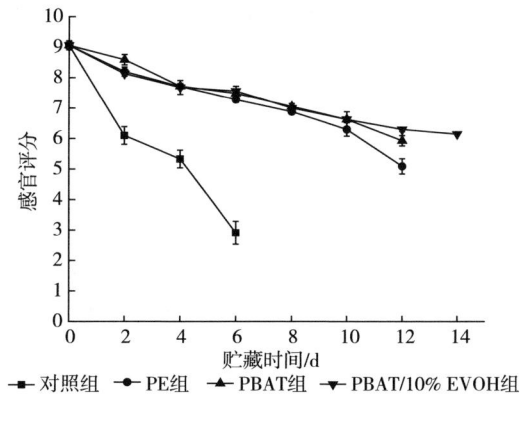

图 5-53　香菇贮藏期间感官评分的变化

(三) 硬度的变化

香菇的硬度是消费者判断香菇品质的重要指标之一，硬度下降是其品质劣变的原因之一。贮藏 6d 时，对照组香菇硬度由 7.9MPa 升高至 13.9MPa，原因主要是由于其较高的失重率导致出现了干瘪现象。各包装组硬度均呈现先上升后降低的趋势，硬度先上升的原因可能是由于一定程度的失水导致的表面变硬和采收后的后熟生理变化。后续变软是由于细菌对细胞壁的降解以及内源性自溶素的活性增加导致的。在贮藏期 2~6d，各包装组之间硬度均无显著性差异（$P>0.05$）。从 8d 开始，PE 组硬度显著低于其他两组（$P<0.05$），PE 薄膜有较优的水蒸气阻隔性能，故可导致包装袋内有较高的湿度，形成结露现象，发生腐烂组织软化，从而降低硬度。到贮藏期第 12 天，PE、PBAT、PBAT/10%EVOH 组硬度下降率依次为 25.31%、11.64% 和 9.87%。PBAT/10%EVOH 组的硬度较其他两组硬度大（$P<0.05$）。在贮藏期内 PBAT/10%EVOH 组可以保持较高的香菇硬度。如图 5-54 所示。

(四) L^* 值的变化

采摘后的香菇生物体仍在进行活跃的生理代谢活动，食用菌的褐变是由于酚类化合物的氧化、多酚氧化酶（PPO）的作用以及细菌和霉菌对食用菌组织的作用导致的，组织褐变是评价食用菌品质的重要指标之一，直观地体现在其色泽的变化上。由图 5-55 可以看出，随着贮藏时间的延长，L^* 值不断降低，对照组 L^*

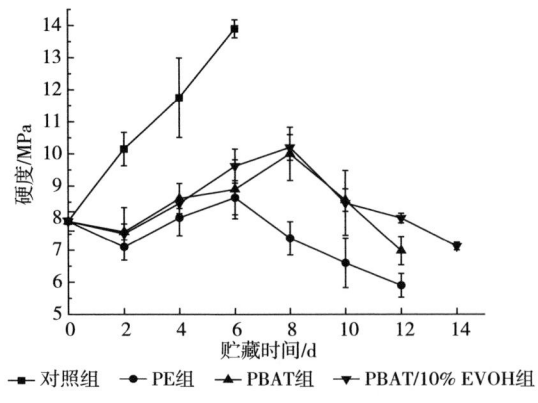

图 5-54 香菇贮藏期间硬度的变化

值相比包装组较低（$P<0.05$）。在贮藏后期各包装组中 PBAT/10%EVOH 组的 L^* 值高于 PBAT 组和 PE 组（$P<0.05$），这说明其褐变程度较其他组小。分析原因是由于霉菌是好氧性真菌，PBAT/10%EVOH 组形成的低氧环境抑制了霉菌的生长，从而降低了其对食用菌组织的作用，各包装组的外观图也说明了这一点，PE 组和 PBAT 组在贮藏后期，菌盖部分会出现霉斑，而 PBAT/10%EVOH 组菌盖外观良好。

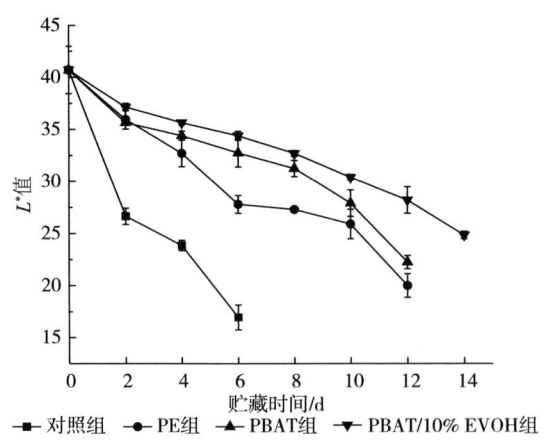

图 5-55 香菇贮藏期间 L^* 值的变化

（五）维生素 C 的变化

维生素 C 是一种水溶性维生素，作为一种高活性物质，具有抗氧化性，可以清除体内自由基，参与许多新陈代谢过程。维生素 C 含量的高低是评价香菇营养价值的重要指标之一。如图 5-56 所示，在 4℃条件下，随着贮藏时间的延长，香菇维生素 C 含量呈现下降的趋势。对照组尤为明显，贮藏 6d 维生素 C 含量降低了 58.72%，显著低于各包装组（$P<0.05$）。贮藏 12d，PE、PBAT、PBAT/10%EVOH 组的维生素 C 含量分别降至 16.02mg/100g、19.34mg/100g 和 30.03mg/100g，相比第 0 天分别降低了 67.28%、60.50% 和 38.67%。PBAT/10%EVOH 组维生素 C 含量显著高于其他两组（$P<0.05$），Techavuthipon 等研究表明，呼吸作用也引起维生素 C 含量的下降，这与图 5-56 的气体的变化规律相符，PBAT/10%EVOH 组由于包装环境内较低的氧气浓度，能较好地减缓了生理代谢活动，故相比其他组能更好地保持香菇中的维生素 C 含量。

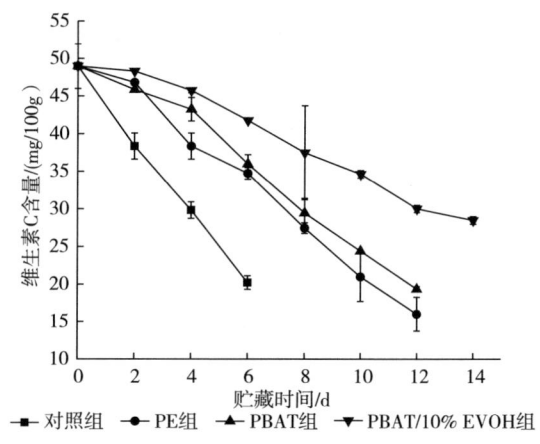

图 5-56　香菇贮藏期间维生素 C 含量的变化

二、聚己二酸/对苯二甲酸丁二酯基纳米气调呼吸膜对白鳞蘑菇保鲜机理

本研究中制备 PBAT/PLLA 纳米气调呼吸膜，在 PBAT/PLLA 最佳共混比例（70:30）基础上添加比表面积较大的两种类型（疏水和亲水型）纳米 SiO_2 材料，探讨了不同类型和不同添加比例对共混薄膜的气体阻隔性能、水蒸气阻隔性能等包装特性，明确纳米 SiO_2 对 PBAT/PLLA 气调呼吸膜性能的影响机理。将 80g 经过预冷的白鳞蘑菇装入 160mm×220mm 规格的不同薄膜包装袋内密封，放置在（4±1）℃，85%RH 的条件下贮藏。无任何包装组为空白对照组，每隔 3d 进行相关指标的评价。

(一) PBAT/PLLA 纳米气调呼吸膜的制备及其基本性能

将 PBAT 和 PLLA 母粒在 50℃ 条件下真空干燥 24h，将 PLLA 以 30% 的质量比与 70% 的 PBAT 进行共混作为基质，在此基础上添加亲水型和疏水型两种 SiO_2 进行共混，SiO_2 添加质量分数为 0.2%、0.5%、1%，混匀后加入双螺杆挤出机，挤出温度依次设置为 110℃、170℃、225℃、225℃、225℃、225℃、225℃，制备出 PBAT/PLLA/SiO_2 薄膜，亲水型被命名为 PBAT/PLLA/Q 系列，疏水型被命名 PBAT/PLLA/S 系列，例如 PBAT/PLLA/0.2Q 代表 0.2% 添加比例的亲水 SiO_2 共混薄膜，放置一周后可进行相关性能测试。

未开伞成熟度白鳞蘑菇采自锡林浩特市白音锡勒生物科技有限公司，采收后运输至实验室并在 4℃ 条件下预冷 12h。不同阻隔性薄膜由 PE、PBAT/PLLA30% (PBAT/PLLA)、PBAT/PLLA/0.5S (0.5S SiO_2) 和 PA/PE 四种材料组成。PBAT/PLLA 和 0.5S SiO_2 薄膜制备如同第四章制备方法，PE 和 PA/PE 袋从内蒙古呼和浩特四玉合塑业公司购买。除 PA/PE 薄膜（厚度为 85μm）外其余三种薄膜的厚度均为 25μm±2μm。不同阻隔性薄膜的气体和水蒸气透过性能，如表 5-8 所示。

表 5-8 PE、PBAT/PLLA、0.5SSiO_2 和 PA/PE 薄膜的 CTR、OTR、CTR/OTR 和 WVTR

薄膜	CTR/[m^3/($m^2 \cdot d$)]	OTR/[m^3/($cm^2 \cdot d$)]	CTR/OTR	WVTR/[g/($cm^2 \cdot d$)]
PE	24780±543	6018±112	4.12	41.8±1.2
PBAT/PLLA	12685±345	2165±143	5.86	1459±45
0.5S SiO_2	9685±154	1356±69	7.14	1197±34
PA/PE	458.7±84.5	91.7±3.3	5.00	2.9±0.6

注：结果以平均值±标准差的形式表示。

(二) 贮藏期间白鳞蘑菇包装内部 CO_2 和 O_2 含量的变化

各处理组 O_2 浓度和 CO_2 浓度随贮藏时间的变化规律如图 5-57 所示，由于食用菌的呼吸作用，O_2 浓度开始降低，CO_2 浓度开始上升。O_2 在前 3d 呈现一个迅速降低的趋势，后续保持一个较为平稳的浓度水平至贮藏期结束。PE、PBAT/PLLA、0.5S SiO_2 的 O_2 平衡浓度分别为 0.12%、0.02% 和 0.01%。PA/PE 组而言，在贮藏初期开始 O_2 接近于 0%，贮藏后期打开包装后能闻见醇类味道，由此可推断，此包装内发生了无氧呼吸。食用菌自身的高呼吸速率和薄膜的气体透过性能是影响包装内气体浓度的主要因素。根据薄膜的透气性和气透选择性的不同，包装内的气体条件容易发生变化。各处理组的 O_2 浓度变化规律与各处理组薄膜的 OTR 规律相一致。

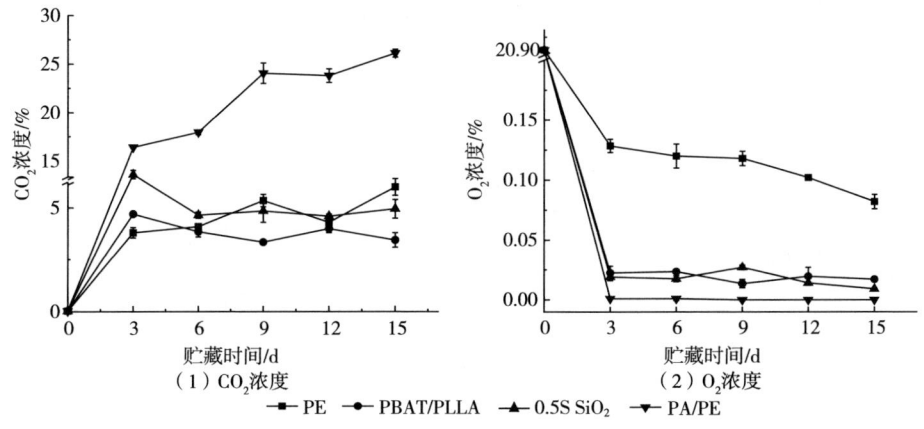

图 5-57　贮藏期间不同包装组的气体组成 O_2 和 CO_2 的变化

除 PA/PE 组外，CO_2 浓度各组别在前 3d 迅速上升，从第 6 天开始保持一个较为平稳的浓度范围直至贮藏期结束。在贮藏期 6~15d，PE、PBAT/PLLA、0.5S SiO_2 3 个处理组的平衡 CO_2 浓度分别为 3%~4%、3%~5% 和 4%~7%。对 PA/PE 组而言，在整个贮藏期内一直呈现上升的趋势，在贮藏结束时，CO_2 浓度可达到 26.1%，显著高于其他三组（$P<0.05$）。这主要是由于薄膜具有较低的 CTR，能有效地抑制 CO_2 从包装袋内扩散到包装袋外。

适宜的气体组分含量能够降低食用菌的生理代谢活动，过高的 CO_2 浓度或过低的 O_2 浓度能导致产生厌氧代谢，引发生理损伤和生理衰退。本研究发现 0.5S SiO_2 处理组内的 O_2 浓度（<1%）和 CO_2 浓度（4%~7%）能较好地保持白鳞蘑菇的贮藏品质，可推断这是一种适合白鳞蘑菇贮藏保鲜的气调包装材料，可以通过薄膜调控通透性来调节内部气体，使其达到相对适宜的气体微环境。

（三）贮藏期间白鳞蘑菇感官品质的变化

从图 5-58 各处理组的表面和切面图可知，在贮藏后期除了 0.5S SiO_2 处理组外其他各组白鳞蘑菇菌柄均发生不同程度的褐变现象，0.5S SiO_2 处理组能较大程度上保持白鳞蘑菇初始状态，由此可推断，贮藏期间 0.5S SiO_2 能够较好地延缓褐变程度、保持良好的菇体状态。

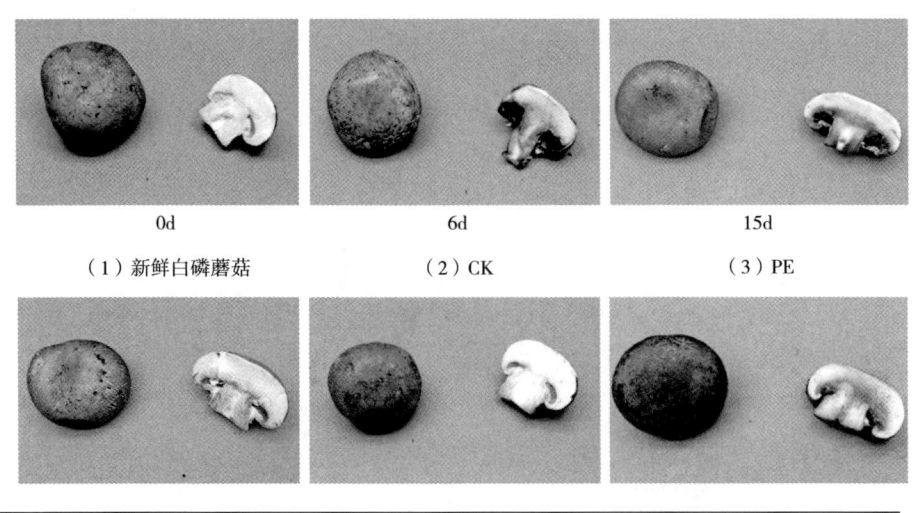

图 5-58　新鲜白磷蘑菇、CK、PE、PBAT/PLLA、0.5S SiO$_2$ 和 PA/PE
白鳞蘑菇表面和切面图

各处理组白鳞蘑菇的感官评分变化结果，如图 5-59 所示。因所有处理组均是在相同条件下贮藏的，所以包装内部环境是影响蘑菇感官品质变化的主要因素。各处理组的感官评分均随着贮藏时间的延长呈现降低趋势。CK 组在第 6 天失去商品价值（5.23 分），PE 和 PA/PE 组由于较高的汁液流失率在第 12 天时感官评分降低为 5.8 分和 5.47 分，失去商品价值；PBAT/PLLA 组而言，白鳞蘑菇在前 9 天保持较为新鲜的状态，与 0.5S SiO$_2$ 组无显著性差异（$P>0.05$），但从第 9 天开始，感官评分呈现迅速降低的趋势，主要是由于 PBAT/PLLA 薄膜较高的水蒸气透过率而引起的较高的失水率所导致的，在第 15 天感官评分降低为 5.98 分，失去商品价值。0.5S SiO$_2$ 在整个贮藏期内可呈现较高的感官评分，在贮藏期结束后仍可保持较好的商品状态。

PA/PE 薄膜的 CO$_2$ 浓度显著高于其他处理组（$P<0.05$）。PE 和 PA/PE 组由于含有较低的水蒸气透过率，包装内可形成较高的相对湿度。这是 PE 和 PA/PE 组相比，处理组有较严重的品质劣变的原因之一。

在贮藏 15d 时，PBAT/PLLA 和 0.5S SiO$_2$ 包装组没有明显的不愉快气味，两组 O$_2$ 含量分别降低为 0.02% 和 0.01%。研究表明，相比高 O$_2$ 浓度微孔组，无孔包装组内形成了高浓度的 CO$_2$（6%~7%）和较低水平的 O$_2$ 浓度（0.013%~

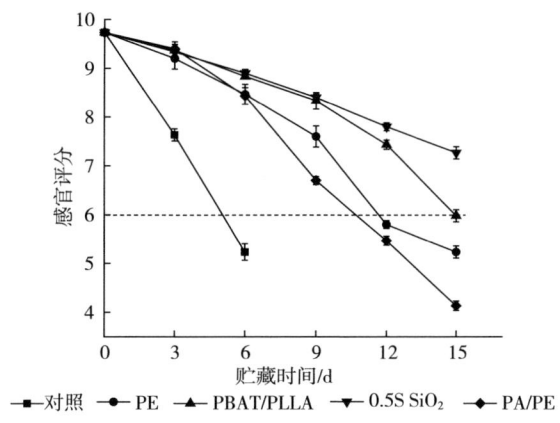

图5-59 白鳞蘑菇的感官评分的变化

0.17%），具有较好的质量参数（硬度、菌伞状态和无霉菌产生）。

（四）硬度的变化

从图5-60可知，除了空白组外各处理组的硬度均呈现下降的趋势。空白组硬度升高是由于严重的失水导致的。各包装组而言，在贮藏前6d各组别硬度均无显著性差异（$P>0.05$），第6天开始，PE和PA/PE组的硬度下降速度显著高于其他组（$P<0.05$）。PE组硬度下降较快的原因是由于高氧条件下的有氧代谢加快导致的消耗大量的营养物质。就PA/PE组而言，硬度可迅速下降并显著低于其他处理组（$P<0.05$）。利用水蒸气透过率较低的薄膜包装会使内部形成高湿度环境，PE和PA/PE的水蒸气透过率为41.8g/（$m^2 \cdot d$）和2.9g/（$m^2 \cdot d$），低于PBAT/PLLA，0.5S SiO$_2$的1459g/（$m^2 \cdot d$）和1197g/（$m^2 \cdot d$）。进一步解释了PE和PA/PE组的软化现象较为严重的原因。

贮藏期9~15d，PBAT/PLLA和0.5S SiO$_2$组的硬度显著高于其他处理组（$P<0.05$），并在整个贮藏期内保持有较高水平的硬度，两组之间无显著性差异（$P>0.05$）。在贮藏15d时，0.5S SiO$_2$组具有最高的硬度值（6.50kg/cm^2），0.5S SiO$_2$组内形成的适宜内部微环境可能会减慢蘑菇的新陈代谢，延迟硬度的下降速度。

（五）总酚的变化

酚类化合物是蘑菇中主要的抗氧化成分，是清除自由基的主要物质之一。新

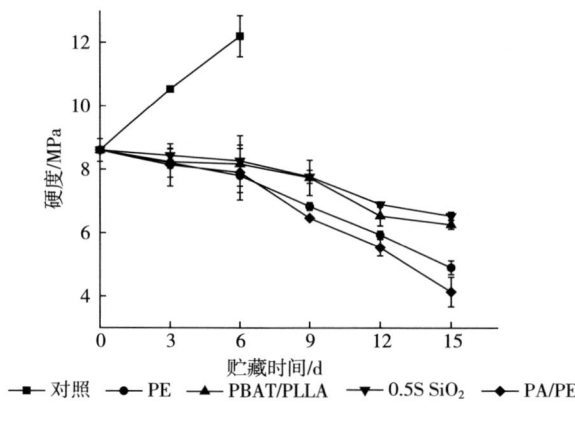

图 5-60　白磷蘑菇硬度的变化

鲜状态的白鳞蘑菇总酚含量能达到 16.87mg 没食子酸标准/g（鲜重）。相对较高的总酚含量表明，白鳞蘑菇是一个适当为人体提供酚类和抗氧化化合物的营养来源。图 5-61 为整个贮藏期内各处理组总酚含量变化规律。在贮藏期第 6 天，空白组、PE 和 PA/PE 组总酚相比初始总酚含量分别降低了 38.35%、46.82% 和 38.17%，而 PBAT/PLLA 和 0.5S SiO_2 组的总酚含量显著高于其他组（$P<0.05$）。在整个贮藏期间，与其他包装组的蘑菇相比，0.5S SiO_2 包装样品中酚类物质的减少趋势较平稳（$P<0.05$），在贮藏 15d 后，酚类物质相比初始含量减少了 43.92%。研究表明褐变主要是由于酪氨酸酶催化酚类化合物的氧化所发生的，这说明相比其他组，0.5S SiO_2 组由于存在较低的 O_2 含量具有较低水平的褐变程度，可保持相对较高水平的总酚含量。此结果与图 5-58 中白鳞蘑菇的切面图结果相一致。值得注意的是 PA/PE 组虽然具有最低的 O_2 含量，但具有最低的总酚含量，这主要是由于较高的 CO_2 含量所导致的，研究表明 CO_2 大于 5% 可加速食用菌的褐变。

（六）维生素 C 的变化

维生素 C 具有抗氧化特性，可防止自由基对 DNA 的损伤，从而预防相关疾病。随着维生素 C 含量的减少，其生物活性也随之降低。不同的处理方法和贮藏时间均能影响维生素 C 的含量。维生素随着贮藏时间的变化规律如图 5-62 所示。在贮藏 3d 各处理组中的维生素 C 含量大幅度降低，这主要是由于新鲜样品从常温移至低温后发生的生理代谢作用导致的。

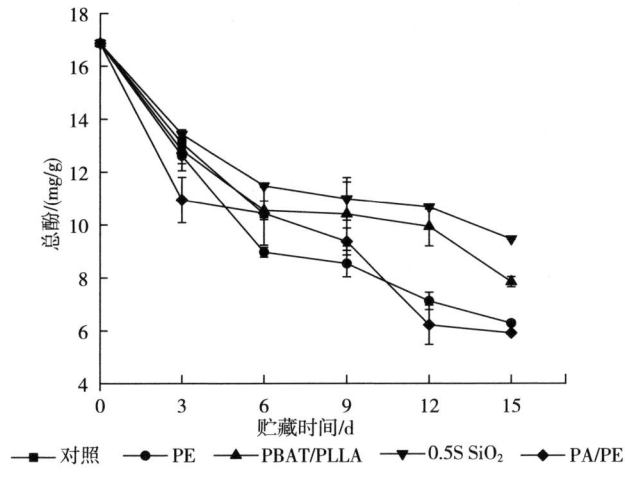

图 5-61　贮藏期间各处理组的总酚含量的变化

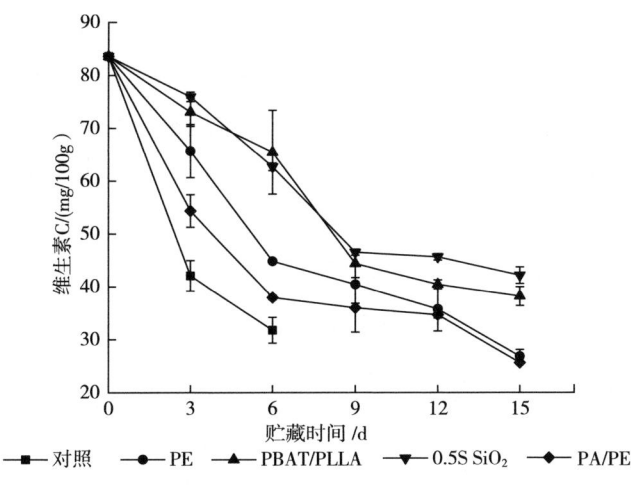

图 5-62　贮藏期间各处理组维生素 C 的含量变化

相对于新鲜状态的初始含量，在贮藏 6d 时空白组的维生素 C 降低了 62.0%，显著低于各包装组（$P<0.05$）。贮藏 3~15d，在包装组之间进行比较发现，PBAT/PLLA 和 0.5S SiO$_2$ 组的维生素 C 的含量显著高于 PE 和 PA/PE 组（$P<0.05$）。贮藏 15d 时，0.5S SiO$_2$ 组的维生素 C 含量为 42.1g/100g，高于 PE（26.83g/100g）和 PA/PE 组（25.61g/100g）（$P<0.05$），与 PBAT/PLLA 组（38.21g/100g）无显著

性差异（$P>0.05$）。影响维生素 C 的主要因素包括：酶活性、O_2 的接触和光合作用，0.5S SiO_2 组内较低的 O_2 浓度水平能较好地保持维生素 C 水平。

（七）可溶性蛋白质的变化

由图 5-63 可知，各处理组的可溶性蛋白质随着贮藏期的延长均呈现下降趋势。研究表明，蛋白质的降解主要是由于蛋白酶活性的作用，此外，由于在贮藏过程中释放的氨基酸可能被用于细胞代谢和几丁质的合成，没有氨基酸的积累也会导致可溶性蛋白质的降低。相比新鲜状态下的初始可溶性蛋白质含量，CK 组的可溶性蛋白质在第 6 天时降低了 67.5%，显著低于其他各处理组（$P<0.05$）。在贮藏期第 15 天，0.5S SiO_2 相比其他组保留了较高含量的可溶性蛋白质（初始含量的 78.4%），而 PE 和 PA/PE 组具有较低含量的可溶性蛋白质（初始含量的 54.1%和 56.7%），这可能是由于微生物的生长所导致的蛋白质分解代谢和脂肪酸代谢速度加快所导致的。在贮藏后期 PE 和 PA/PE 组内严重的汁液流失率能促进微生物的生长。Venkatesan 研究报道表明，纯的 PBAT 薄膜材料没有抗菌活性，而 PBAT/SiO_2 膜对大肠杆菌和金黄色葡萄球菌有抑菌作用。这表明纳米二氧化硅薄膜可能具有良好的抗菌活性。这可能是 0.5S SiO_2 组的可溶性蛋白质维持度高于其他处理组的原因。如图 5-63 所示。

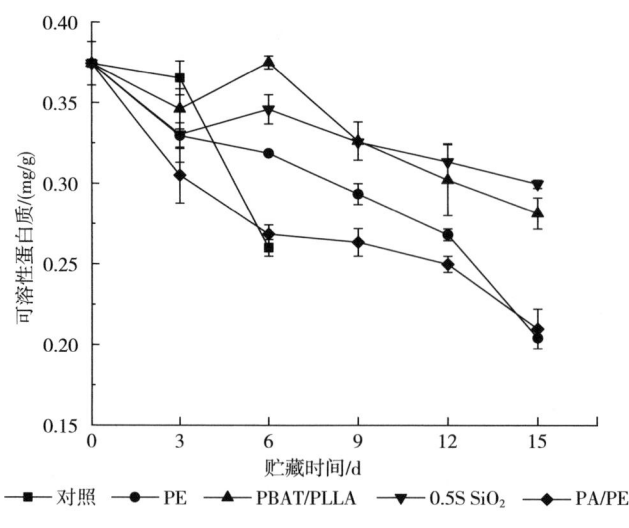

图 5-63　贮藏期间各包装组可溶性蛋白质的变化

(八) 丙二醛的变化

丙二醛（MDA）是被广泛应用于评价脂质过氧化的一种指标，通常是由氧化应激引起的，氧化应激可导致膜完整性降低、膜渗漏增加和细胞衰老增强。如图 5-64 所示，所有处理组的 MDA 均呈现上升趋势。除空白组外，贮藏期前 9d，各包装组的 MDA 上升速度比较平稳，在贮藏期 9~15d 呈现迅速上升的趋势。贮藏第 6 天对照组 MDA 含量从初始含量的 0.42nmol/g 增加到 1.27nmol/g，显著高于各包装组（$P<0.05$）。整个贮藏期包装组而言，PE 和 PA/PE 组的 MDA 显著高于 PBAT/PLLA 和 0.5S SiO_2（$P<0.05$）。在贮藏 15d，PE、PBAT/PLLA、0.5S SiO_2 和 PA/PE 组的 MDA 含量从初始含量的 0.42nmol/g 依次增加到 1.62nmol/g、1.19nmol/g、1.01nmol/g 和 1.74nmol/g。0.5S SiO_2 组的 MDA 含量在整个贮藏期内均为最低。此结果表明，0.5S SiO_2 组较低的 O_2 浓度可以抑制细胞膜脂质过氧化，减少 MDA 的积累，保护细胞膜，延缓蘑菇衰老。

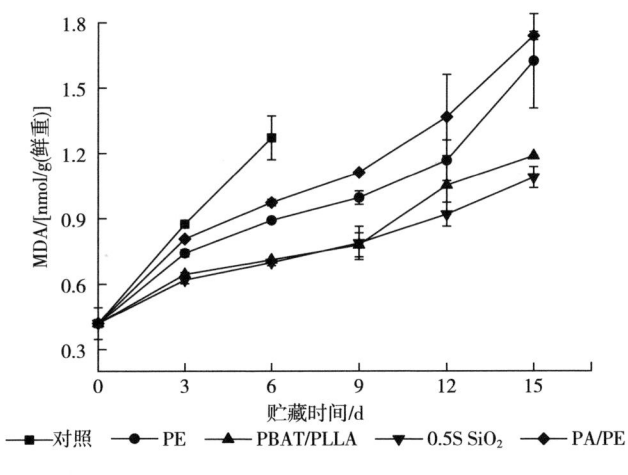

图 5-64 贮藏期间各处理组 MDA 的变化

(九) 过氧化物酶的变化

当植物受到生物和非生物胁迫时，活性氧（ROS）开始积累并导致脂质过氧化发生。过氧化酶（POD）可以将 H_2O_2 分解为 H_2O 和 O_2，这是清除 ROS 侵袭所必需的过程。各处理组 POD 活性均呈现上升后降低的趋势。从图 5-65 可知，空白组 POD 活性在贮藏 3d 出现最高峰，而各包装组均在贮藏 6d 时出现最高峰。

后期随着褐变的发生,各处理组的 POD 呈现下降趋势。整个贮藏期内 0.5S SiO$_2$ 组的 POD 活性显著高于 PE 和 PA/PE 组（$P<0.05$）,与 PBAT/PLLA 无显著差异（$P>0.05$）。Sabban 等研究发现,低氧处理可以上调"澳洲青苹"ROS 清除酶基因的表达,减少 ROS 的积累。活性氧清除酶基因表达的增加可以反映活性氧清除酶在低氧胁迫下的阳性产物反应。在本研究中,0.5S SiO$_2$ 具有较高的 POD 活性,这一结果表明,适当低氧浓度刺激了活性氧清除系统的启动。0.5S SiO$_2$ 包装组蘑菇中较高的 POD 活性与其具有较低的 MDA 含量是相一致的。

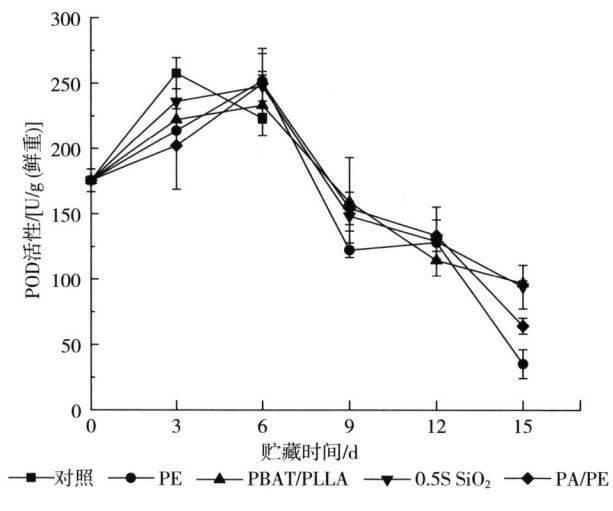

图 5-65　贮藏期间各处理组 POD 的变化

（十）多酚氧化酶的变化

多酚氧化酶（PPO）在果蔬褐变过程中起着重要的催化作用,多酚氧化酶催化果蔬中的一、二酚类物质氧化生成醌类物质,而这些醌类物质聚合生成棕色色素。PPO 活性的控制对防止蘑菇褐变过程中黑色素的合成具有重要意义。不同阻隔性薄膜对白鳞蘑菇 PPO 活性的影响如图 5-66 所示,各处理组的 PPO 活性在整个贮藏期间均呈先上升后降低的趋势。贮藏期内各处理组 PPO 活性从 10.68U/g（鲜重）增加到 19.73~22.07U/g（鲜重）范围。空白组的 PPO 活性显著高于各包装组（$P<0.05$）。各包装组的 PPO 活性在第 9 天达到最高峰,之后随着贮藏期的延长呈现降低的趋势。整个贮藏期内 PBAT/PLLA 和 0.5S SiO$_2$ 的 PPO 活性均显著低于 PE

和 PA/PE 组（$P<0.05$）。虽然 PA/PE 组 O_2 浓度接近 0 的水平，但具有较高水平的 PPO 活性，这说明高浓度的 CO_2 会导致 PPO 活性增加促进发生酶促褐变反应。Lin 等已经报道了 CO_2 的有害作用，认为高浓度的 CO_2 会对菌盖表面组织造成损伤，导致褐变度（BI）较高。研究表示，蘑菇中多酚氧化酶的失活也有助于酚类化合物的保持。本研究中，0.5S SiO_2 中较高的总酚含量与其 PPO 活性的显著降低趋势相符合。由此可推断，适当的 CO_2 浓度、低 O_2 浓度环境可延缓菌体酶促褐变，保持食用菌的商业价值。

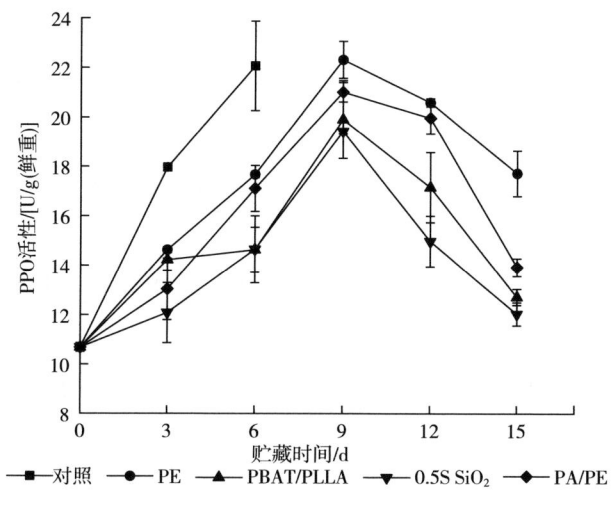

图 5-66　贮藏期间各处理组 PPO 活性的变化

总的来说，对白鳞蘑菇的气调保鲜而言，用适当的气体和水蒸气渗透性薄膜包装可以延长蘑菇的货架期，对白鳞蘑菇采用 0.5S SiO_2 薄膜能形成较低水平的 O_2 浓度，即 O_2 浓度<1%，CO_2 浓度为 4%~7%的微环境，在整个贮藏期内可保持较高水平的可溶性蛋白、可溶性糖、总酚、抗坏血酸含量，通过提高抗氧化系统 POD 活性和降低 PPO 活性，来减缓脂质过氧化速度。贮藏 15d 后，白鳞蘑菇的硬度和感官品质较好，且在可销售范围内。因此，0.5S SiO_2 薄膜具有满足消费者仅仅使用薄膜延长白鳞蘑菇保鲜期需求的潜力。

三、PBAT/PCL 可降解气调保鲜膜对双孢菇的保鲜效果

本研究中，研究 PBAT/PCL 共混薄膜对双孢菇保鲜效果的影响，将新鲜双孢

菇在采摘后经预冷，在自发气调条件下于4℃相对湿度80%条件下进行保藏，以未包装的双孢菇作为对照组。贮藏期间对感官、白度（L^*）、可溶性蛋白、多酚氧化酶、硬度等指标进行测定，进行包装效果的评估。

（一）包装内气体组分的变化

自发气调包装是一种不经任何人工操作而达到稳定状态的气调包装形式，依靠果蔬的呼吸作用、薄膜的透气性和贮藏环境之间的动态平衡关系，可迅速建立起维持果蔬微弱有氧呼吸所要求的气体环境，此方法与其他贮藏技术相比具有投资少、操作简便、效果好的特点。图5-67和图5-68显示了果蔬包装内气体组分变化，从图中可以看出，空气中的氧气含量是20.9%，二氧化碳含量是0.03%，在包装条件下，由于果蔬呼吸，会形成一个高CO_2低O_2的气体条件。在包装后的第1天，由于双孢菇呼吸旺盛，包装组的CO_2浓度迅速增高，最高达7%，而在第3天，PBAT/PCL80与其他两组比较有一个快速降低的过程，而PBAT/PCL120与PBAT/PCL160在第7天降至4%左右，随着贮藏的推移并维持在3%的浓度范围内，相较于PBAT/PCL80，其余两组的CO_2含量高是由于包装袋内双孢菇的质量多，能放出更多的CO_2。LOPE-BRIONES等研究表明，二氧化碳浓度达2.5%有益于保持双孢菇的白度，而当二氧化碳浓度高于5%时可促进保藏期间双孢菇的变色。而试验中，二氧化碳浓度在3%左右时，符合LOPE-BRIONES的结论，从而可保持双孢菇良好的色泽和感官。从图5-68中看出，PBAT/PCL80的氧含量平稳保持在0.6%左右，而PBAT/PCL120与PBAT/PCL160的氧含量在包装后的第1天，迅速下降到0.5%，并在之后的保藏期内稳定在0.4%，避免了因无氧呼吸而引起酒精中毒等逆境现象。这是由于双孢菇呼吸旺盛，包装后呼吸被抑制且较稳定的原因，而外界大气压与袋内的分压差不断地将O_2渗入包装袋内，进入的O_2又再次利用直至腐败，而质量少的消耗O_2的速度慢，所以O_2含量高。

（二）感官评分的变化

图5-69是双孢菇贮藏过程中感官评分的变化。可以看出，空白组在贮藏的第1天，可能由于轻度失水导致感官相较于包装组略有下降的原因，但是保持在8.5左右，到了第3天，感官品质与包装组相比有了较明显的变化，主要是由于失水导致的表面萎蔫和开伞，及与空气直接接触发生的氧化褐变，到了第5天，

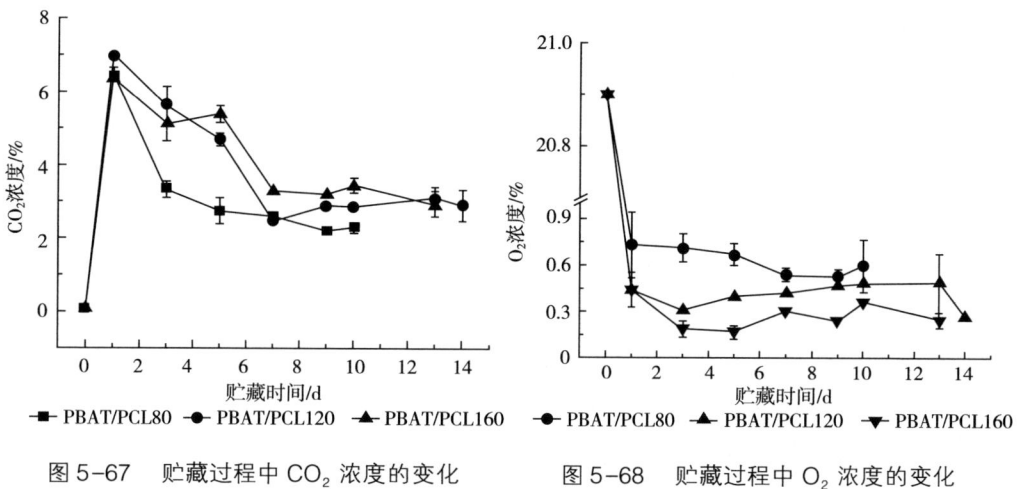

图 5-67　贮藏过程中 CO_2 浓度的变化　　图 5-68　贮藏过程中 O_2 浓度的变化

则腐败加重，失去商业价值和食用价值。反观包装组，PBAT/PCL120 在包装的第 5~7 天，差异不显著（$P>0.05$），直到第 14 天，由于自身代谢程度快慢而导致其品质下降快慢而腐败，这因为包装材料合理的气体选择透过性和包装袋内双孢菇呼吸强弱程度不同，在抑制其呼吸代谢的前提下，会形成不同的气体环境，从而维持良好的感官和营养价值。

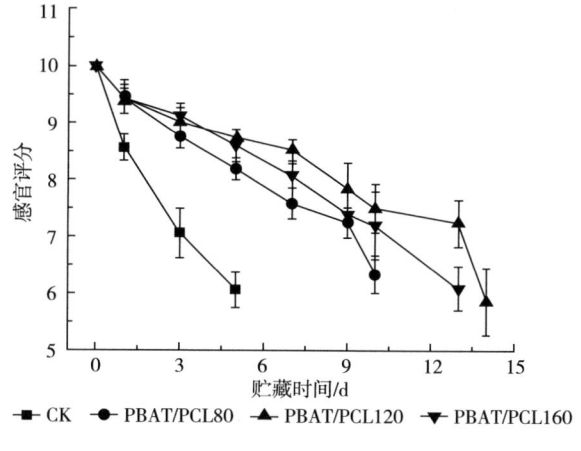

图 5-69　感官评分的变化

（三）硬度的变化

果蔬硬度的变化是果蔬由成熟转向衰老的特征之一。图 5-70 是贮藏中硬度的变化,从图中可以看出,包装后的第 1 天,由于有一定程度的失水,整体硬度有一个增高的趋势,这是由于失水导致的组织紧致,使表面变硬,且这也是采摘后的后熟过程果蔬硬度增大的原因之一。而在第 3 天空白组的硬度达到最高,约 13MPa,而包装组保持在 9~11MPa 范围内;空白组在第 5 天硬度下降,这说明内部软腐,组织软化,而 PBAT/PCL80、PBAT/PCL120 和 PBAT/PCL160 分别在第 5~9 天达硬度最大值,而 PBAT/PCL120 由于适宜的气体组分而延缓了硬度突变,保证双孢菇的质量,这说明包装可有效延缓果实老化,保持其硬度。因为随着贮藏时间的延长,果实衰老可导致硬度下降,一方面,其内部可产生大量的果胶酶和纤维素酶,当这类酶的活性增强时,硬度降低,果实软化,从而导致腐败变质;另一方面,当植物衰老时,由于自由基代谢失调,组织内生成大量丙二醛,对植物细胞造成伤害,导致组织软化,硬度下降。这说明共混薄膜可有效地保持双孢菇的硬度,延缓其组织衰老导致的软化。

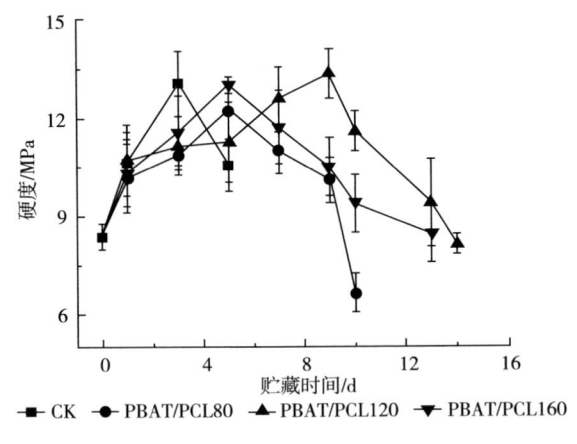

图 5-70　贮藏过程中硬度的变化

(四) 白度 (L^*) 的变化

双孢菇在贮藏过程中会由白色转变为褐色或黑色,这种变化是因为其子实体会发生酶促褐变,会造成其感官下降,降低消费者购买欲望,进而失去商业价值。图 5-71 是双孢菇在贮藏过程中的白度值变化,从图中可以看出,保鲜的前 3d,空白组与包装组的白度均保持在较高水平 (87 以上),这说明双孢菇具有良好的色泽。在包装的第 5 天,空白组的白度迅速降低,褐变严重,而包装组的白度保持在 85 以上，具有良好的色泽，可将色泽保持 10d，包装组在整个过程中白度下降均匀缓慢，直到包装后期细胞膜被破损，多酚氧化酶的急剧增多导致了白度值的下降，其中，PBAT/PCL120 和 PBAT/PCL160 由于接近适宜的气体组分（3% CO_2 和 1%O_2），从而可有效延迟褐变。这与多酚氧化酶活性的变化规律一致，这说明共混薄膜可以有效地抑制褐变的发生，保持果蔬良好的色泽。

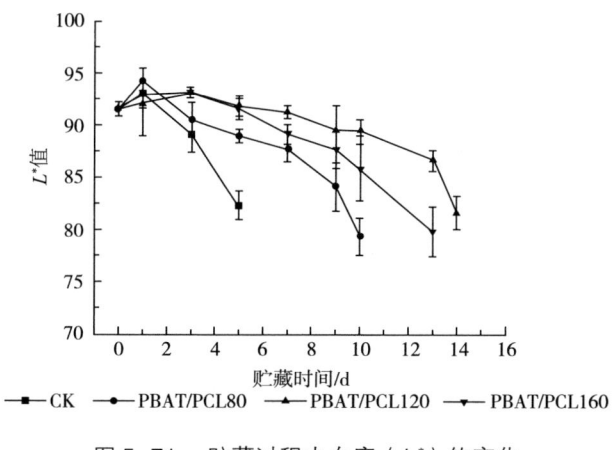

图 5-71　贮藏过程中白度（L^*）值变化

（五）呼吸强度的变化

影响果蔬呼吸强度的内在因素有果蔬的类型、品种及成熟度。外在因素包括温度、包装材料和包装气体成分等。图 5-72 所示为呼吸强度随贮藏时间的变化，从图中可以看出，空白组的呼吸强度一直在增大，在第 3 天达到顶峰，随后呼吸减弱，这是由于空白组的双孢菇裸露在外部环境，并没有受到抑制，而随着机体衰老后，呼吸作用也减弱。包装组整体有一个呼吸强度下降的趋势，并在保持一个稳定期后出现呼吸高峰，且呼吸高峰相对于空白组有明显的滞后现象，随着贮藏时间的延长，呼吸强度又会减弱。这说明在包装后，袋子内形成一个高 CO_2 低 O_2 的气体条件，而袋中质量越多，就会产生越多的 CO_2，包装内分压改变，进而 O_2 减少，从而抑制呼吸，所以 PBAT/PCL160 呼吸强度弱，呼吸高峰延迟出现，之后双孢菇机体会衰老，导致呼吸强度减弱。综上证明，共混薄膜可以有效抑制呼吸，延迟呼吸高峰，达到延缓衰老、延长货架期的目的。

综上所述，可降解材料经共混改性后制成的薄膜，不仅可有效地抑制双孢菇

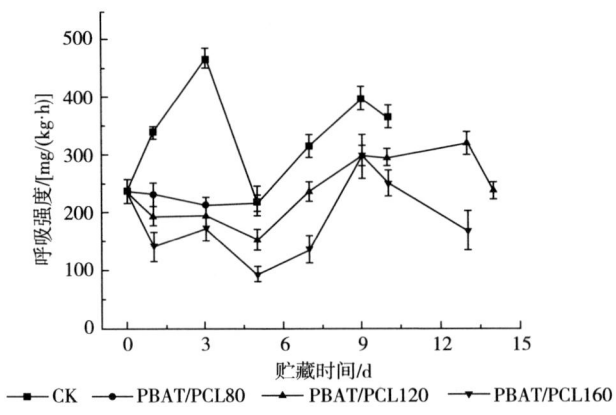

图 5-72 贮藏过程中呼吸强度变化

呼吸，还具有良好的透气性。在 PBAT/PCL 薄膜包装条件下，良好的透湿性可防止包装发生结露现象，并稳定处于高 CO_2 低 O_2 的气氛条件（3% CO_2 和 0.6% O_2）下，可有效防止褐变的发生，保证双孢菇的食用价值和商品价值，贮藏期相较空白组可延长 2 倍多，达到延长货架期的目的。这证明可降解自发气调包装对双孢菇的保鲜是一种绿色高效的手段。

四、PBAT/PCL 共混薄膜在草莓保鲜包装中的应用

本研究中，通过挤出流延法制备 PBAT/PCL 共混薄膜，利用 PCL 来改性 PBAT 的成膜性和气体透过性，对薄膜的水蒸气以及 CO_2 和 O_2 的透过性进行测试，并制备草莓自发气调保鲜袋。通过感官评价、主要营养成分含量测定、包装袋内的气氛组成等综合评估 PBAT/PCL 包装袋的保鲜效果。

（一）包装内 CO_2 和 O_2 浓度

将新鲜草莓用 PBAT/PCL 薄膜制备的袋子进行密封后在 4℃ 冷藏箱中进行贮藏，一定时间后取出平行样品进行各项测试。包装袋内，CO_2 和 O_2 在草莓贮藏过程中的变化趋势如图 5-73 所示，可以看出，贮藏期间各 PBAT/PCL 共混薄膜包装内的气氛组成在第 3 天后逐渐维持在一个相对平稳状态。

PBAT/PCL60 包装内部的 CO_2 浓度随着贮藏时间的推移呈持续上升的趋势，贮藏第 10 天时 CO_2 体积分数达到 8% 左右。O_2 浓度在贮藏 3d 内急速降低，在接下来的时间内 O_2 体积分数几乎接近于 0。这说明在阻隔性较大的 PBAT/PCL60

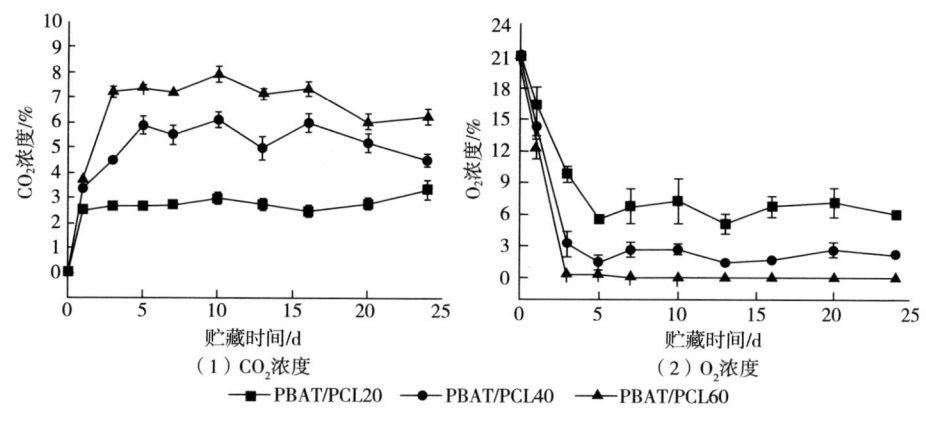

图 5-73 草莓包装内气体浓度的变化

包装内，由于草莓具有的呼吸作用很快消耗了内部的氧气，且呼吸作用产生大量的 CO_2 无法及时排出。在高浓度的 CO_2 和无氧环境中，果实进行无氧呼吸，开封后能闻到轻微的乙醇味，说明草莓已变质。

使用 PBAT/PCL40 薄膜包装时，5d 后 CO_2 和 O_2 浓度达到平衡，CO_2 体积分数在 5%~6%，O_2 体积分数在 2%~3% 的范围内，草莓能够保持有氧呼吸。使用 PBAT/PCL20 薄膜包装时，薄膜的厚度进一步减少，包装内部的 CO_2 浓度从第 2 天开始迅速进入平衡状态，体积分数维持在 2%~3% 的范围内，而 O_2 体积分数随着贮藏时间延长逐渐降低，最后达到 6%~7%，有效地调控了包装内部的气氛状态，达到草莓保鲜较为合适的气体组成。

（二）感官指标

贮藏期内草莓感官品质的变化趋势如图 5-74 所示。可以看出，由于 CK 组无任何包装，感官评分下降得最快，其蒸腾作用和呼吸作用完全不受抑制，衰老速度较快。各包装组的感官变化均与薄膜的透气性呈一定的相关性。

贮藏期间，PBAT/PCL20 组的各个感官评定得分高于其他组，未包装的 CK 组感官评分下降最为迅速，而包装组的感官评分随着薄膜厚度下降而增大，PBAT/PCL60 组评分最低，PBAT/PCL20 组的评分最高。这是因为其透湿性较好，未出现结露现象，减缓了草莓的腐败；另外，PBAT/PCL20 的 O_2 和 CO_2 透过性使包装袋内可较长时间维持较好的气体浓度环境，使草莓的呼吸速率减缓，贮藏期得到延长。CK 组感官状态迅速下降是因为其暴露在空气中，水分流失较

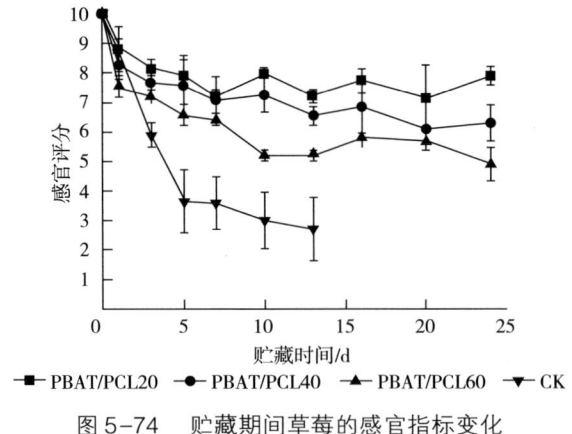

图 5-74　贮藏期间草莓的感官指标变化

快,且与空气接触易被微生物污染,使得草莓在较短时间内萎蔫霉变。PBAT/PCL20 薄膜能够较长时间保持较好的感官状态。

贮藏期间维生素 C 含量的变化如图 5-75 所示。抗坏血酸(维生素 C)在氧化作用下含量逐渐下降,这是因为采后草莓离开了母体,维生素 C 在抵抗衰老过程中发生了氧化,且贮藏时间越长,维生素 C 含量流失越多。在贮藏的初期,各包装组草莓的维生素 C 含量都出现急剧下降后变为缓慢下降的过程。CK 组的草莓处于较高 O_2 浓度的贮藏环境下,维生素 C 含量下降得最快。PBAT/PCL 膜包装组在前 10d 内维生素 C 含量的变化没有表现出太大的区别,只有 PBAT/PCL20 包装组在前期时维生素 C 含量下降缓慢。10d 后三者出现了不同情况,PBAT/PCL20 包装组的维生素 C 含量下降缓慢,而 PBAT/PCL60 包装组下降较快,这是因为 PBAT/PCL60 包装组的草莓出现无氧呼吸,组织腐烂加速了维生素 C 的流失。

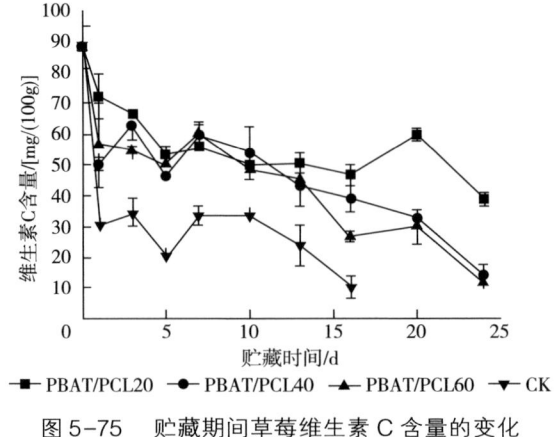

图 5-75　贮藏期间草莓维生素 C 含量的变化

通过双螺杆挤出流延法制备出不同厚度和不同共混比例的 PBAT/PCL 薄膜，并制备成包装袋对新鲜草莓进行包装，评估其保鲜作用。不同厚度的 PBAT/PCL 薄膜其气体透过量也不同，但 CO_2/O_2 选择透过性几乎没有发生改变。适宜厚度和共混比例的 PBAT/PCL 共混薄膜对包装内部气氛有很好的调控作用，其 CO_2 和 O_2 的透过率基本可满足果蔬自发气调保鲜膜的要求，且大大改善 PBAT 的自黏性，使其适用于大规模的工业化生产线。PBAT/PCL20 的保鲜效果明显高于其他包装组，其主要原因在于薄膜能够在包装内部产生合适的 CO_2 浓度和 O_2 浓度，有效抑制了较强的有氧呼吸作用，又能满足果实最基本的生理代谢需求。

第五节　聚己内酯系列薄膜在生鲜果蔬包装中的应用

一、单轴拉伸聚己内酯（PCL）薄膜的制备及其在草莓保鲜中的应用

在实验中，通过双螺杆挤出流延系统制备了两种不同厚度的 PCL 单轴拉伸薄膜，通过气体渗透性测试和拉伸测试评估材料的包装性能。进一步将其应用在草莓保鲜 5~8℃冷鲜 EMAP 包装中。无包装组、尼龙6/聚乙烯（PA/PE）和 PE 包装组作为对照组，评估拉伸取向 PCL 膜对草莓保鲜效果。

（一）贮藏期间草莓品质变化

EMAP 包装无须人工充气，主要依靠包装材料的气体渗透性和草莓的呼吸作用。包装内的草莓呼吸作用消耗 O_2，产生 CO_2。由于包装内外的气体分压不同，CO_2 会透过薄膜释放到大气中，而 O_2 以同样的方式可以进入包装内部。包装材料对于不同气体有着不同的渗透性，因此，可以调控进入包装内气体的量。各包装组内 O_2 和 CO_2 随贮藏时间变化，如图 5-76 所示。

从图 5-76（1）和（2）中可以看出，贮藏第 3 天开始，PA/PE 包装内 CO_2 迅速从 0.2%上升到 17.5%，而 O_2 急剧迅速从 20.9%降到 2.8%，这是因为包装内草莓的呼吸作用消耗大量 O_2 并产生 CO_2。PA/PE 薄膜的气体渗透性差，外界 O_2 不能及时通过薄膜进入包装内，内部 CO_2 也无法及时向外排出。草莓的呼吸作用产生的 CO_2 大量积累在包装内部，而氧气被大量消耗，贮藏到第 8 天时，包装内的 O_2 含量降到 0。开启包装后能闻到轻微的酒精味，这是因为无氧呼吸代

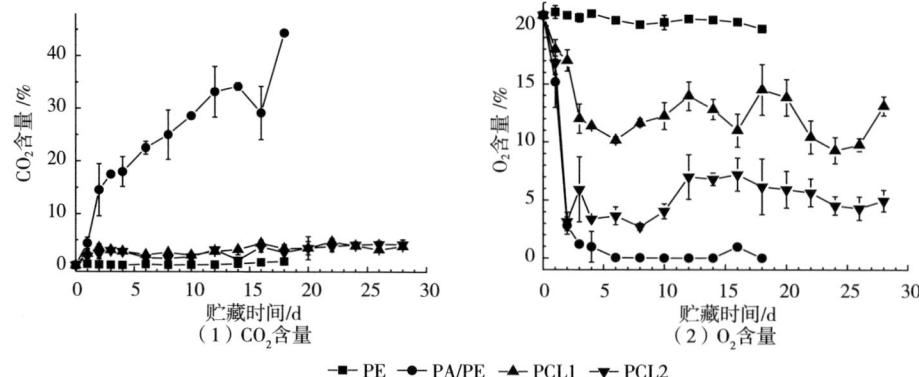

图 5-76　PCL1，PCL2，PA/PE 和 PE 袋内 O_2、CO_2 含量的变化

谢产生了乙醇。在贮藏期结束时，PA/PE 内的 CO_2 含量高达 44%，大量 CO_2 积累和极低的 O_2 含量引发了无氧呼吸，加速了草莓的腐败。

对于 PE 包装来说，单位时间内 PE 薄膜的气体渗透量极大，呼吸作用产生的 CO_2 在短时间内可以通过薄膜渗透到外界环境中，而外界氧气在压力差的作用下可以及时进入包装补给呼吸作用，所以包装内的气氛接近于大气环境。

PCL1 包装内的 CO_2 含量在储藏期间一直保持在 2%～5% 范围内波动，而 O_2 含量在贮藏 2d 时为 17%，贮藏 3～16d 的范围内，氧气保持在 10%～14%，贮藏后期有略微上升的趋势。气氛在小范围的波动可能是由于随着贮藏期的延长，被包装产品的呼吸速率也在发生变化，从而影响到了袋内气氛。总体来看，在 2～28d 的贮藏期内，PCL1 包装维持了一个相对稳定的 9%～17%O_2 和 2%～4.7%CO_2 的气氛。

对于较厚的 PCL2 薄膜来说，包装内的 CO_2 在第二天迅速上升到 2.4%，而 O_2 下降到 3.15%。贮藏期间内 CO_2 含量维持在 2%～4% 的区间，但是包装内的 O_2 含量在第 12 天时缓慢升高到 7.0%，之后在贮藏后期缓慢下降到 5.0%。总体上来看，PCL2 包装内的 CO_2 和 O_2 含量均低于 PCL1，在 28d 的贮藏期内可维持一个相对稳定的 1.2%～4.2%CO_2 和 3%～7%O_2 气氛组成，这样的一个相对低氧高二氧化碳的气氛更加接近于草莓的最佳气调包装的气氛条件。

对比两种 PCL 薄膜，尽管 PCL1 薄膜具有较大的气体渗透率和选择透过比，两种包装袋内 CO_2 含量几乎一样。这是因为虽然但 PCL1 内氧气含量较高，呼吸作用相对较强，但 PCL1 薄膜的 CO_2 透过率高达 15000cm^3/($m^2 \cdot d$)，呼吸作用

产生的 CO_2 更容易通过薄膜渗透到包装外。而 PCL_2 包装内草莓呼吸作用相对较弱，但薄膜的 CO_2 渗透率低，气体相对不易渗透到包装外部。适宜的气氛组成可以抑制果蔬的新陈代谢，减少营养物质消耗，维持果蔬品质。鲜切西红柿和草莓在 O_2 体积分数为 5%时，结合适宜浓度的 CO_2 可以延长保鲜期。这说明 PCL_2 薄膜对于草莓来说是一种良好的 EMAP 包装材料，材料适宜的气体渗透性结合被包装的草莓的呼吸作用可以自发调节包装内部气氛至一个较适宜的低氧高二氧化碳的气体组成，在满足草莓的基本代谢基础上抑制草莓强烈的有氧呼吸作用，从而延长草莓的保鲜期。

（二）贮藏第 10 天各包装组草莓及切面图

为了直观地反映包装内草莓的感官品质，图 5-77 所示为空白对照、PCL1、PCL2、PA/PE 和 PE 包装袋内草莓在第 10 天时照片的部分放大图及切面图。从图中可以看出空白无任何包装的草莓在第 10 天已严重失水霉变，失去食用价值。从图中可以清晰看到 PCL1 和 PCL2 袋中草莓呈现较好的感官质地，且袋内无结露现象。

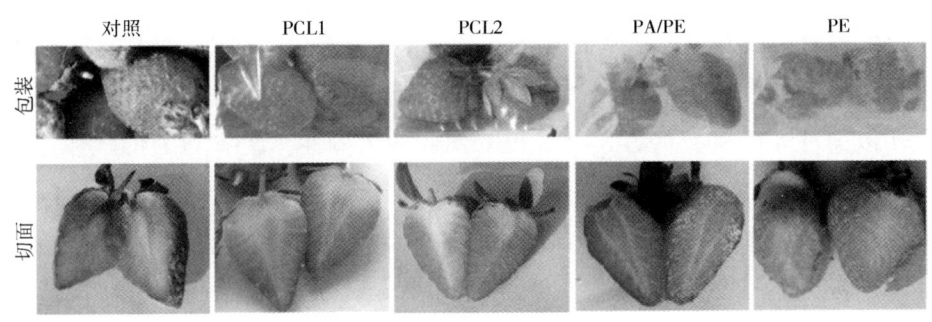

图 5-77　贮藏第 10 天时的各包装组内草莓及切面图

然而，PA/PE 和 PE 包装组内可以看到明显的结露现象，部分果实浸泡在结露水中。切面图可以进一步反映果实的品质，从切面图中可以看出空白组草莓腐败严重，感官已不可接受。与空白组相比，PCL 包装组草莓失水较少，外观有光泽，切面颜色鲜艳，无霉变，且 PCL2 包装组草莓切面相对 PCL1 来说汁液更饱满。从图中可以清晰看到 PA/PE 组切面呈现深红色，组织结构松散。PE 组切面组织结构优于 PA/PE 组，水分饱满，但与结露水接触部位出现腐败。

生物可降解包装膜的制备、改性及应用

总体上说，气体透过性测试表明两种薄膜取向处理使薄膜具有适宜透气性、高 CO_2/O_2 选择透过比和良好水蒸气渗透性。将其应用在草莓自发气调包装中，发现在无须人工充气情况下利用保鲜袋简单密封草莓时，PCL2 包装组在薄膜气体透过及包装内草莓呼吸代谢的共同作用下自发调节袋内气氛至较适宜草莓贮藏的组成。PCL1 包装内形成了维持一个相对稳定的 9%~17% O_2 和 2%~4.7% CO_2 气氛环境，在 PCL2 包装内相对稳定的 1.2%~4.2% CO_2 和 3%~7% O_2 气氛，这样的一个相对低氧高二氧化碳的气氛更加接近于草莓的最佳气调包装的气氛条件。对于 PE 薄膜来说由于其透气性高，其包装内部的气氛条件接近于空气的组成。高阻隔性的 PA/PE 包装内部 CO_2 迅速增高，草莓品质急剧下降。PCL 包装组草莓失水较少，但外观有光泽，切面颜色鲜艳，无霉变。相比 PE 和 PA/PE 组，在储藏期内 PCL 组一直保持很高的感官分数、硬度、维生素 C 和可用性固形物含量，其失水率在 28d 内保持在 12% 以内。与 PCL1、PA/PE 和 PE 包装组相比，PCL2 薄膜更有效地延地长了草莓的货架期。在 5~8℃ 低温条件，贮藏 20d 内 PCL2 包装组的草莓维持了较好的感官品质和营养成分。

二、PCL/SiO$_x$ 薄膜对圣女果的自发气调保鲜作用

PCL 原材料的价格较为昂贵，其薄膜的气体通透性也较高，所以作为包装材料来使用的时候，制备的 PCL 薄膜的厚度要高才能满足生鲜食品的保鲜包装要求，所以通过沉积 SiO$_x$ 的方式提高 PCL 薄膜的阻隔性，调节 PCL 的气体选择透过性是有利于降低薄膜的成本，同时更适合于生鲜食品的保鲜包装。PCL 和 PCL/SiO$_x$ 薄膜的气体和水蒸气阻隔性如表 5-9 所示。选择透过性的降低有利于包装内部 CO_2 浓度的提高，水蒸气的透过率保持不变更有利于生鲜果蔬保鲜包装。

表 5-9　PCL 薄膜和 PCL/SiO$_x$ 复合膜的气体和水蒸气的透过性

物理量	PCL	PCL/SiO$_x$
厚度/μm	25±1.3	25±1.3
氧气透过率/[$cm^3/(m^2 \cdot d)$]	1010±49	778±43
二氧化碳透过率/[$cm^3/(m^2 \cdot d)$]	12523±1350	5392±36
二氧化碳透过率/氧气透过率	12.4	6.9
水蒸气透过率/[$g/(m^2 \cdot d)$]	100±1.3	97±3.1

（一）包装盒中 O_2 和 CO_2 浓度的变化

在第6天，包装容器中的二氧化碳的浓度（PCL 和 PCL/SiO_x 薄膜）增加到5.5%，然后趋于平稳，但是，对照组的圣女果是暴露在开放的空气中的，因此，其包装盒内的二氧化碳浓度不变。前3天内，圣女果的呼吸作用导致容器中的二氧化碳浓度增加。在以后的贮藏阶段，因为密封膜的选择渗透性而是包装内的气体渗透达到动态平衡，二氧化碳浓度保持在一个稳定的水平。用 PCL/SiO_x 复合膜包装的圣女果包装盒内的二氧化碳浓度略高于在 PCL 薄膜包装盒内的二氧化碳浓度，这是因为 PCL/SiO_x 复合膜具有更好的气体阻隔性，从而导致了更多的二氧化碳在容器内的积累。

在室温下贮藏的应用 PCL 和 PCL/SiO_x 薄膜包装的容器中的氧气的浓度逐渐下降而对照组的仍然保持最初大气中的氧气浓度没有改变。O_2 浓度减少与采后呼吸作用有关。用 PCL/SiO_x 复合膜进行包装的包装盒内的氧气浓度是低于 PCL 薄膜在同一贮藏时间下的氧气浓度的，这是因为 PCL/SiO_x 复合膜具有更好的气体阻隔性，使得包装盒内外的气体交换不容易发生。贮藏在5℃的 O_2 和 CO_2 浓度具有与之相似的变化趋势。低温抑制了圣女果的呼吸，使包装盒内具有较低的 CO_2 浓度和较高的 O_2 浓度。总而言之，可以达到抑制采后呼吸的作用，是 PCL/SiO_x 复合膜达到可自发性包装的目的。包装处理、贮藏时间和条件对气体浓度差异显著（$P<0.05$）。

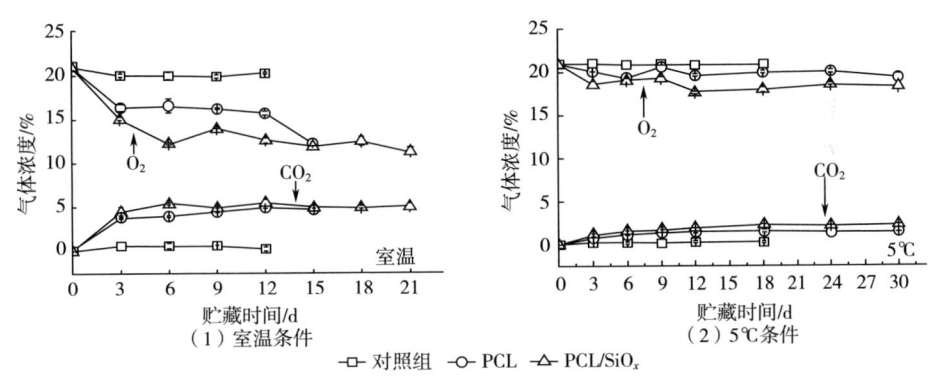

图5-78　在室温条件下和5℃贮藏的圣女果包装容器内的 O_2 和 CO_2 的浓度变化情况

(二) 感官评价

在同一贮藏时间下，不同的包装处理下的圣女果的感官评分等级为对照组<PCL 薄膜<PCL/SiO$_x$ 复合膜。如图 5-79 所示。对照组圣女果在室温条件下贮藏到 12d，保鲜期最短，这是因为暴露在空气中的圣女果失水率最快使圣女果干瘪，导致感官得分最低。用 PCL/SiO$_x$ 复合膜包装的圣女果与 PCL 薄膜处理组相比具有更高的感官评分，这是因为 PCL/SiO$_x$ 复合膜具有更好的气体选择透过性，可抑制圣女果的采后呼吸并使其延迟衰变。从图 5-79（2）中可以看出，在 5℃下贮藏的圣女果的感官评分变化情况与此相似。在同一贮藏时间下，在 5℃下贮藏的圣女果的感官品质大于在室温条件的圣女果，这是由于低温下圣女果呼吸缓慢。在贮藏到 6d 之后，感官评分受包装处理和贮藏条件的影响显著（$P<0.05$）。从感官评分的观点，保质期可以被定义为最大贮藏时间，包装水果的感官得分高于 4。因此，贮藏在室温条件下，在不同包装处理下的圣女果的保鲜期依次为对照组（9d）<PCL 薄膜（12d）<PCL/SiO$_x$ 复合膜（18d）。而贮藏在 5℃条件下的在不同包装处理下的圣女果的保鲜期依次为对照组（18d）<PCL 薄膜（24d）<PCL/SiO$_x$ 复合膜（30d）。

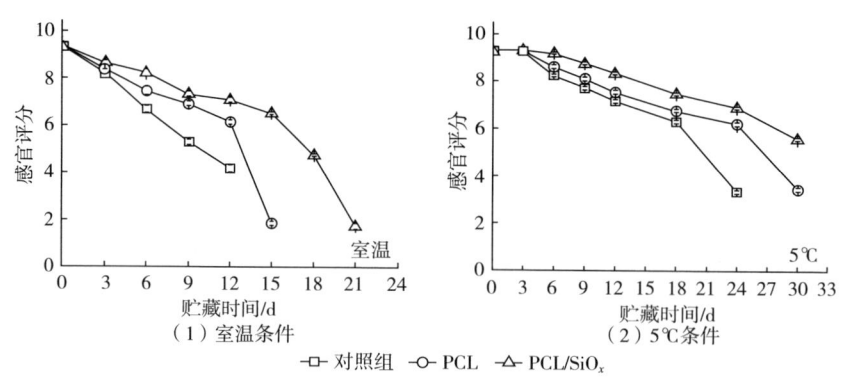

图 5-79　圣女果贮藏在室温条件和 5℃的感官品质变化

对圣女果的包装形式及保鲜效果图如图 5-80 所示。PCL 和 PCL/SiO$_x$ 薄膜贴在气孔上，这是圣女果被包装后的呼吸通道。

刚采摘后的圣女果，果实饱满，有光泽。贮藏在室温下，第 12 天时，空白对照组圣女果表面因出现褶皱而失去商品价值，PCL/SiO$_x$ 复合膜具有更为适合圣女果包装的气体选择透过性，使得包装内 CO_2 和 O_2 组分更适合贮藏圣女果，

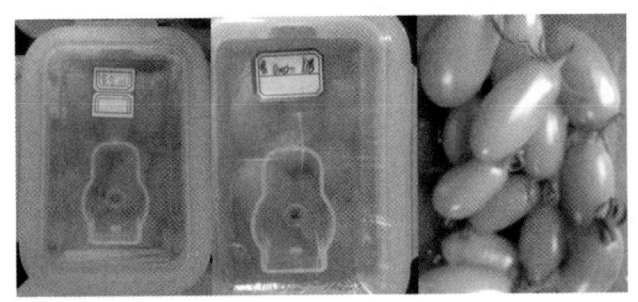

图 5-80 贮藏第 0 天圣女果初始状态

因此,PCL/SiO$_x$ 复合膜包装处理组圣女果感官品质最好。如图 5-81 所示。

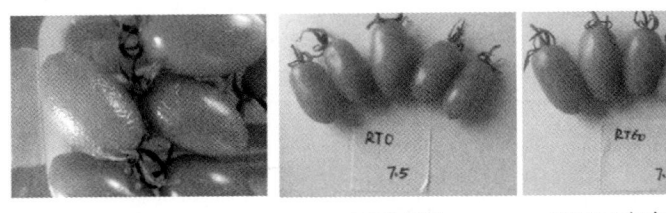

　　　CK　　　　　　PCL薄膜组　　　　PCL/SiO$_x$复合膜处理组

图 5-81 贮藏第 12 天圣女果状态

贮藏在5℃下,第24天空白对照组大部分圣女果果实坍塌严重,失去商品价值,PCL 薄膜包装处理组果实较好,PCL/SiO$_x$ 复合膜包装处理组圣女果果实与其他两组相比,果实内部饱满,感官品质最好。如图 5-82 所示。

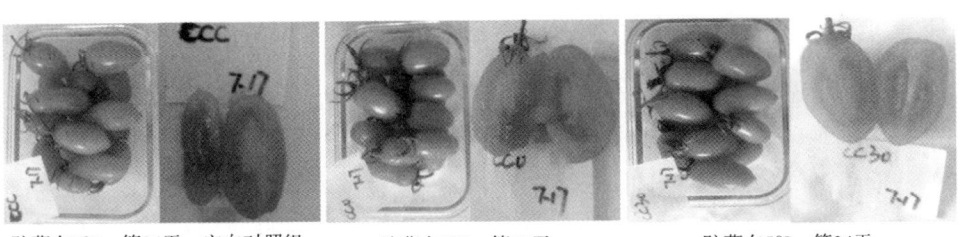

贮藏在5℃,第24天,空白对照组　　贮藏在5℃,第24天,　　　贮藏在5℃,第24天,
　　　　　　　　　　　　　　　PCL薄膜处理组　　　　　PCL/SiO$_x$复合膜处理组

　　　CK　　　　　　　　　PCL薄膜组　　　　　　PCL/SiO$_x$复合膜处理组

图 5-82 5℃下贮藏第 24 天圣女果状态

(三) 可溶性固形物含量分析

无论是在什么包装处理和贮藏条件下，圣女果的可溶性固形物含量（SSC）随着贮藏时间的延长而不断降低，这与果蔬生理代谢期间营养物质的消耗有关。对照组中的圣女果，它的 SSC 迅速减少，这归因于圣女果在开放式空气中呼吸速度快的代谢旺盛。在 PCL/SiO$_x$ 膜包装的圣女果的 SSC 高于 PCL 膜包装的圣女果，这是由于样品在 PCL/SiO$_x$ 膜内代谢缓慢。在相同的贮藏时间内，室温条件下的 SSC 低于 5℃，这与低温下营养物质消耗缓慢有关。在室温条件下，从第 9 天开始 SSC 受到包装处理方式和贮藏时间的显著影响，在 5℃ 下，从第 12 天开始出现这种显著的变化。如图 5-83 所示。

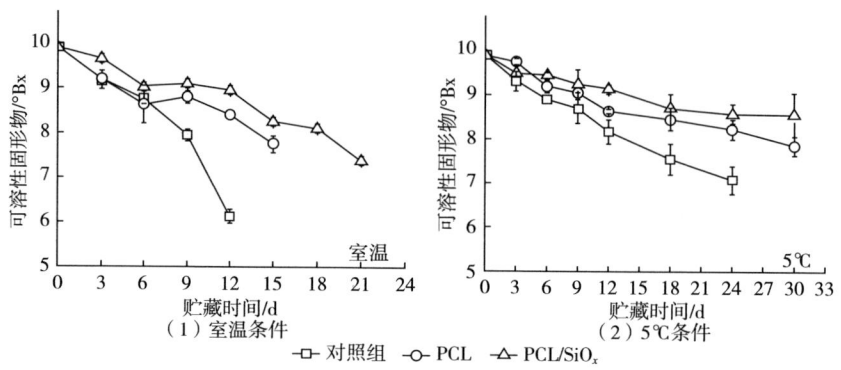

图 5-83　圣女果贮藏在室温条件和 5℃ 条件下的可溶性固形物浓度变化

(四) 硬度分析

硬度是评价果蔬软化、成熟和消费者接受程度的另一个重要指标，圣女果在不同包装处理下的硬度值随贮藏时间的延长不断降低。果实软化的发生是由于细胞结构、细胞壁的成分和细胞内物质的劣化造成的。值得注意的是，在贮藏期间，圣女果的硬度在 5℃ 时低于室温条件下的硬度。在低温下（5℃），圣女果与低温的玻璃容器壁直接接触，造成圣女果的局部组织损伤及软化。如图 5-84 所示。

(五) 失重率

水分是圣女果的主要成分，可维持水果在生长和采后贮藏期间的细胞渗透

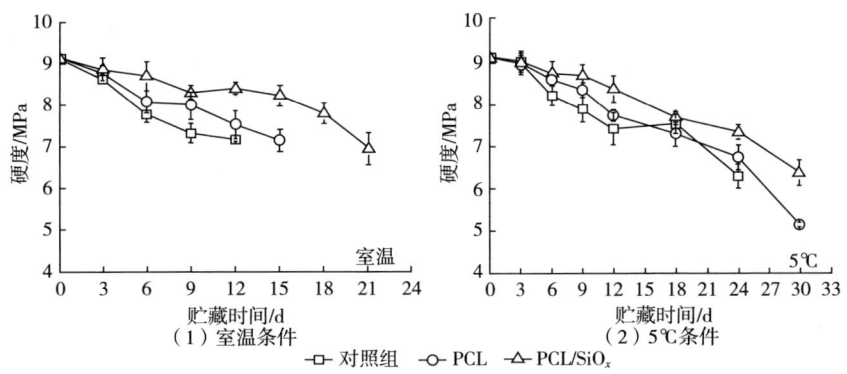

图 5-84　圣女果储藏在室温条件和 5℃ 条件下的硬度变化

压，同时有助于保持水果的质地和外观。在贮藏期间水分的散失和营养物质的消耗导致了果蔬的失重。如图 5-85 所示，圣女果在对照组，PCL 和 PCL/SiO$_x$ 薄膜包装中，圣女果的失重率在整个贮藏期间呈增长趋势。对照组中圣女果的失重率迅速增长，因为水分通过蒸腾作用从番茄表面被释放出来。与对照组相比，PCL 和 PCL/SiO$_x$ 组的失重率是接近的。由于封口膜的水蒸气阻隔性能以及容器内存在的较高相对湿度，导致蒸腾作用减弱。在这两种不同的封口膜内失重率没有显著的差异，因为这两种膜的水蒸气阻隔性能差异不显著。从第 12 天开始，包装处理和贮藏时间对失重率的影响显著（$P<0.05$）。

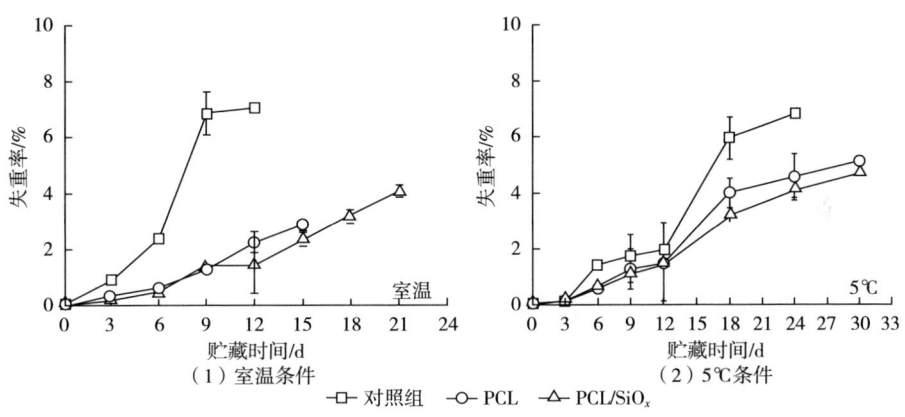

图 5-85　圣女果贮藏在室温条件和 5℃ 条件下的失重率变化

（六）维生素 C 浓度变化分析

维生素 C 是一种重要的营养物质，圣女果的维生素 C 浓度高于其他的水果和蔬菜。从图 5-86 中可以看出，圣女果中维生素 C 的浓度呈现先增加后降低的趋势，并且伴随有微小的波动。圣女果采后贮藏会发生呼吸跃变。在贮藏期间，维生素 C 浓度在圣女果发生呼吸跃变时达到最大值，然后缓慢降低，圣女果迅速腐败变质。对照组圣女果的维生素 C 浓度增加，在贮藏第 9 天时达到最高值，也就是说，呼吸跃变发生在第 9 天。在室温下，其他两组用 PCL 和 PCL/SiO_x 复合膜进行包装的圣女果呼吸跃变发生在第 12 天。由于 PCL 膜和 PCL/SiO_x 复合膜具有气体阻隔性，使得圣女果的呼吸跃变被推迟。在同一贮储时间，从图 5-86 中可以看出，用 PCL/SiO_x 薄膜进行包装的圣女果的维生素 C 浓度略高于使用 PCL 薄膜进行包装的圣女果，这表明使用 PCL/SiO_x 复合膜进行包装的圣女果可以更好的维持维生素 C 浓度。这是因为使用 PCL/SiO_x 复合膜进行包装的容器中的气体组分更有利于延长圣女果的保鲜期。对照组和其他两组（用薄膜密封）圣女果的维生素 C 浓度呈现显著差异（$P<0.05$）。

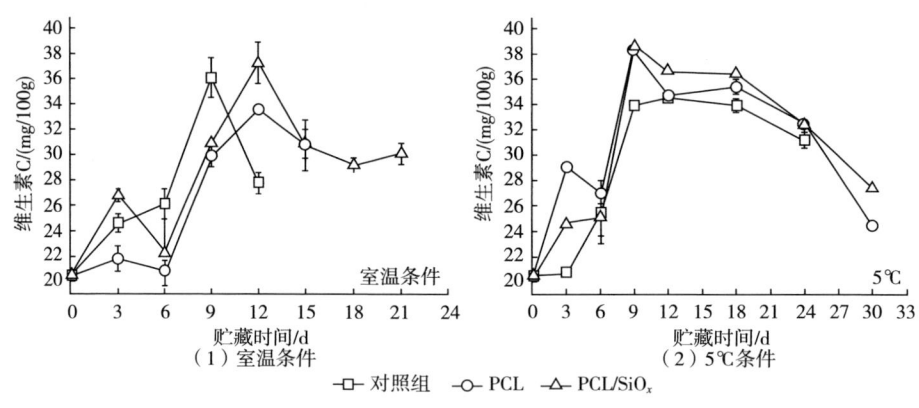

图 5-86 圣女果贮藏在室温条件和 5℃ 条件下的维生素 C 浓度变化

三、聚己内酯基可降解薄膜的制备及其对果蔬保鲜机理的研究

采用实验室自制的 PCL/PPC 共混膜材料，以未改性的 PCL 膜和市场上常见的 LDPE 包装膜为对照组，结合低温冷藏（2～4℃）对茼蒿进行自发气调包装，通过测定贮藏过程中茼蒿包装内部的气体组成、茼蒿的理化品质（失重率、色差值、维生素 C 含量、叶绿素含量和丙二醛含量）和感官品质变化，考察共混材料对茼蒿的保鲜效果，为后续聚己内酯基生物可降解材料的开发、制备，以及在果蔬保鲜中的应用提供理论和实践基础。

(一) 茼蒿包装内部顶空气体组成变化

图 5-87 显示，在贮藏的前 2d，PCL 和 PCL/PPC 共混膜包装内部的 CO_2 浓度急剧增加，而 O_2 浓度急剧降低，其主要归因于果蔬在采后起始的贮藏阶段，因其呼吸速率都会有一个陡然上升过程，从而导致了 O_2 的快速消耗和包装内部 CO_2 的迅速积累。

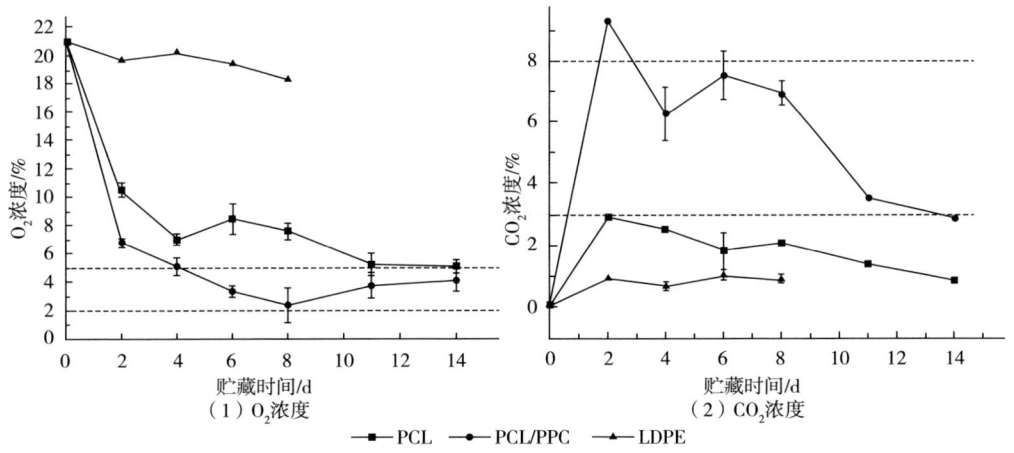

图 5-87　不同处理组包装内部 O_2 和 CO_2 气体组成的变化

但是，在 2d 的贮藏期后，相对高浓度的 CO_2 又会反过来抑制茼蒿的呼吸。此外，由于茼蒿是一类高呼吸速率农产品，依据包装材料所具有的良好气体透过性和对 CO_2 和 O_2 的选择透过性，包装内部的气体组成很快就会进行调整。当茼蒿的呼吸速率慢慢与包装材料的气体透过性相匹配时，一个适应茼蒿贮藏的内部气体环境将会形成。同时，由于 PCL/PPC 共混膜具有较 PCL 相对较低的 O_2 透过率，空气中的氧气不能及时透过包装进入，而由于其具有高 CO_2/O_2 选择透过性，多余的 CO_2 能够及时排出，因此在贮藏 4d 后，包装系统达到了一个相对稳定的平衡态，从而使 PCL/PPC 共混膜包装内部 O_2 浓度保持在 2.3%~4.9%，CO_2 浓度保持在 2.9%~7.3%。与之相反，在纯 PCL 包装薄膜内部，O_2 浓度保持在相对较高的 5.1%~8.3%，CO_2 浓度在较低的 1.1%~2.9%。但是，对于 LDPE 包装来说，由于其相对较高的气体透过性和较低的 CO_2/O_2 选择透过比，致使其在整个贮藏期间，包装内部的气体组成始终接近空气中的气体组成。

太高的二氧化碳或者太低的氧气浓度都会诱导厌氧代谢的发生，从而引发生理伤害和腐变。因此，自发气调包装需要调整和控制包装内部的 CO_2 和 O_2 浓度，以阻止厌氧呼吸和可能引起细胞组织结构破坏的各种有害物质如乙醇和乙醛的积累。在自发气调包装设计中,除了包装材料的透气性对包装内部 CO_2 和 O_2 浓度有重要的影响之外,还有一些其他重要的因素需要考虑,如贮藏温度、被包装产品的呼吸速率、包装薄膜的表面积、空隙体积和样品质量。本试验中,通过试验发现 PCL/PPC 共混薄膜可以将 CO_2 和 O_2 浓度维持在推荐的适合茼蒿贮藏的气体浓度范围之内,有利于茼蒿的采后贮藏保鲜。

(二) 茼蒿贮藏期间感官品质变化

邀请 10 名经过专业训练的人员从外观和气味两方面对茼蒿的感官品质和整体的市场接受度进行了主观评价。外观和气味的评分分别见图 5-88 的(1)和(2)。贮藏第 8 天的茼蒿包装袋和不同包装取出的茼蒿照片分别见图 5-89 和图 5-90。

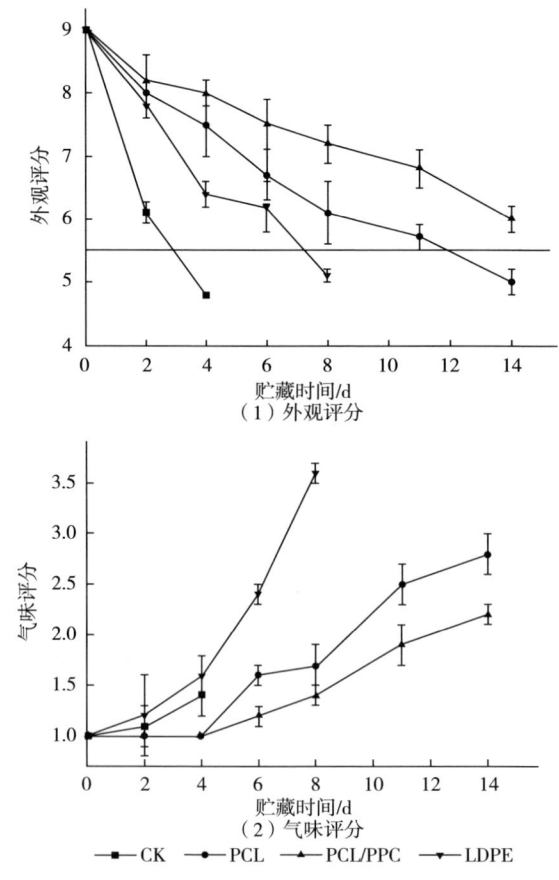

图 5-88　不同处理包装袋内茼蒿的外观和气味评分

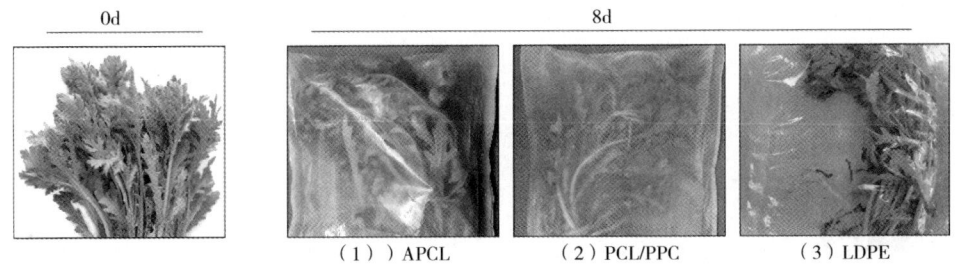

图 5-89　不同包装袋内茼蒿贮藏至第 8 天时的照片

图 5-90　不同包装茼蒿贮藏至第 8 天除去包装袋后的照片

贮藏 8d 后，评分最高的市场接受度最好的是 PCL/PPC 共混膜包装组，平均分数为 7.2 分，叶片绿色保持良好，叶片坚挺（图 5-89）。从评分和照片来看，PCL 和 PCL/PPC 包装组的茼蒿在外观和气味方面均无显著性差异（$P>0.05$），但是，LDPE 包装组的茼蒿与前两组比较，有显著性差异，其平均得分为 5.1 分，已低于市场接受的阈值 5.5 分。此外，从图 5-90 也可以看出，贮藏 8d 后，LDPE 包装组的茼蒿有视觉上可见的"水浸状"的腐烂发生，并且约 2/3 样品的叶片已发生了黄化。从图 5-89 看出，虽然茼蒿样品仍有部分坚挺，但是发现 LDPE 包装袋的内表面和茼蒿表面有小水珠附着，这主要归因于 LDPE 较差的水蒸气透过性，多余的水分不能及时排出而发生了结露。但是，PCL 及其共混膜 PCL/PPC，则因较好的水蒸气透过性而未见结露现象发生。

在茼蒿样品的颜色变化方面，PCL 和 PCL/PPC 组的评分在贮藏前 4d 均低于 LDPE 组，且两组之间的评分无显著性差异（$P>0.05$）。但是，在贮藏第 8 天后，LDPE 包装组的茼蒿有轻微的异味出现，外观品质评分为 3.7 分，与 PCL 和 PCL/PPC 组形成显著性的差异（$P<0.05$）。产生异味的原因可以这样来解释，由于 LDPE 较大的气体透过率和较低的 CO_2/O_2 选择透过性，导致其包装内部形

成了相对较低的二氧化碳和高氧环境,从而加速了脂质氧化程度和叶片组织的衰老。同时,较差的水蒸气透过率也助长了微生物的腐败繁殖,从而导致其发生"水浸状"腐烂,最终导致产生异味。

(三) 叶片颜色变化分析

通常将叶菜类蔬菜在贮藏期间叶片颜色变化和黄化程度及其在采后成熟、衰老程度作为评价其感官品质的主要参考指标。研究显示,叶菜表面的色彩角 H 越小,表示其黄化的程度越大(a^* 为正值,b^* 为负值)。各包装处理组茼蒿色差角的变化见图5-91所示。

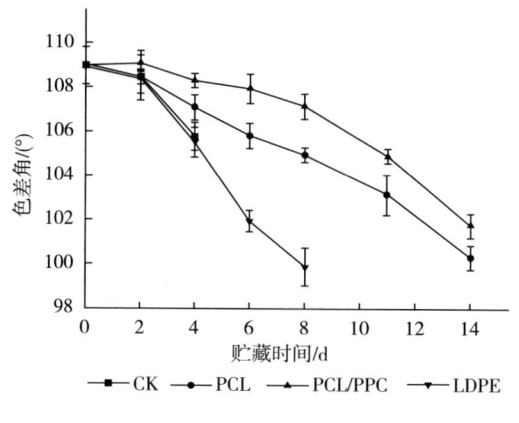

图5-91　茼蒿表面色差角的变化

在贮藏前4d,各处理组未见显著差异。当贮藏至第8天时,LDPE 和 PCL、PCL/PPC 包装组比较,色差角 H 有显著性差异,LDPE 组的 H 值最小,b^* 值最大,黄化最严重,这与图5-91的照片相吻合。而 PCL 和 PCL/PPC 包装组之间无显著差异,均具有较 LDPE 组小的 H 值,在整个贮藏期间均较好地保留了茼蒿的绿色。茼蒿颜色变化主要归因于各包装薄膜内部气体的微调整,使其接近推荐的茼蒿最适的贮藏气体环境,从而延缓叶绿素降解为淡黄色的胡萝卜素和最终黄化的羟化类胡萝卜素的降解速率。

叶绿素是绿叶蔬菜绿色的主要来源,是消费者进行感官评价所参考的最重要的指标之一。各处理组茼蒿的总叶绿素含量如图5-92所示。在整个贮藏期间,所有处理组茼蒿的叶绿素整体呈现逐渐降低的变化趋势,且从贮藏第4天后开始叶绿素含量呈现显著性差异。在贮藏第 8 天，相对于鲜茼蒿的叶绿素含量值，LDPE 组茼蒿的叶绿素值降低了 44.2%，而 PCL 和 PCL/PPC 包装组则延缓了茼蒿叶绿素的降解，从而保留了较高的叶绿素值。

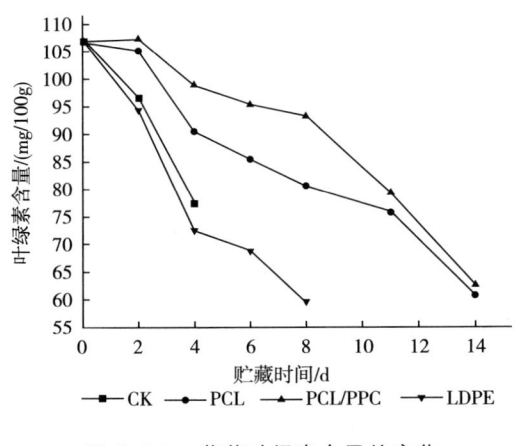

图 5-92　茼蒿叶绿素含量的变化

综上所述，通过测定其在茼蒿贮藏过程中包装内部的气体组成、理化品质和感官品质的变化，探索其对茼蒿采后贮藏品质及其货架期的影响。结果表明，在 2~4℃ 的贮藏条件下，PCL 薄膜包装内形成了一个相对稳定的 5.1%~8.3%O_2 和 1.1%~2.9%CO_2 的气体环境；而 PCL/PPC 共混膜包装内则形成了一个 O_2 含量为 2.3%~4.9%，CO_2 含量为 2.9%~7.3% 的相对稳定的气体环境，该气体组成在推荐的适宜茼蒿贮藏的气体组成范围内，与对照组 LDPE 包装组相比，在贮藏期间，抑制了茼蒿的水分损失，保持了较好的叶片挺度；延缓了茼蒿叶绿素的降解和叶片的黄化，较好地保持了茼蒿的绿色；延缓了其维生素 C 氧化和脂质过氧化程度，最大程度地保留了维生素 C 含量并抑制了茼蒿叶片的衰老，且具有较好的外观和气味感官品质，无异味产生，无结露现象，较 LDPE 组延长 6d 的保鲜期。出现以上结果的主要原因可能是 PCL/PPC 适宜的气体透过性和 CO_2/O_2 的选择透过性，使其包装内部形成适宜茼蒿贮藏的气体环境，降低茼蒿的呼吸速率，延缓呼吸基质的消耗速度，从而保持较好的感官品质，延长货架期。同时，由于材料具有较好的水蒸气透过性和亲水性，使其包装内部避免出现结露现象，从而抑制了微生物的腐败繁殖。

后 记

随着人们对不可降解塑料带来的生态影响和人体健康研究的深入,人们发现这些废弃的塑料已经严重威胁到了生态系统的循环和人类的健康,禁止使用不可降解塑料势在必行。世界各国都在积极采取系列的措施来控制不可降解塑料的应用,并投入大量的财力、物力、人力以加快可降解塑料的研发。本书主要基于作者近十年的研究成果汇总而成,结合大量的材料性能基础数据和果蔬保鲜效果的基础数据,可以看到各种可降解材料虽然存在一定的性能缺陷,但通过物理共混、化学合成和其他改性方法处理后,可降解材料使用性能是完全能够满足甚至超过现有的不可降解塑料包装材料性能的。在未来,包装将会是生物降解塑料最大的应用领域。相比传统塑料材料,新型降解材料成本较高,需要进一步降低原材料的成本,攻克原材料的生产技术难题,解决大规模工业化生产问题。但由于可降解材料自身性能的限制,成本会高于现有不可降解塑料的生产成本,但随着人们环保意识的提升,综合考虑环境治理成本和其他成本选择价格稍高的新型降解材料将会是未来食品包装的必然趋势,因此,生物降解塑料行业有着巨大的发展前景和广阔的应用市场。

致　　谢

在编写过程中,作者就像在细数家珍,历届学生的工作也总结其中,脑海里浮现出他们在实验室思索、忍耐和勤奋工作的样子。感谢课题组的研究生李梦婷、施灿璨、于振菲、王爽爽、张晓燕、赵子龙、王羽、刘林林、呼和、宋树鑫、张玉琴、齐小晶、梁晓红、刘孟禹、徐畅、道日娜、张靳,王莉梅等辛勤的付出,同时感谢课题组云雪艳、成培芳、额尔敦巴雅尔、陈倩茹、丁春明、孙文秀等老师对学生研究工作和成果的耳提面授、挑灯修改。最后感谢国家自然基金地区项目(21564012 和 51163010)、国家自然基金青年基金项目(21805142)、内蒙古自治区高等学校青年科技英才支持计划(NJYT-19-B12)、内蒙古草原英才项目、内蒙古自治区科技创新引导奖励资金项目和内蒙古农业大学杰出优秀青年科学基金项目(2017XQG-4)等科研项目的资金支持。

参考文献

[1] 王羽, 云雪艳, 张晓燕, 等. EHA/PE 高阻隔复合膜对鲜切莴笋保鲜效果的影响 [J]. 食品工业科技, 2015, 36 (22): 308-312.

[2] Mendoza R, Castellanos D A, García J C, et al. Ethylene production, respiration and gas exchange modelling in modified atmosphere packaging for banana fruits [J]. International Journal of Food Science & Technology, 2016, 51 (3): 777-788.

[3] 刘璐, 鲁晓翔, 陈绍慧, 等. 防雾膜对低温贮藏樱桃的保鲜效果研究 [J]. 食品工业科技, 2014, 35 (20): 358-362.

[4] Merve Duran, Mehmet Seckin Aday, Nükhet N, et al. Potential of antimicrobial active packaging 'containing natamycin, nisin, pomegranate and grape seed extract in chitosan coating' to extend shelf life of fresh strawberry [J]. Food and Bioproducts Processing, 2016, 98: 354-363.

[5] Mehyar Ghadeer F, Al-Qadiri Hamzah M, Abu-Blan Hifzi A, et al. Antifungal effectiveness of potassium sorbate incorporated in edible coatings against spoilage molds of apples, cucumbers, and tomatoes during refrigerated storage. [J]. Journal of food science, 2011, 76 (3): 210-217.

[6] Tunc S, Chollet E, Chalier P, et al. Combined effect of volatile antimicrobial agents on the growth of Penicillium notatum. [J]. International journal of food microbiology, 2007, 113 (3): 263-270.

[7] 刘林林, 呼和, 张玉琴, 等. 振动对梨理化性质和损伤特性的影响 [J]. 食品科技, 2015, 40 (12): 290-294.

[8] 呼和, 梁晓红, 王羽, 等. EHA/PE 薄膜的阻隔性及其在冷鲜肉包装中的应用 [J]. 塑料工业, 2015, 43 (6): 66-69.

[9] Ercolini Danilo, Ferrocino Ilario, La Storia Antonietta, et al. Development of spoilage microbiota in beef stored in nisin activated packaging. [J]. Food microbiology, 2010, 27 (1): 137-143.

[10] Maria Kostaki, Vasiliki Giatrakou, Ioannis N. Savvaidis, Michael G. Kontominas. Combined effect of MAP and thyme essential oil on the microbiological, chemical and sensory attributes of organically aquacultured sea bass (Dicentrarchus labrax) fillets [J]. Food Microbiology, 2009, 26 (5): 475-482.

[11] 朱秋劲, 罗爱平, 林国虎, 等. 超声波和气调贮藏对冷却牛肉保鲜效果的影响 [J]. 食品科学, 2006 (1): 240-246.

[12] Zare Z. High pressure processing of fresh tuna fish and its effects on shelf life [D]. Canada: McGill University, 2005.

[13] 于振菲, 王羽, 梁晓红, 等. 物理老化过程对聚乳酸阻隔性能的影响 [J]. 高分子材料科学与工程, 2015, 31 (9): 82-86.

[14] 于振菲. 取向聚乳酸薄膜的包装特性及其在果蔬包装中的应用 [D]. 内蒙古农业大学, 2014.

[15] Tungalag Dong, Zhenfei Yu, Jiaxin Wu, et al. Thermal and barrier properties of stretched and annealed polylactide films [J]. Polymer Science Series A, 2015, 57 (6): 738-746.

[16] 梁晓红, 于振菲, 吴佳鑫, 等. 单轴拉伸 PLLA/PBS 共混薄膜的包装特性研究 [J]. 包装工程, 2014, 35 (23): 52-57.

[17] 王爽爽. 聚乳酸基可降解多层复合膜及其在冷鲜肉包装中的应用 [D]. 内蒙古农业大学, 2014.

[18] 张玉琴. 高阻隔抑菌性生物可降解薄膜的制备及其对冷鲜肉品质的影响 [D]. 内蒙古农业大学, 2017.

[19] 张玉琴, 王羽, 梁敏, 等. PLLA/PVA/PCL 多层薄膜的制备及性能研究 [J]. 塑料工业, 2015, 43 (08): 119-123.

[20] Xueyan Yun, Xiaoyan Zhang, Ye Jin, et al. Studies on Comonomer Compositional Distribution of Poly (propylene carbonate-propylene oxide) Copolymer and Its Effect on the Thermal, Mechanical and Oxygen Barrier Properties of Fractions [J]. Journal of Macromolecular Science, Part B, 2015, 54 (3): 275-285.

[21] 云雪艳, 赵淑环, 梁晓红, 等. PCL/PPC 共混膜性能研究 [J]. 包装工程, 2015, 36 (11): 46-50.

[22] Tungalag Dong, Xueyan Yun, Cancan Shi, et al. Improved mechanical and

barrier properties of PPC multilayer film through interlayer hydrogen bonding interaction [J]. Polymer Science Series A, 2014, 56 (6): 830-836.

[23] Cancan Shi, Shuhong Zhang, Mengting Li, et al. Barrier and mechanical properties of biodegradable poly (ε-caprolactone) /cellophane multilayer film [J]. Journal of Applied Polymer science, 2013, 130 (3): 1805-1811.

[24] Tungalag Dong, Xueyan Yun, Mengting Li, et al. Biodegradable high oxygen barrier membrane for chilled meat packaging [J]. Journal of Applied Polymer Science, 2015, 132 (16): 1-8.

[25] 宋树鑫, 刘林林, 张晓燕, 等. PPC 表面沉积 SiO_x 工艺与其包装性能研究 [J]. 包装工程, 2015, 36 (13): 8-14.

[26] 齐小晶, 宋树鑫, 梁敏, 等. PCL/SiO_x 复合膜的热学、力学及阻隔性能 [J]. 塑料工业, 2015, 43 (09): 113-116, 125.

[27] 宋树鑫, 梁敏, 王羽, 等. 聚乳酸/SiO_x 薄膜的制备及对气体的透过性和选择性 [J]. 高分子材料科学与工程, 2016, 32 (11): 135-139.

[28] Shuxin Song, Yu Wang, Min Liang, et al. Mechanical and Gas Barrier Properties of Poly (L-Lactic Acid) by Plasma-Enhanced Chemical Vapor Deposition of SiO_x [J]. Polymer-Plastics Technology and Engineering, 2018, 57 (6): 581-590.

[29] 赵子龙, 王羽, 云雪艳, 等. 高阻隔性 PLLA 薄膜的制备及其对冷鲜肉保鲜效果的研究 [J]. 食品科技, 2015, 40 (11): 89-95.

[30] 宋树鑫, 梁敏, 王羽, 等. 纳米 SiO_x 对聚乳酸薄膜阻隔性的影响 [J]. 塑料工业, 2016, 44 (11): 112-117.

[31] 云雪艳, 刘孟禹, 李晓芳, 等. PLLA/PBAT 单轴拉共混膜的力学性能及气体透过性 [J]. 包装工程, 2017, 38 (13): 84-89.

[32] Xueyan Yun, Xiaofang Li, Jin Ye, et al. Fast crystallization and toughening of poly (L-lactic acid) by Incorporating with poly (ethylene glycol) as a middle block chain [J]. Polymer Science, Series A, 2018, 60 (2): 141-155.

[33] Xueyan Yun, Xiaofang Li, Pan Pengju, et al. Nanostructured poly (L-lactic acid) -poly (ethylene glycol) -poly (L-lactic acid) triblock copolymers and their CO_2/O_2 permselectivity [J]. RSC Advances, 2019, 9, 12354-12364.

[34] 李晓芳. 基于草莓自发气调包装的聚乳酸薄膜的气体透过性的调节 [D].

内蒙古农业大学，2017.

[35] 云雪艳．高韧性、高选择透过性聚乳酸薄膜的制备及其对果蔬的气调保鲜效果［D］．内蒙古农业大学，2017.

[36] Xueyan Yun, Li, Xiaofang Li, Tungalag Dong. Preparation and Characterization of Poly（L-lactic acid）coating film for strawberry packaging［J］. Science of Advanced Materials, 2019, 11（10）: 1488-1499.

[37] 刘孟禹，王莉梅，宋志鑫，等．PBS/PBAT共混薄膜的热学、力学及阻隔性能研究［J］．塑料科技，2019，47（4）：41-47.

[38] 王治洲，李晓芳，宋树鑫，等．PCL对PBAT薄膜气体透过率的影响［J］．塑料科技，2017，45（11）：56-61.

[39] Xueyan Yun, Yu Wang, Mengting Li, et al. Application of permselective Poly（ε-caprolactone）film for equilibrium-modified atmosphere packaging of strawberry in cold storage［J］. Journal of Food Processing and Preservation, 2017: e13247.

[40] 董同力嘎，姚娜，于振菲，等．聚己内酯/α-环糊精络合物薄膜的性能研究［J］．塑料科技，2014，42（6）：76-79.

[41] 云雪艳，赵淑环，梁晓红，等．PCL/PPC共混膜性能研究［J］．包装工程，2015，36（11）：46-50.

[42] 张玉琴，齐小晶，梁敏，等．冷鲜肉贮藏前处理及保鲜包装技术进展［J］．肉类研究，2016，30（9）：35-39.

[43] Dong Tungalag, Song Shuxin, Liang Min, et al. Gas Permeability and Permselectivity of Poly（L-Lactic Acid）/SiO_x Film and Its Application in Equilibrium-Modified Atmosphere Packaging for Chilled Meat.［J］. Journal of food science, 2017, 82（1）: 97-107.

[44] 赵子龙，王羽，云雪艳，等．高阻隔性PLLA薄膜的制备及其对冷鲜肉保鲜效果的研究［J］．食品科技，2015，40（11）：89-95.

[45] 董同力嘎，张晓燕，王立立，等．PPC/PVA/PPC复合膜制备及其在冷鲜肉包装的应用［J］．包装工程，2014，35（13）：19-23，55.

[46] 张晓燕，云雪艳，梁敏，等．含有海藻糖的生物可降解薄膜对冷鲜肉的保鲜与护色作用［J］．食品工业科技，2015，36（08）：298-304.

[47] 张玉琴, 梁敏, 齐小晶, 等. 高阻隔性可降解抑菌薄膜的制备及其在冷鲜肉中的应用 [J]. 食品科技, 2016, 41 (2): 140-146.

[48] Tungalag Dong, Yuqin Zhang, Xiaojing Qi, et al. Evaluation of the effects of prepared antibacterial multilayer film on the quality and shelf-life stability of chilled meat [J]. Journal of Food Processing and Preservation, 2017, 41 (5): e13151-13161.

[49] Cheng P, Yun X, Xu C, et al. Use of poly (ε-caprolactone) -based films for equilibrium-modified atmosphere packaging to extend the postharvest shelf life of garland chrysanthemum [J]. Food ence & Nutrition, 2019, 7 (6), 1-11.

[50] 云雪艳, 李晓芳, 董同力嘎. 基于聚乳酸的草莓自发气调包装薄膜设计 [J]. 包装工程, 2017, 38 (17): 1-7.

[51] 云雪艳, 李晓芳, 刘孟禹, 等. 聚乳酸薄共聚膜对圣女果自发气调保鲜的影响 [J]. 食品与发酵工业, 2019, 45 (20): 100-105.

[52] 李晓芳. 基于草莓自发气调包装的聚乳酸薄膜的气体透过性的调节 [D]. 内蒙古农业大学, 2017.

[53] 云雪艳. 高韧性、高选择透过性聚乳酸薄膜的制备及其对果蔬的气调保鲜效果 [D]. 内蒙古农业大学, 2017.

[54] 徐畅. PLLA/PCL 拓扑结构聚合物的合成及其薄膜对咖啡黄葵保鲜效果的研究 [D]. 内蒙古农业大学, 2018.

[55] 道日娜. 星型 PLLA-PEG-PLLA 结构共聚物对圣女果包装内部气氛环境的调控 [D]. 内蒙古农业大学, 2018.

[56] 王莉梅, 扈宁轩, 张靳, 等. PBAT/EVOH 气调薄膜对香菇的保鲜效果评价 [J]. 食品与机械, 2019, 35 (7): 162-167.

[57] 王治洲, 道日娜, 徐畅, 等. PBAT/PCL 可降解气调保鲜膜对双孢菇的保鲜效果 [J]. 食品工业, 2018, 39 (4): 118-124.

[58] 云雪艳, 道日娜, 李晓芳, 等. PBAT/PCL 共混薄膜在草莓保鲜包装中的应用 [J]. 包装工程, 2017, 38 (19): 92-97.

[59] Cheng P, Yun X, Xu C, et al. Use of poly (ε-caprolactone)-based films for equilibrium-modified atmosphere packaging to extend the postharvest shelf life of garland chrysanthemum[J]. Food ence & Nutrition, 2019, 7 (6).